JIM MASTERSON
mit Stefanie Reinhold

Körperarbeit für Pferde

Locker, entspannt, gelöst
mit der Masterson™-Methode

KOSMOS

Inhalt

Dieses Buch, mein erstes, ist meinen Eltern gewidmet,
die mir durch ihre Lebensphilosophie beigebracht haben,
über den eigenen Tellerrand hinauszuschauen,
sowie meiner Partnerin und Ehefrau Conley, die mich stets anspornt,
und natürlich dem Pferd, was auch immer man noch darüber sagen kann.

Der Beginn meiner Arbeit

Meine Arbeit mit Sportpferden begann damit, dass ich für einen Turnierstall im Mittleren Westen der USA Pferde transportierte und pflegte. Davor hatte ich noch nie Interesse an Massage oder Physiotherapie gehabt, weder für Menschen noch für Tiere.

All dies änderte sich, als wir bei einem Frühlingsturnier in Estes Park, Colorado (USA), waren. Unser Trainer beauftragte zwei Massagetherapeuten damit, an unseren Pferden zu arbeiten. Sie begannen ihre Massage damit, ihre Hände sanft über einen Bereich des Pferdekörpers gleiten zu lassen, den man *Blasenmeridian* nennt. Diese Übung diente dazu, die Pferde vor der eigentlichen Muskelarbeit zu entspannen. Die subtilen Reaktionen der Pferde – in Augen, Lippen, Atmungsweise – während die Therapeuten ihre Hände leicht über das Pferd gleiten ließen, faszinierten mich. Obwohl das Pferd sicherlich am Ende der Übung entspannt war, so bemerkte ich doch, dass es eine bestimmte Wechselbeziehung zwischen dem Punkt, an dem sich die Hand des Therapeuten auf dem Pferd befand, und den Veränderungen in (beispielsweise) den Augen des Pferdes gab.

Ich schlug der Trainerin vor, dass sie diese beiden wunderbaren und sehr sensiblen Massagetherapeuten damit beauftragen sollte, ein paar Stunden mit mir zu verbringen, um mir einige Basiskonzepte der Pferdemassage beizubringen, die ich dann an unseren Stallpferden – sowohl zu Hause als auch bei Turnieren – anwenden könnte.

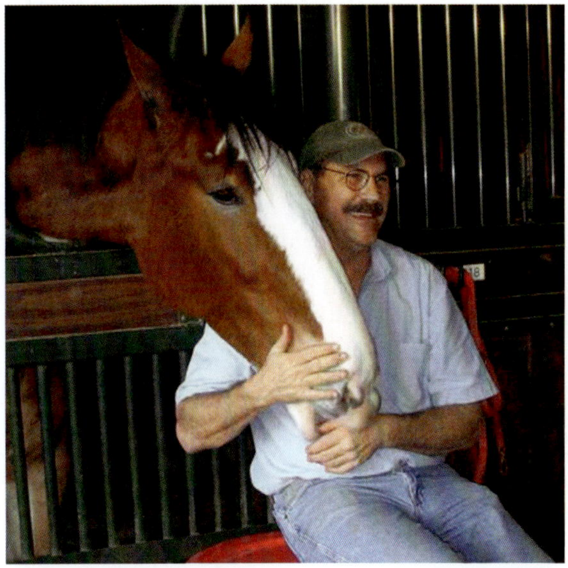

Ich verließ mich hauptsächlich darauf, dass mich das Pferd durch seine subtilen Reaktionen „anleiten" würde. Die Reaktionen auf sehr leichte Berührungen faszinierten mich – ich wendete nur sehr leichten Druck an und wartete, was passieren würde. Dabei stellte ich fest, dass das Pferd reagierte, selbst wenn ich fast gar keinen Kontakt hatte. Da ich von Natur aus geduldig (oder ein wenig faul) bin, beobachtete ich, was beim Pferd vorging und richtete mich bei der Ausübung von Druck (oder gar keinem Druck) danach. Dabei stellte ich fest, dass das Pferd stärkere und deutlich sichtbarere Reaktionen zeigte, wenn die verspannten Bereiche, an denen ich arbeitete, weich wurden und sich lösten.

Da mein Ziel eher darin bestand, Bewegungsablauf und Mobilität zu verbessern, anstatt mit dem Muskel selbst zu arbeiten, begann ich damit, dieser Methode, Spannungen im Pferd zu lösen, Bewegungselemente hinzuzufügen. Dabei wurde mir klar, dass es wichtig war, unter der „Reizschwelle" des Pferdes zu bleiben, da es darüber damit beginnt, sich zu versteifen und gegen die Berührung zu wehren. So konnte ich Verspannungen finden und auf eine Art und Weise vom Pferd Bewegungen verlangen, die es dem Pferd ermöglichten, Verspannungen in einem Bereich loszulassen. Das Pferd würde mir dann durch deutliche Entspannungsreaktionen, wie zum Beispiel wiederholtes Gähnen, Schnauben und Niesen, Hochrollen des zweiten Augenlids, zu verstehen geben, dass sich die Verspannung gelöst hat. Diese Interaktion mit dem Pferd machte nicht nur Spaß, sondern stellte sich auch als effektiv heraus.

Ich hatte auch das Glück, in einem stark wettbewerbsorientierten Umfeld von Springreitern zu arbeiten. Das hatte den Vorteil, dass ich Zugang zu talentierten Trainern, Reitern, Tierärzten und Pferdetherapeuten und nicht zuletzt Pferden hatte, die mir wertvolles Feedback geben konnten. Mithilfe dieses Feedbacks gelang es mir festzustellen, welche bestimmten Bereiche im Pferdekörper kontinuierlich arbeitsbezogene Verspannungen entwickelten, deren Lösung zu einer Verbesserung der Leistung führte.

Als ich mehr und mehr Kunden gewann, zog das interaktive, intuitive und ergebnisorientierte Wesen dieser Körperarbeit die Aufmerksamkeit von Pferdbesitzern auf sich, die nicht nur Interesse an der Leistung ihrer Pferde hatten, sondern auch daran, Beziehung, Kommunikation und die vertrauensvolle Bindung mit dem Pferd zu verbessern. Ich fing damit an, interessierten Pferdebesitzern zu zeigen, worauf sie achten sollten und wie die grundlegenden Techniken angewandt werden. Dies führte bald zur Produktion einer Lehr-DVD (Körperarbeit für Pferde; Die Masterson Methode™), dann zu Vorführungen in Reitvereinen und Reitställen. Im Jahr 2005 begann ich dann damit, im ganzen Land (USA) Wochenendseminare zu geben und erhielt bald Anfragen von Menschen in Europa und Australien, die die DVD auf unserer Website gekauft hatten.

Jetzt geben wir Seminare und Kurse in den gesamten Vereinigten Staaten und in Europa. Dieses Interesse daran, zu lernen, wie die Reaktionen des Pferdes interpretiert werden können, geht mit den Grundsätzen von „Natural Horsemanship" und gewaltfreiem Training einher. Das Interesse von Pferdeliebhabern, die sowohl Leistung als auch die Beziehung mit dem Pferd verbessern möchten, hat zur Entwicklung von zwei Lernpfaden bei der Masterson Methode geführt: Zum einen der für Pferdeliebhaber und Pferdebesitzer und zum anderen ein professioneller Lernpfad für Therapeuten in den Bereichen Pferdemassage und Körperarbeit. Dieses Buch dient als Einführung in beide Pfade. Hat man einmal die Grundprinzipien dessen gelernt und gefühlt, wie die Reaktionen des Pferdes auf Berührung ausgenutzt werden, dann können die in diesem Buch gelehrten Techniken am ganzen Pferd oder für einzelne, spezielle Probleme angewandt werden oder dienen einfach dazu, die Verbindung mit seinem Pferd und das Vertrauensverhältnis zu stärken.

Die Masterson Methode ist eine Art *mit* Ihrem Pferd zu arbeiten, anstatt *an* Ihrem Pferd zu arbeiten. Egal, ob Sie ein Mensch sind, der Pferde schätzt und dadurch motiviert ist, so viel wie möglich über diese wunderbaren Kreaturen zu lernen, oder jemand, der sich Ziele im Turniersport gesetzt hat, oder ein Mensch, der sich beruflich der Pflege und dem Wohlbefinden von Pferden gewidmet hat: Sie können diese Methode leicht lernen und einsetzen, und direkt die positiven Auswirkungen auf Sie selbst und Ihr Pferd spüren.

TEIL EINS

Die Masterson Methode™

INTEGRIERTE KÖRPERARBEIT FÜR PFERDE

1

KAPITEL 1

Was ist die Masterson Methode?

Die Masterson Methode (*Integrated Equine Performance Bodywork* – Integrierte Körperarbeit für Pferde) ist eine einzigartige, interaktive Methode von Körperarbeit mit Pferden, bei der Sie lernen, die Reaktionen des Pferdes auf Ihre Berührung zu erkennen und dazu zu nutzen, um Spannungen zu finden und zu lösen, die sich in den wichtigsten Übergängen des Pferdkörpers ansammeln, die die Leistung am meisten beeinflussen. Im Gegensatz zu den meisten herkömmlichen Techniken ermöglicht diese Methode dem Pferd, beim Prozess der Lösung von Verspannungen aktiv mitzuwirken. Hierbei wird nicht am Pferd gearbeitet, sondern mit dem Pferd. Dieses Miteinander und diese Interaktion machen die Methode für denjenigen, der sie praktiziert, faszinierend. In der Tat ist es so, dass die Methode nicht funktioniert, wenn man das Pferd nicht mitwirken lässt!

Obwohl diese Körperarbeit entwickelt wurde, um die Leistung von Sportpferden zu verbessern, die in anspruchsvollen Turnierumfeldern antreten, wie zum Beispiel Springreiten, Trabrennen, Distanzreiten und Westernreiten (z.B. Reining), kann das intuitive und interaktive Wesen dieser Körperarbeit nicht nur Leistung verbessern, sondern auch eine völlig neue Ebene der Kommunikation mit dem Pferd eröffnen.

Die Resultate dieser Interaktion lassen sich sowohl beobachten als auch (mit der Hand) fühlen:

- visuelle Anzeichen der Lösung von Spannungen im Pferdekörper,
- verbesserte Leistung, Gelöstheit, Mobilität und Wohlbefinden,
- und vor allem die augenblickliche Entwicklung eines Vertrauensverhältnisses als Resultat dieser Kooperation.

Dies ist ein sehr zweckmäßiger und praktischer Ansatz, mit dessen Anwendung Sie sofort beginnen können. Sie benötigen weder Anatomie- noch Massagekenntnisse, um die grundlegenden Techniken dieser Methode anzuwenden. Die Techniken, die Sie brauchen, lassen sich leicht mithilfe dieses Buches erlernen. Die Prinzipien von Berührung und Reaktion werden Ihnen von Anfang an vom Pferd vorgeführt. Sobald die grundlegenden Techniken erlernt sind und Sie den Zeichen des Pferdes folgen, so wird das Pferd Ihnen sagen, wo sich Verspannungen befinden und auch, wenn sich diese gelöst haben. Die Resultate lassen sich in Echtzeit beobachten.

Dieser Ansatz kann leicht in andere Modalitäten integriert werden, sodass er sich auch für professionelle Massage- und Körperarbeitstherapeuten als wertvoll erweisen wird. Sobald man diese Tools erlernt hat, verbessern diese die Wirksamkeit anderer Modalitäten durch das sofortige Feedback des Pferdes. Ein weiteres Werkzeug für die Werkzeugkiste des Profis!

Die in dieser Methode angewandten Techniken können zusammen, vom vorderen bis zum hinteren Ende des Pferdes, verwendet werden oder man kann auch einzelne Techniken nehmen, um bestimmte Probleme anzugehen, die sich in verschiedenen Bereichen des Pferdekörpers zeigen. Da die Resultate sichtbar und unmittelbar sind, werden viele dieser Techniken sichtbare und unmittelbare Verbesserungen von bestimmten leistungsbezogenen Problemen zur Folge haben.

Nichtsdestoweniger werden Sie bald sehen, wenn Sie mit dieser Methode arbeiten, wie sehr die verschiedenen Bereiche des Pferdes miteinander in Verbindung stehen. Dies nicht nur, weil ich das behaupte (kein besonders standfähiges Argument), sondern weil das Pferd es Ihnen zeigen wird. Wenn Sie an einem Bereich des Pferdes arbeiten, werden Sie oft ein „sichtbares" Lösen in einem anderen Bereich feststellen. Wie diese Bereiche miteinander in Verbindung stehen und wie sie die Leistung des Pferdes beeinflussen wird klar, sobald man sich die Anatomie anschaut. Die in diesem Buch vorgestellten Techniken sind durch anatomische Erklärungen ergänzt. Im Anhang gibt es auch Kurzanleitungen mit bestimmten Techniken, die sich auf häufig vorkommende Leistungsprobleme beziehen.

WIE FUNKTIONIERT DIE METHODE?

Überlebensinstinkt und die Sprache der Pferde

Ein Grund, warum diese Methode so gut funktioniert ist, dass das Pferd auf äußere Reize extrem empfindlich reagiert und diese hochempfindlich wahrnimmt. Das ist die Überlebensmethode des Pferdes. Arbeitet man *mit* dieser Sensibilität, so kann man auf eine Ebene des Nervensystems des Pferdes zugreifen, die es ihm ermöglicht, tief liegende Spannungen in seinen Muskeln, Bindegeweben und Strukturen loszulassen. Um dies zu erreichen, muss man lernen, Berührung richtig einzusetzen und die Reaktionen des Pferdes in Form von Körpersprache zu deuten.

Um dies vollständig zu verstehen, müssen Ihnen ein paar Grundprinzipien des Überlebensinstinkts von Pferden klar sein:

a) Beutetier

Als *Beutetier* hängt das Überleben des Pferdes in der Natur von seiner Fähigkeit ab, vor Gefahr fliehen zu können.

Der Gefahr, dem Eindringling oder dem Unwohlsein zu entkommen, ist die *erste Überlebensreaktion* des Pferdes. Falls das Pferd diese Möglichkeit nicht hat, so wie das oft im Beisein von Menschen der Fall ist, so ist die *zweite Überlebensreaktion* des Pferdes, sich gegen den Eindringling, Unbehagen oder Schmerz zu versteifen oder Widerstand zu leisten. Es ist diese Überlebensreaktion, die Sie lernen werden zu umgehen. Dadurch, dass Sie diese Techniken mit einem Maß an Berührung durchführen, die diese Überlebensreaktion des (innerlichen oder äußerlichen) Versteifens *nicht* auslösen, und dadurch, dass Sie an den Reaktionen des Pferdes erkennen können, wann das passiert, können Sie die Versteifungsreaktionen umgehen und bekommen Zugang zu dem Teil des Nervensystems des Pferdes, der Verspannungen lösen kann.

Gibt man ihnen die Wahl, so gehen Pferde von Natur aus meist den Weg des geringsten Widerstands. Fordert man das Pferd auf geeignete Weise dazu auf, so besteht dieser Weg darin, die Spannung zu lösen.

b) Herdentier

Als Herdentier verwendet das Pferd fast ausschließlich Körpersprache, um sich mit anderen Herdenmitgliedern zu verständigen. Das kann man bei den offensichtlichsten Körpersprachsignalen wie Ohren anlegen und Zähne zeigen bis hin zu den subtilsten Zeichen wie weicheren Augenausdruck, Gewichtsverlagerung, Veränderung in der Atmung und sogar noch subtileren Anzeichen beobachten.

Das Pferd wird sich instinktiv nach Kräften bemühen, keine äußerlichen Anzeichen für Schmerz oder Schwäche zu zeigen, um sich so davor zu schützen, entweder vom Raubtier als Beute ausgewählt zu werden oder als schwächstes Glied aus der Herde ausgesondert zu werden. Aus diesem Grund stellt die akkurate Diagnose von Lahmheiten bei Pferden oft eine so große Herausforderung dar.

Wenn Sie lernen, den Anzeichen und Reaktionen des Pferdes zu folgen, wird das Pferd Ihnen mitteilen, wenn Sie effektiv arbeiten, wo es Verspannungen hat und wenn sein Körper diese versteckten Spannungen gelöst hat. Dadurch, dass Sie ein Maß an Berührung anwenden, dem das Abwehrsystem des Pferdes nicht intern Widerstand leistet – und dadurch, dass Sie wissen, wie Sie die Reaktionen des Pferdes deuten und mit dem Pferd arbeiten, wenn das passiert – ermöglichen Sie es dem Nervensystem des Pferdes, Spannungen zu lösen, die das Pferd bislang versteckt hat.

Ein faszinierender Aspekt hierbei ist, dass das Pferd anfängt, an diesem Prozess teilzuhaben, sobald ihm klar wird, dass Sie es ihm ermöglichen, lange instinktiv beibehaltene Spannungen zu lösen. Das zeigt sich darin, dass das Pferd bereitwilliger Entspannungsreaktionen zeigt und Spannungen in seinem Körper leichter loslässt. *Dieser Vorgang lässt ein tieferes Vertrauensverhältnis zwischen Ihnen und Ihrem Pferd entstehen.*

Das tiefere Vertrauensverhältnis zwischen Mensch und Pferd.

Die Stellen des Pferdekörpers, die die sportliche Leistung des Pferdes besonders beeinflussen

Routinemäßige Arbeit, Schmerzen, Lahmheit oder Kompensieren jeglicher Beschwerden kann zur Entwicklung von Spannungsmustern in Muskeln und Bindegeweben führen, die die Bewegungsfreiheit von Gelenken und wichtigen Körperstellen des Pferdes einschränken. Diese angesammelte Spannung und eingeschränkte Bewegungsfreiheit kann sich negativ auf Leistung und Wohlbefinden auswirken, psychologischen und emotionalen Stress verstärken und zu mangelnder Leistungsbereitschaft sowie Verhaltensproblemen führen. Diese einschränkenden Spannungsmuster können selbst zu Ursachen von Lahmheit werden. Selbst nachdem der ursprüngliche Grund für die Lahmheit behoben ist, bleiben Spannungsmuster und Einschränkungen oft bestehen. Man gelangt an einen Punkt, wo das Pferd diese Spannungen ohne Hilfe nicht vollständig lösen kann.

Der Zweck dieser Methode besteht darin, dem Pferd zu helfen, die Verspannungen im Körper zu lösen, die der Körper nicht allein lösen kann.
Bei der Masterson Methode beginnt man damit, sich auf die *drei wichtigsten Körperstellen* zu konzentrieren, die für die Leistung des Pferdes besonders wichtig sind, und zwar:

- **der Übergang zwischen Genick und Atlaswirbel,**
- **der Übergang zwischen Hals, Schulter und Widerrist,**
- **der Übergang zur Hinterhand (Iliosakral-Übergang).**

Wenn in einem dieser Übergänge Spannung gelöst wird, so lösen sich Spannungen in Muskeln und Bindegeweben im größeren Umfeld dieses Überganges und oft auch in entfernter gelegenen Stellen des Pferdekörpers.

Die wichtigste Körperstelle in Bezug auf allgemeine Mobilität und Wohlbefinden im Pferd ist der Übergang zwischen Genick und Atlaswirbel. Meiner Erfahrung nach zeigen sich Spannung, Schmerz oder Unbehagen immer als Spannung im Genick, egal wo im Körper des Pferdes sie ihren Ursprung haben.

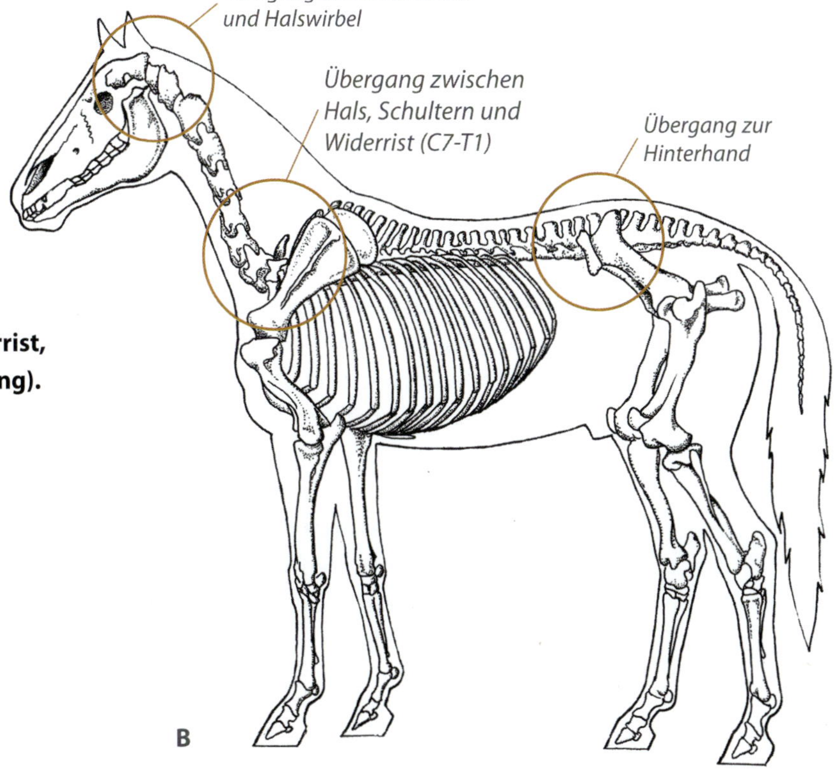

A & B *Die drei wichtigsten Körperstellen des Pferdes*

Die anderen beiden wichtigen Körperstellen befinden sich dort, wo die Gliedmaßen des Pferdes mit dem Körper verbunden sind. Hier übertragen sich Kräfte, die auf die Gliedmaßen des Pferdes wirken, sowie Erschütterungen während der Bewegung auf den Körper. Folglich entsteht in diesen Körperstellen Spannung. Wenn sich Spannungen unilateral ansammeln, also mehr auf der einen als auf der anderen Seite, so wirken diese Kräfte ungleichmäßig auf den Pferdekörper ein und dies äußert sich möglicherweise in Leistungsproblemen wie zum Beispiel beim Biegen, Galoppwechsel und in der Bewegung. Dieses potenzielle Ungleichgewicht trifft auf alle drei wichtigen Körperstellen (Übergänge) zu. Dabei ist es wichtig, sich daran zu erinnern, dass Sie Spannungen in diesen Übergängen lösen, weil es sich am Pferd gezeigt hat, dass dies funktioniert.

Berührung und Reaktion – ein intuitiver Ansatz

„Berührung" und „Reaktion" sind, genau betrachtet, nicht mehr oder weniger als *Stimulus* und *Verhalten*.

Wenn Sie den richtigen Stimulus (Berührung) anwenden, so werden Sie das richtige Verhalten (Reaktion) auslösen, wodurch der Vorgang der Spannungslösung im Pferd ausgelöst wird. Wenn Sie bei der *Berührung* das richtige Maß an Druck verwenden und die Reaktionen auf Ihre Handlungen dementsprechend deuten können, so können Sie diesen Reaktionen folgen, bis das Pferd die Spannungen erfolgreich gelöst hat.

Obwohl sich das bisher etwas wissenschaftlich anhört, so werden Sie jedoch bald den Zusammenhang zwischen dem, was Sie tun und dem, was das Pferd „sagt", verstehen. Sie erkennen die Reaktionen des Pferdes und das Pferd beginnt, Sie durch den Prozess zu führen.

Je mehr Sie darauf achten, was das Pferd Ihnen mitteilt, desto mehr werden Sie immer subtilere Reaktionen des Pferdes erkennen, bis hin zu dem Punkt, an dem Sie in der Lage sind, genauso viel zu „fühlen" wie zu sehen, was passiert. Oft werden Sie feststellen, dass Sie bereits gefühlt haben, wenn das Pferd Spannungen in einem Bereich loslässt, bevor das Pferd dies sichtbar zu verstehen gibt. Bald geht es weniger um das „Sehen" und mehr um das „Fühlen". Das Pferd beginnt mitzumachen, indem es bereitwilliger reagiert und lernt, Spannungen leichter loszulassen.

Berührungsstärken definiert – weniger ist mehr

Ein Aspekt der Masterson Methode, in der sie sich von herkömmlicher Massage unterscheidet, ist die Rolle, die das Pferd in dem Prozess spielt. Bei traditioneller Massage lernt man, Spannungen und Anomalien in Muskeln mit den Händen zu finden und sie dann mit bestimmtem Druck so zu „bearbeiten", dass sie aufgelöst werden.

Bei unserer Methode hören Sie darauf, was der Körper des Pferdes Ihnen mitteilt und passen Ihren Druck so an, dass Sie das gewünschte Resultat erzielen: die *Entspannungsreaktion* vom Pferd. Immer dann, wenn es nicht klar ist, wie viel Druck angewendet werden sollte, so ist die Antwort fast immer „weniger ist mehr". Die Berührungsstufen, die Sie anwenden können, reichen von fast keinem Druck bis hin zu dem Höchstmaß an Druck, den Sie ausüben können. Dies hängt davon ab, in welchem Bereich Sie arbeiten und was das Pferd Ihnen mitteilt.

Um bei der Beschreibung von Berührungsstufen für bestimmte Übungen keine technischen Größen (zum Beispiel kg/cm^2) verwenden zu müssen und es leichter zu machen, sich diese vorzustellen, haben wir die unten aufgeführten, fühlbareren Beschreibungen (die verdächtigerweise fast alle mit Essen zu tun haben, wie jemand in einem Seminar bemerkte) entwickelt. Der Schlüssel zum Erfolg ist hierbei, sich nach den unmittelbaren (oder ausbleibenden) Reaktionen des Pferdes zu richten, wenn es darum geht festzustellen, ob man zu viel Druck ausübt.

Die folgenden fünf Begriffe werden verwendet, um die verschiedenen Berührungsstufen zu beschreiben, die Sie während der Körperarbeit am Pferd anwenden:

- *Berührung mit Zwischenraum* – Man berührt die Oberfläche kaum. Wenn Sie Ihre Hand leicht an Ihrem Arm entlanggleiten lassen, so berühren Sie hierbei gerade einmal die Haare auf Ihrem Arm.
- *Eigelb* – Diese Berührungsstufe entspricht ungefähr so viel Druck, den man brauchen würde, um ein rohes Eigelb leicht mit der Fingerspitze einzudrücken. Es ist vielleicht eine gute Idee, einmal ein

Ei in einer Schale aufzuschlagen, um zu erfühlen, wie leicht das wirklich ist.

- *Weintraube* – Die Druckstärke, die benötigt würde, um eine Traube einzudrücken, ohne sie zu zerquetschen.
- *Weiche Zitrone* – Die Druckstärke, die benötigt würde, um eine weiche, reife Zitrone zusammenzudrücken, ohne sie zu zerquetschen.
- *Harte Limone* – Die Druckstärke, die man benötigen würde, um eine harte, unreife Limone zusammenzudrücken. In manchen Fällen kann das der stärkste Druck sein, den Sie in der Lage sind auszuüben.

Es kann leicht vorkommen, dass man sich bei der Anwendung der Berührungsstufen bei den einzelnen Übungen vertut. Das kann dann passieren, wenn man gerade beginnt, die Techniken zum ersten Mal anzuwenden und sich mehr auf seine eigene Körperposition und die Position der Hände konzentriert. *Die Berührungsstufe (Stärke des Drucks) ist jedoch der wichtigste Aspekt, wenn es darum geht, mit dieser Methode zum Erfolg zu kommen!*

Aber verzweifeln Sie nicht! In jedem der schrittweise erklärten Abschnitte gibt es auch entsprechend detaillierte Hinweise über das Maß an „Gefühl" und „Berührung", die für diese Technik Erfolg versprechend sind. Diese werden Ihnen dabei helfen, die Techniken so effektiv wie möglich anzuwenden.

Üben Sie Ihre Druckstärken an Freunden, die Ihnen Feedback geben können. Während unserer Seminare müssen die meisten Schüler mehrmals daran erinnert werden, ihre Berührung leichter werden zu lassen. Da ich selbst nicht dabei sein werde, wenn Sie diese Techniken lernen und üben, sollte Ihr Motto immer folgendes sein: „Weniger ist mehr!"

Das bedeutet nicht, dass Sie bei diesen Techniken gar keinen Druck ausüben oder gar keine Kraft anwenden. Es bedeutet nur, dass Sie daran denken müssen, den von Ihnen gerade ausgeübten Druck oder die Festigkeit der Berührung immer dann leichter und weicher werden zu lassen, wenn Sie Widerstand vom Pferd verspüren. Dieses Leichter- und Weicherwerden als Reaktion auf den Widerstand des Pferdes erlaubt es ihm, diese Spannungen loszulassen (Foto oben).

Verwenden Sie verschiedene Berührungsstufen.

Arten von Reaktionen

Die richtige Berührungsstufe versetzt Ihr Pferd in einen entspannten Zustand, in dem es ihm leichter fallen wird, Ihnen durch seine Reaktionen mitzuteilen, wenn es Ihnen gelungen ist, Verspannungen zu lösen. Die kontinuierliche Beobachtung dieser Reaktionen wird es Ihnen ermöglichen, zu sehen, wo sich das Pferd festhält und ebenfalls zu sehen oder zu fühlen, wenn das Pferd die Verspannung loslässt. Selbst das Ausmaß an Lösung lässt sich anhand der Intensität der Reaktionen des Pferdes in Echt-

A *Blinzeln*

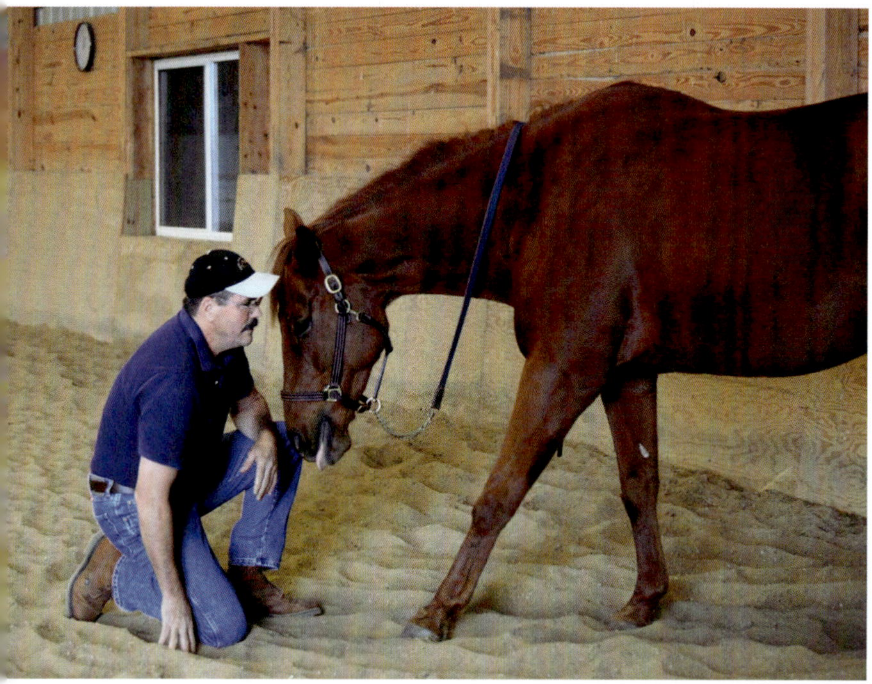

B *Senken des Kopfes, Weichwerden*

zeit erkennen. Während Sie diese Techniken üben, werden Sie feststellen, dass Sie bald gelernt haben, diese Reaktionen automatisch zu erkennen und zu nutzen. Das wird Ihnen schnell in Fleisch und Blut übergehen.

Unten sind die sichtbaren Reaktionen aufgeführt, auf die Sie achten werden. Diese reichen von den subtilsten Reaktionen bis hin zu offensichtlicheren Reaktionen:

Subtile Reaktionen

Dies sind normalerweise Reaktionen, die anzeigen, dass Sie sich in einem Bereich befinden, wo Verspannung besteht, die das Pferd blockiert und dass es Ihnen dabei gelungen ist, eine Druckstärke anzuwenden, die die Widerstandsreaktion des Pferdes umgeht.

- Das Auge blinzelt oder zuckt (oberes Foto).
- Die Lippen zucken oder zittern.
- Die Atmung verändert sich – hält den Atem an, atmet schneller.
- Das Pferd seufzt oder atmet tief aus.
- Der Kopf senkt sich (unteres Foto).
- Das Auge oder der Gesichtsausdruck wird weicher (Foto S. 10).

Mittelstarke Reaktionen

Dies sind normalerweise Reaktionen, die anzeigen, dass das Pferd auf einer bestimmten Ebene Verspannungen loslässt. Sie reichen von mittleren Anzeichen der Lösung (Abkauen) bis hin zu deutlichen Anzeichen der Lösung von aufgestauter Verspannung und Stress (wiederholtes Gähnen und Sichtbarwerden der Nickhaut).

- Abkauen
- (Besonders wiederholtes) Schnauben oder Niesen und manchmal auch Grunzen (Foto S. 15 oben)
- Schütteln des Kopfes und des Körpers, „Losschütteln"

- (Besonders wiederholtes) Gähnen (Foto in derMitte)
- Sichtbarwerden der Nickhaut
- Strecken und Biegen
- Unruhig werden

Interessante Anmerkungen und Korrelationen bezüglich verschiedener Reaktionen:

Abkauen: Viele Pferde verwenden Abkauen als Anzeichen dafür, dass sich das Pferd im Zusammenhang der Interaktion in der Herde oder in sozialen Situationen unterordnet. Im neurologischen Kontext hat dies eine ähnliche Bedeutung: Loslassen, Nachgeben oder Lösen.

Schnauben oder Niesen: Viele Dressurreiter wissen, dass das Pferd sich im Rücken gelöst hat, oder sich genug aufgewärmt hat, um mit der eigentlichen Arbeit zu beginnen, wenn das Pferd in der Aufwärmphase den Kopf senkt und niest oder schnaubt.

Kopf und Schultern schütteln, strecken und biegen: Oftmals trete ich während der Arbeit an einem Pferd in regelmäßigen Abständen einen Schritt zurück, oder wenn ich das Gefühl habe, dass das Pferd Verspannungen losgelassen hat, einfach um zu sehen, was es „zu sagen hat". Oft braucht das Pferd ein paar Sekunden, um zu fühlen, was sich im Körper geändert hat, um dann „loszuschütteln", wie ich es nenne (Foto unten). Oder das Pferd biegt sich und kratzt sein Vorderbein oder seine Flanke mit seiner Nase. Dann trete ich wieder auf das Pferd zu und arbeite weiter, dann gehe ich wieder einen Schritt zurück, um zu sehen, was das Pferd zu sagen hat. Das Pferd biegt sich noch mehr, um jetzt seine Hüfte oder sein Hinterteil zu kratzen. Wenn ich dann noch weiter arbeite und wieder zurücktrete, kratzt sich das Pferd hinter dem Ohr mit dem Hinterhuf. Dies passiert zu

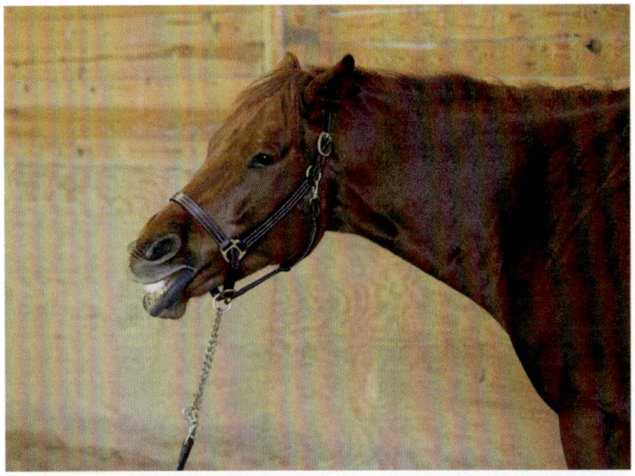

C Niesen und Schnauben

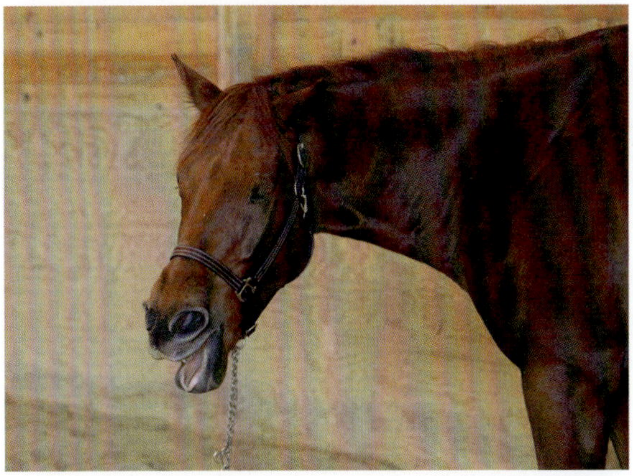

D Gähnen

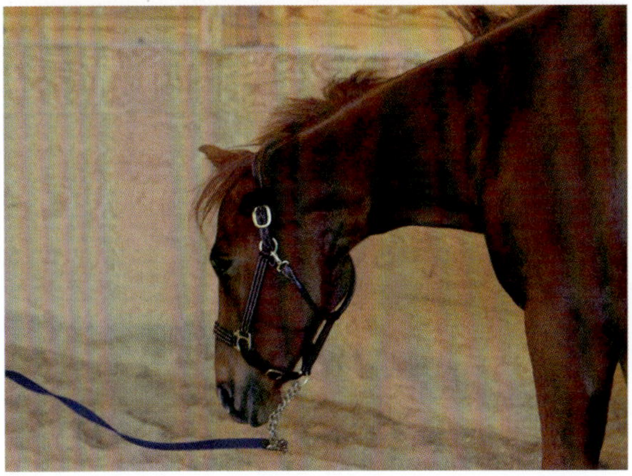

E Schütteln

oft, um einfach Zufall zu sein. Es ist offensichtlich, dass das Pferd sich herumstreckt und den Bereich streckt oder biegt, der sich gelöst hat.

Wiederholtes Gähnen und Sichtbarwerden der Nickhaut: Dies ist das größte Anzeichen dafür, dass sich Spannung gelöst hat (Foto oben). Das müssen Sie erleben, um zu verstehen, wie erfreulich es ist, dieses Anzeichen des Lösens zu sehen.

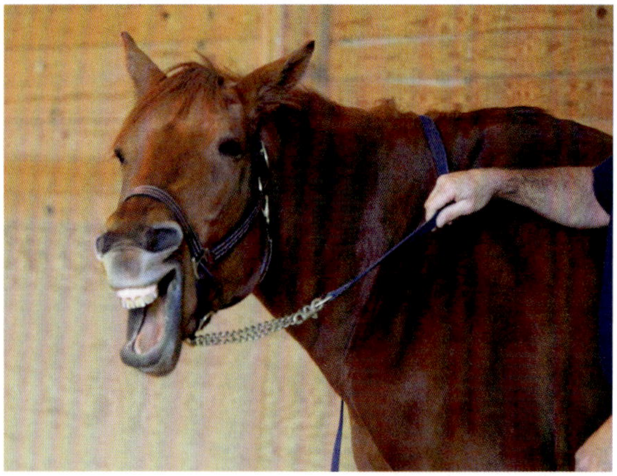

Wiederholtes Gähnen

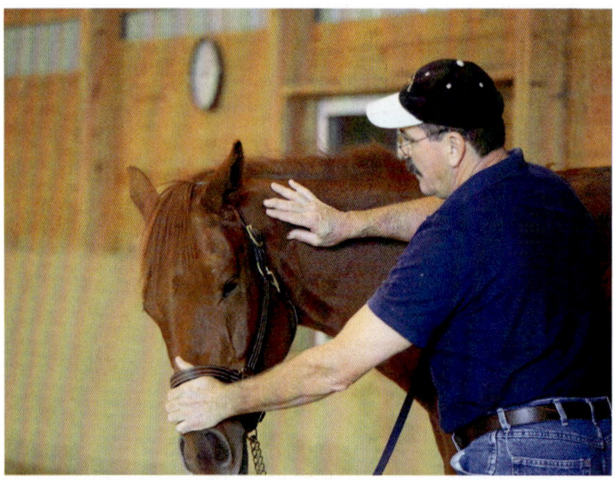

Achten Sie auf den Zusammenhang zwischen dem, was Sie tun und dem Verhalten, das Ihnen das Pferd in Reaktion hierauf zeigt.

Die Bedeutung von „unruhig werden“: Als ich damit begann, so mit Pferden zu arbeiten, brauchte ich eine Weile, um dies zu verstehen. Und als ich damit begann, anderen meine Methode beizubringen, war eine der ersten Fragen, die Kursteilnehmer stellten: „Was soll ich tun, wenn das Pferd damit beginnt, unruhig zu werden oder herumzugehen?“

Wenn Sie die Methode richtig anwenden – das heißt, das Pferd ist *entspannt* und leistet *keinen Widerstand* – dann ist es ein Anzeichen dafür, dass das Pferd kurz davor steht, Spannung zu lösen, wenn es beginnt unruhig zu werden, sich zu bewegen oder umherzugehen.

Wenn dies geschieht, machen Sie einfach noch ein bisschen länger auf sanfte Art weiter. Das bedeutet, Sie müssen vielleicht mit dem Pferd mitgehen. In fast allen Fällen wird das Pferd Ihnen dann eine Entspannungsreaktion zeigen.

Der Zusammenhang zwischen Berührung und Reaktion

Es kann sein, dass Sie jetzt sagen: „Aber es kommt doch immer vor, dass Pferde blinzeln, gähnen, ihre Lippen lecken, unruhig werden, sich manchmal strecken. Wie kann man feststellen, ob sie einfach nur Futter kauen, wegen einer Fliege blinzeln oder sich zum Beispiel wegen eines Juckreizes kratzen?“

Die Antwort ist: Sie achten nicht nur auf diese Verhaltensweisen, sondern auf die *Korrelation zwischen dem, was Sie mit dem Pferd in diesem Moment tun und dem Verhalten, das das Pferd als Reaktion hierauf zeigt*. Das ist der Schlüsselaspekt (Foto unten). Sie benötigen hierzu nur die Geduld zu beobachten, zu warten und darauf zu achten, was das Pferd dazu sagt. Und die Geduld und Bereitschaft, mit langsamer und sanfter Berührung vorzugehen. Denken Sie daran: *Weniger ist mehr!*

Sobald Sie gelernt haben, die richtige Druckstärke anzuwenden und die Reaktionen des Pferdes zu deuten sowie den Zusammenhang zwischen Ihrer Berührung und der Reaktion des Pferdes zu erkennen, dann können Sie den auf den nächsten Seiten erklärten Schritten folgen, um die Reise auf diesem interaktiven Pfad zu beginnen.

Suchen, Reaktion, Warten, Entspannung

a) Suchen
Suchen Sie mit leichter Berührung und beobachten Sie dabei aufmerksam die Reaktionen des Pferdes (großes Foto oben).

b) Reaktion
Das Pferd reagiert auf Ihre Berührung (in diesem Foto durch Blinzeln), während Sie über einen Punkt oder einen Bereich gehen, in dem sich Verspannungen befinden (Foto unten).

c) Warten
Bleiben Sie auf diesem Punkt oder Bereich – achten Sie dabei weiter auf die Reaktionen des Pferdes – und wenden Sie dabei eine Druckstärke an, die keine *internen Widerstandsreaktionen* auslöst. Dies kann nur eine Sekunde oder auch mehrere Minuten dauern (Foto S.18 oben).

d) Entspannen
Ihr Pferd zeigt eine Entspannungsreaktion, die das Lösen von Verspannungen in diesem Bereich anzeigt (Foto S. 18 unten). Sie erreichen damit Folgendes:

- Bereiche finden, in denen sich versteckte Verspannungen oder Stress befinden (Suchen, Reaktion),
- die richtige Druckstärke anwenden, um dem Pferd das Lösen zu ermöglichen (Warten),
- die Reaktionen des Pferdes zu deuten, wenn Spannung gelöst wurde (Entspannung).

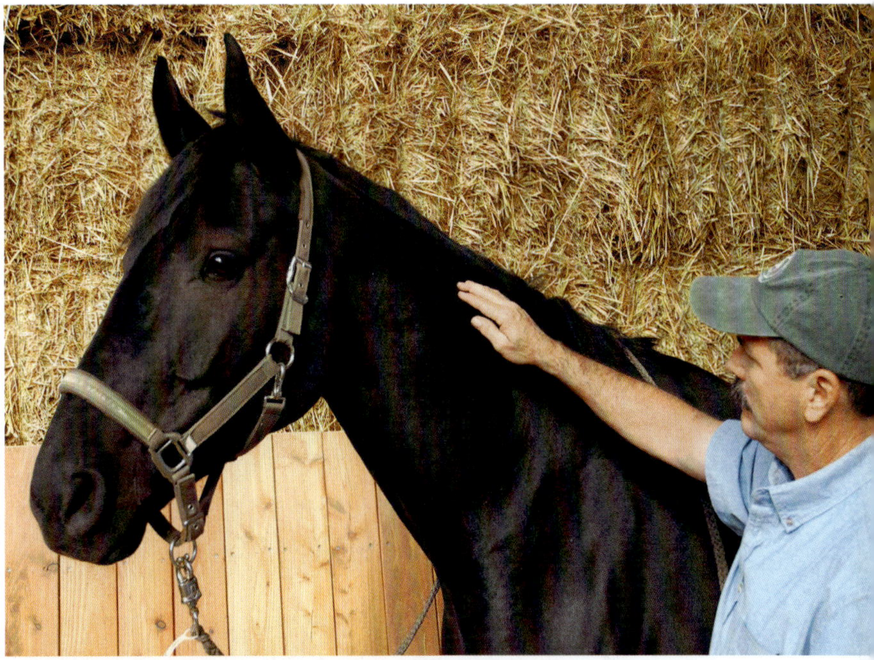

Mit leichter Berührung suchen.

Auf eine Reaktion achten. In diesem Fall: Blinzeln.

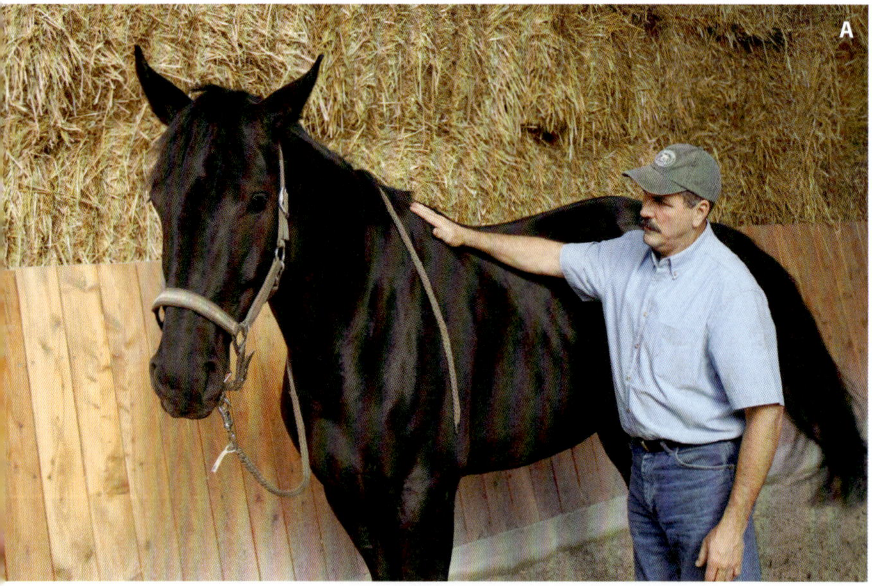

A & B
Bleiben Sie leicht auf der Stelle (A), bis Sie eine Entspannungsreaktion beobachten. In diesem Fall senkt das Pferd den Kopf, leckt und kaut (B).

Durch Anwenden dieser Schritte zeigt Ihnen das Pferd:

- *wo* sich Stress angesammelt hat,
- *wie viel* Druck benötigt wird, um die Spannung zu lösen,
- *wann* dieser Stress losgelassen wird.

Dieser Prozess (Suchen, Reaktion, Warten, Entspannung) gilt, wenn Sie die Techniken mit leichtester Berührung anwenden und dabei auf die subtilsten Reaktionen achten und auch, wenn Sie die drei wichtigsten Übergänge (siehe S. 11) später tatsächlich bewegen und dabei sichtbare und fühlbare Reaktionen erhalten.

Machen Sie sich keine Sorgen, wenn dieses Konzept sich noch nicht „ganz richtig" anfühlt. Dies wird Ihnen klarer werden, wenn Sie die Kapitel mit den praktischen Übungen durcharbeiten (beginnt auf Seite 29).

Warum es wichtig ist, langsam zu arbeiten

Um es dem Pferd zu ermöglichen, an diesem Prozess teilzuhaben, müssen Sie es ihm erlauben, dies dann zu tun, wenn es dazu *bereit* ist. Wenn es Ihnen nicht gelingt, den Zeitaspekt völlig beiseite zu lassen, wird das Pferd nicht reagieren. Werfen Sie Ihre Uhr weg! Sie folgen jetzt dem Terminplan des Pferdes. Gehen Sie beim Suchen langsam vor, achten Sie auf die Reaktion, warten, warten, warten Sie, bis Sie eine Entspannungsreaktion beobachten oder bis Sie sicher sind, dass dort nichts ist.

Hinweis: *Verschiedene Pferde haben verschiedene Persönlichkeiten. Manche reagieren bereitwilliger als andere. Manche sind zurückhaltender und geben Ihnen fast nichts und zeigen die Entspannungsreaktion erst dann, wenn Sie sich entfernt haben. Aber es findet fast immer irgendeine Art von Reaktion statt und Sie werden bald selbst die subtilsten Veränderungen erkennen können, die Ihnen Fortschritt anzeigen.*

Nachgeben und „Tastsinn" verwenden

Wenden Sie anfangs sehr leichte Berührungen entlang des Bereiches des Pferdes an, den man *Blasenmeridian* nennt (siehe Kapitel 4, ab Seite 30). Dies gibt Ihnen nicht nur Informationen darüber, wo das Pferd Verspannungen festhält, sondern hilft auch festzustellen, wie empfindlich das Pferd ist und wie viel Druck Sie anfangs ausüben sollten. So werden die Voraussetzungen für die Übungen geschaffen, bei denen verschiedene Teile des Pferdekörpers bewegt werden.

Sie werden diese Techniken ebenfalls verwenden, um das Pferd aufzufordern, seinen Kopf, Hals, seine Gliedmaßen und seinen Körper so zu bewegen und in Position zu bringen, dass Entspannung und Lösen von Verspannungen erleichtert werden.

Berührung und *Reaktion* werden ebenfalls verwendet, wenn man das Pferd auffordert, sich zu bewegen. In diesem Fall können die Reaktionen sowohl *fühlbar* als auch *sichtbar* sein. Wenn Sie Ihre Hände dazu verwenden, das Pferd zu einer Bewegung aufzufordern, so ist das *Berührung*. Wenn Sie Widerstand fühlen und das Pferd wird dann weicher oder gibt nach, so ist das *seine Reaktion*.

Das Prinzip der Widerstandslosigkeit

Die Art und Weise, wie Sie das Pferd zur Bewegung auffordern, ist für diese Methode von entscheidender Bedeutung.

Wenn sich das Pferd nicht in einem entspannten Zustand befindet, während Sie es zu einer Bewegung auffordern, dann leistet es sozusagen Widerstand. Das Schlüsselwort hier ist *„auffordern"* (im Sinne von „bitten"). Wenn Sie das Pferd beispielsweise auffordern, Ihnen seine Nase zuzuwenden und das Pferd leistet Widerstand, so werden Sie vielleicht impulsiv dazu neigen, das Pferd dazu zu *zwingen*, sich Ihnen zuzuwenden. Wenn Sie dem Widerstand jedoch mehr Widerstand entgegenbringen, so wird das Pferd ebenfalls weiter Widerstand leisten, sich anspannen oder sich versteifen.

Wenden Sie das *Prinzip der Widerstandslosigkeit* an: Leistet das Pferd Widerstand, so lassen Sie Ihre Hand etwas weicher werden. Das Pferd fühlt, dass *Sie* aufgehört haben zu ziehen und lässt los. Dann können *Sie* die Bewegung weiterführen. Wenn Sie dem Pferd nichts geben, wogegen es Widerstand leisten kann, so wird es aufhören, Widerstand zu leisten und Sie können Ihre Bewegung fortführen.

Hier noch ein Beispiel: Wenn Sie den Huf des Pferdes aufheben und es zieht den Huf weg, werden Sie vielleicht instinktiv reagieren, indem Sie auch am Huf ziehen. Wenn Sie weiter ziehen, so wird auch das Pferd den Huf weiter wegziehen. Geben Sie jedoch nach oder gehen leicht mit der Bewegung des Pferdes mit, so wird es nachgeben und sich entspannen. Das heißt nicht, dass Sie loslassen sollen. Werden Sie einfach *weicher* oder geben Sie dem Widerstand nach. Dann fordern Sie das Pferd unmittelbar danach auf, die Bewegung fortzuführen. Vielleicht leuchtet das zu diesem Zeitpunkt noch nicht so recht ein, aber Sie werden dies bald mit einem Pferd ausprobieren.

Übungen, die dabei helfen, das Prinzip der Widerstandslosigkeit zu verstehen

- **Fordern Sie das Pferd auf, sich vor und zurück zu bewegen.**

Wenn Sie einen langen Führstrick verwenden, um das Pferd aufzufordern vorzutreten, so können Sie entweder mechanische Kräfte anwenden, um es nach vorne zu ziehen oder Sie können das *Prinzip der Widerstandslosigkeit* anwenden.

Zu diesem Zweck üben Sie auf den Führstrick sehr leichten Druck aus (so wenig Druck wie möglich). Sobald sich das Pferd auch nur minimal mit der Nase nach vorne bewegt oder sogar sein Gewicht verlagert, lassen Sie den Druck sofort nach und fordern das Pferd unmittelbar nochmals auf, nachzugeben (Fotos S. 20). Auffordern, nachgeben, auffordern, nachgeben. Sie können jedes Mal ein wenig mehr vom Pferd verlangen, bis es sein Gewicht vollständig verlagert und einen Schritt nach vorne macht.

- **Bitten Sie das Pferd, die Hinterhand zur Seite zu bewegen.**

Verwenden Sie die gleiche Technik, um das Pferd aufzufordern, seine Hinterhand zu bewegen. Üben Sie mit Ihren Fingern leichten Druck auf das Hinterteil oder die Hüfte aus (Foto S. 21 A). Sobald das Pferd auch nur leicht nachgibt, lassen Sie Ihren Druck weicher werden, dann fordern Sie das Pferd noch einmal auf (Foto S. 21 B). Kommen Sie nicht in Versuchung, stärker zu drücken, falls das Pferd sein Gewicht nicht verlagert. Fahren Sie einfach damit fort, das Pferd sanft zur Bewegung aufzufordern, bis es sein Gewicht verlagert oder einen Schritt zur Seite macht. Oftmals ist es so, dass das Pferd umso stärker zurückdrückt, je stärker Sie Druck ausüben (das ist ein gutes Beispiel dafür, wie das Prinzip funktioniert, jedoch ohne das erwünschte Resultat, nämlich dass das Pferd auch dem leichtesten Druck nachgibt).

Jedes Mal, wenn das Pferd sein Gewicht verlagert oder in die von Ihnen gewünschte Richtung tritt, geben Sie nach und fordern das Pferd noch einmal auf. Bald wird das Pferd willig nachgeben, sich entspannen und als Reaktion auf Ihre Berührung Spannungen lösen, da dies für das Pferd der Weg des geringsten Widerstandes ist.

Dies ist die Art und Weise, wie Sie das Pferd bei der Anwendung dieser Methode zu Bewegungen auffordern. Falls Sie das nicht bereits tun, werden Sie bald feststellen, dass Sie dieses Prinzip in allen Interaktionen mit Ihrem Pferd anwenden.

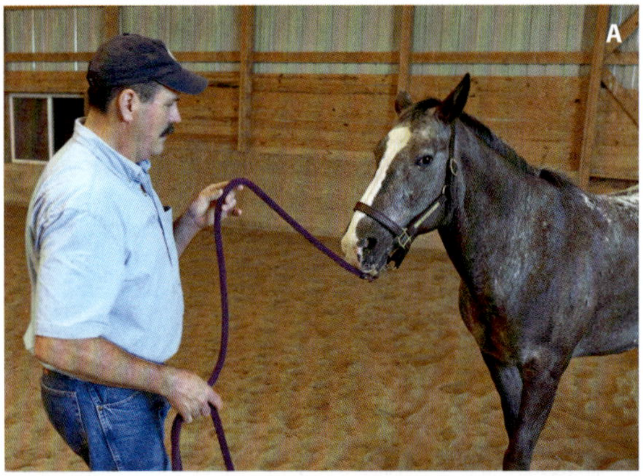

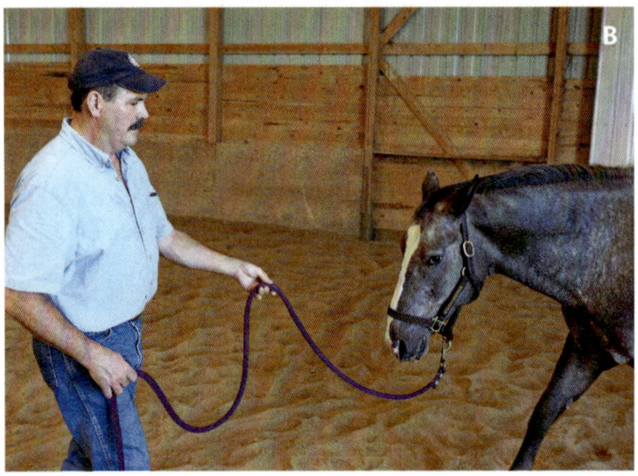

***A & B** Man bittet das Pferd, als Reaktion auf leichtesten Druck nach vorne zu treten (A). Sobald das Pferd nachgibt, lässt man den Druck nach (B).*

***Hinweis:** Falls das Pferd Widerstand leistet, weil in einem Bereich, in dem wir während der Ausführung der Techniken Bewegung veranlassen, eine Verletzung oder übermäßiger Schmerz vorliegt, so wird das Pferd den Widerstand fortsetzen, um diesen Bereich zu schützen. Dennoch werden Sie immer dann weicher, wenn Sie Widerstand spüren. Falls das Pferd immer noch die Entspannung verweigert, so kann es sein, dass es tierärztliche Betreuung oder Zeit zur Heilung benötigt.*

Das Prinzip der Spannungslösung in einem Gelenk oder einem Übergang

Sie fragen sich vielleicht, warum es so wichtig ist, das Pferd in einem entspannten Zustand zur Bewegung zu veranlassen?

Wenn wir ein Gelenk oder einen Übergang im Pferd in entspanntem Zustand bewegen, so lösen sich in diesem Gelenk oder Übergang Verspannungen. Sie umgehen die Überlebensreaktion des Pferdes, nämlich sich gegen diese Verspannung oder den Schmerz zu versteifen. Wenn das Pferd diese Bewegung in entspanntem Zustand ausführt, so lässt es die Verspannung oder den Schmerz los.

Bitten Sie das Pferd richtig um Bewegung und stoßen auf Widerstand, so bedeutet das normalerweise, dass dort Verspannungen oder Schmerzen bestehen. Dieser Widerstand kann durch Versteifen gegen Ihre Berührung, Unruhigwerden oder Weggehen zum Ausdruck kommen. So werden Sie darauf aufmerksam, dass sich dort Widerstand, Verspannung oder Schmerz befindet. Bitten Sie das Pferd, den Widerstand in der Bewegung in einem entspannten Zustand zu überwinden, wird es den Widerstand aufgeben.

Hinweis: *Sind Sie erst einmal daran gewöhnt, so scheinbar kontraintuitiv auf das Pferd zu reagieren, so werden Sie mit Begeisterung eine völlig neue Art der Interaktion mit Ihrem Pferd erleben. Die mit dieser Methode erzielten Resultate werden mühelos gesteigert und die sich dadurch entwickelnde neue Art der Kommunikation wird sich auf andere Aktivitäten mit Ihrem Pferd auswirken.*

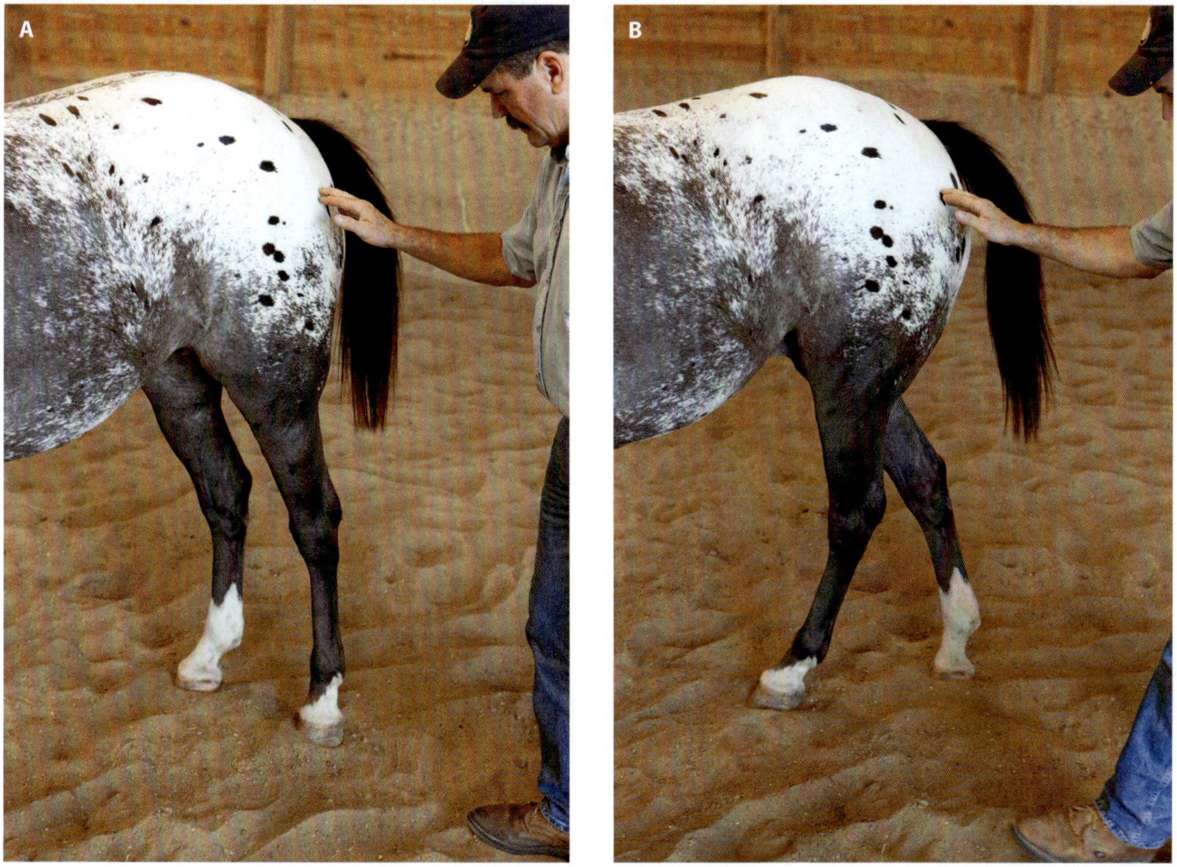

A & B *Verwenden Sie den leichtesten Druck, um die Hinterhand dazu aufzufordern, zur Seite zu treten (A). Lassen Sie mit dem Druck nach, wenn das Pferd das Gewicht verlagert oder mit der Hinterhand zur Seite tritt (B).*

2

KAPITEL 2

Arbeitsumfeld und Sicherheit

Erfahrene Pferdeleute wissen, dass die Verbindung zwischen Mensch und Pferd mit der Zeit sehr vertrauensvoll werden kann. Sie sind sich jedoch auch bewusst, dass das Pferd ein instinktiv programmiertes Tier ist, das manchmal auf Dinge reagiert, die wir nicht erwarten – und zwar oft genau dann, wenn wir es am wenigsten erwarten!

Wie Sie sicherlich schon gemerkt haben, achten wir bei dieser Methode ziemlich genau auf das, was das Pferd tut. Sie werden bald feststellen, dass es Ihnen immer besser gelingt, das Pferd zu deuten und einige dieser Verhaltensweisen vorauszusehen.

Bei der Handhabung des Pferdes im Allgemeinen kann die Anwendung des Prinzips der Widerstandslosigkeit viel dazu beitragen, das Entstehen von unerwünschten Situationen zu vermeiden. Dadurch, dass Sie nachgeben und dann unmittelbar danach wieder um Bewegung bitten, helfen Sie dem Nervensystem des Pferdes, vom „Führmodus" auf den „Folgemodus" umzuschalten. Immer dann, wenn Sie als Reaktion auf Widerstand oder (sogar unberechenbares) Verhalten nachgeben, dient dies nur dem Zweck, dem Pferd Gelegenheit zu geben, den Widerstand aufzugeben. So können Sie dann direkt damit fortfahren, das Pferd um die entsprechende Bewegung zu bitten. Der Zweck der Sache ist nicht, dem Pferd zu erlauben, nach Gutdünken zu handeln. Pferde lernen sehr schnell, was ihnen dient und was nicht. Wenn Sie also jedes Mal dann nachgeben, wenn das Pferd Widerstand leistet, so wird es jedes mal Widerstand leisten, wenn es will, dass Sie nachgeben. Es wird damit beginnen, das Prinzip Widerstandslosigkeit an Ihnen anzuwenden. Sie sind da, um dem Pferd zu helfen. Um sowohl Ihre als auch die Sicherheit des Pferdes zu garantieren und die Arbeit durchzuführen, müssen Sie die Anführerrolle übernehmen. Dies wird viel dazu beitragen, Sicherheit in allen Situationen zu bewahren.

Die folgenden fünf Vorschläge beruhen auf meiner Erfahrung und sollen zu Ihrer und der Sicherheit Ihres Pferdes beitragen sowie eine optimale Arbeitsumgebung schaffen, sodass Ihre Erfahrung erfolgreich und angenehm wird.

Wo gearbeitet wird

Im Idealfall arbeite ich gern mit dem Pferd in der Box. Hierfür gibt es mehrere Gründe:

- Ich kann einige Schritte vom Pferd wegtreten, um zu sehen, was es zu sagen hat, ohne dass es sich davonmacht.
- Einige Schritte zurücktreten und sich aus der unmittelbaren Nähe des Pferdes entfernen, macht es dem Pferd leichter, sich wohlzufühlen und bereitwilliger Spannungen zu lösen. Es gibt dem Pferd Platz, sich zu bewegen (unruhig zu sein), falls es dies braucht, während ich mit ihm arbeite. In gewissem Sinne „gebe ich dem Pferd nach", während ich meine Arbeit fortführe.

- Falls es nötig ist, dass das Pferd für mich still steht, so kann ich das Pferd neben die Boxenwand stellen, und zwar so, wie ich es gern hätte.
- Falls Ihnen das Pferd, mit dem Sie arbeiten, nicht vertraut ist, so wäre es wahrscheinlich wünschenswert, dass Sie die Box, falls erforderlich, schnell verlassen können. Dazu können Sie z. B. die Stalltür unverriegelt lassen. Das bleibt Ihnen überlassen. In den meisten Fällen wird das Pferd durch diese Arbeitsweise zufrieden und „bei Ihnen" bleiben.

Die Verbindung mit dem Pferd aufrechterhalten

Wenn Sie mit einem neuen Pferd arbeiten, so kann es hilfreich sein, eine andere Person in der Nähe zu haben oder diese zu bitten, den Führstrick des Pferdes zu halten. Wenn Sie einen Assistenten im Stall haben, so ist es wichtig, dass der Assistent in einiger Entfernung vom Pferd steht und nicht auf eine Art und Weise mit dem Pferd interagiert, die Ihre Fähigkeit, die Reaktionen des Pferdes zu deuten, behindert. Dies kann Klopfen, Ohren, Augen oder Nase reiben oder jegliches Verhalten sein, zu dem sich Ihr Betreuer hingerissen fühlt. Ihre Verbindung mit dem Pferd ist aber der Aspekt, der diese Methode funktionieren lässt. Ihre Fähigkeit, die Bewegungen und Reaktionen des Pferdes auf Ihre Berührungen zu beobachten, ist ein wichtiger Teil dieser Arbeit. Alles, was das Pferd oder Sie selbst ablenken könnte, sollte unbedingt vermieden werden.

Und keine Leckerli! Futter ist ein Aspekt, der diesem Prozess des Deutens und Folgens der Reaktionen des Pferdes und der Notwendigkeit, mit dem Pferd eine Verbindung aufrecht zu erhalten, im Weg steht. Also stellen Sie sicher, dass sich kein Futter in Ihren Taschen befindet und jegliche Ablenkungen aus der Box entfernt werden.

Verwendung eines Halfters und Festhalten oder Anbinden des Pferdes

Ich ziehe es vor, das Pferd nicht festzuhalten oder anzubinden, es sei denn, das Pferd steht für die Arbeit nicht still. Falls Sie es vorziehen, dass jemand das Pferd für Sie hält oder das Pferd anzubinden, so ist es wichtig, dass das Pferd seinen Kopf und Körper so frei wie möglich bewegen kann, ohne Sie bei der Ausübung Ihrer Arbeit zu beeinträchtigen.

Falls Sie sich dazu entscheiden, ein Pferd anzubinden, mit dem Sie nicht vertraut sind oder das die Neigung hat, am Strick zu ziehen, so binden Sie das Pferd so an, dass der Strick sich leicht lösen kann, und zwar so, dass das Halfter nicht bricht, das Pferd sich nicht verletzt oder die Box auseinandernimmt. Binden Sie den Führstrick an einem Stück Kordel fest oder schlingen sie ihn lose um einen oder mehrere Gitterstäbe, sodass sich das Pferd losreißen kann, wenn Druck ausgeübt wird. Das spart Zeit, wenn man ein Pferd beruhigen will, das sich losgerissen hat. Falls Sie alleine arbeiten und es nicht für nötig halten, das Pferd anzubinden, so können Sie den Führstrick auch über den Hals des Pferdes legen, während Sie arbeiten. Nach einiger Zeit fühlen Sie sich vielleicht auch dabei wohl, mit dem Pferd ohne Führstrick zu arbeiten. Schließlich ist es in der Box und kann sich nicht zu weit entfernen.

Weitere Tipps bezüglich Anbinden:

- Wenn Sie über den *Blasenmeridian* und die *Ting-Punkte* gehen (siehe Seite 30), so ist es vielleicht eine gute Idee, ein Pferd, das nicht still stehen will oder das gerne knabbert, mit einem Führstrick oder beidseitig seitlich anzubinden.
- Wenn Sie im *Kopf-/Hals-/Schulterbereich* arbeiten (siehe Seiten 39 und 68), so muss das Pferd in der Lage sein, seinen Kopf und die Vorhand frei zu

A & B *Wenn man den Führstrick locker um die Gitterstäbe der Box schlingt, so kann das Pferd den Führstrick herausziehen (A). Sie können die Spannung nötigenfalls anpassen, indem Sie den Führstrick durch die Stäbe „weben", ohne ihn festzubinden (B).*

bewegen. Dazu empfiehlt es sich, den Führstrick über den Hals des Pferdes zu legen oder jemanden zu bitten, das Pferd locker festzuhalten und dabei *nicht* mit dem Pferd zu *interagieren*. Wenn Sie mit der *Blasenmeridiantechnik* fertig sind, haben Sie wahrscheinlich bereits eine Verbindung und Kommunikation mit dem Pferd aufgebaut, durch die sich das Pferd mit Ihnen wohlfühlen wird – und Sie sich mit ihm. Sie können das Pferd dann an einem längeren Führstrick anbinden und diese Übungen trotzdem ausüben.

- Bei der Arbeit an der Hinterhand (siehe Seite 110) kann das Pferd wieder so angebunden werden, dass es genug Platz hat, seinen Kopf frei zu bewegen.

Hier eine sichere Methode, um das Pferd an den Gitterstäben der Box festzubinden: Wenn Sie den Führstrick durch die Stäbe „weben", so können Sie die Spannung so anpassen, dass der Strick nicht herausrutscht, wenn das Pferd ein bisschen zieht. Zieht das Pferd jedoch stark am Strick, so wird er sich lösen.

Techniken, bei denen man an den Hintergliedmaßen arbeitet

Man muss sich immer der aktuellen Gemütsverfassung des Pferdes bewusst sein. Dies gilt insbesondere dann, wenn Sie zum ersten Mal mit einem bestimmten Pferd arbeiten, bis das Pferd sich an Sie gewöhnt hat. (Natürlich trifft das auch auf die Vorhand zu, da sich ein Pferd an beiden Enden unvorhersehbar verhalten kann! Und halten Sie immer ein Auge auf die Ohren des Pferdes, wenn Sie zum ersten Mal ein Pferd anfassen, das möglicherweise Schmerzen hat.)

Diese Art der Achtsamkeit sollte Ihnen beim Umgang mit dem Pferd in Fleisch und Blut übergehen; dies geht mit dem „Gefühl" einher, das Sie während der kommenden Tage entwickeln werden. Wenn Sie mit dieser Arbeit beginnen, ist es jedoch wichtig, ganz bewusst darauf zu achten, was Sie tun und welche Wirkung das auf das Pferd hat.

Wenn Sie anfangen mit der Hinterhand zu arbeiten, seien Sie sich darüber bewusst, dass das Pferd möglicherweise Schmerzen um das Kreuzdarmbein herum, in den Gesäßmuskeln, den hinteren Oberschenkelmuskeln, in der Leiste oder den Bauchmuskeln hat. Allerdings werden Sie ja schon bei der Ausführung der *Blasenmeridian-Technik* (Seite 30) diese Bereiche leicht berührt haben und die Reaktionen des Pferdes würden Ihnen dann bereits mitgeteilt haben, ob es hier unter Verspannungen oder Schmerzen leidet.

In der Tat werden Sie dadurch dem Pferd bereits geholfen haben, einen Teil dieser Verspannungen zu lösen. Sie werden jedoch noch nicht im Leisten-, Bauch- oder Beinzwischenraum gearbeitet haben. Daher lohnt es sich, vorsichtig zu sein und auf die Ohren des Pferdes zu achten, wenn man das Pferd *zum ersten Mal* in den Bereichen berührt, in denen es möglicherweise Schmerz verspürt. So kann man frühzeitig Zeichen von Nervosität feststellen.

Die Fotos in Teil Zwei zeigen Ihnen, wie Sie Ihren Körper am besten positionieren, um sich sicher um das Pferd herumzubewegen. Stellen Sie bei der Handhabung der Beine sicher, dass das Pferd Platz hat, sich von Ihnen wegzubewegen, anstatt sich in Ihre Richtung zu bewegen, wenn es scheut. Meiner Erfahrung nach würden es 95% aller Pferde vorziehen, um Sie herumzugehen, wenn sie die Wahl haben. Es empfiehlt sich, dem Pferd hierzu einen Ausweg zu bieten.

***Hinweis:** Dieses Buch enthält viele sehr wirkungsvolle Techniken zur Lösung von Verspannung in der Hinterhand, bei der man nicht an den Hintergliedmaßen des Pferdes arbeiten muss. Diese sollten vor Anwendung der Techniken ausgeführt werden, die eine Handhabung der Hintergliedmaßen erforderlich machen. Diese Techniken können auch immer dann ausgeführt werden, wenn Sie bei der Handhabung der Hintergliedmaßen Bedenken haben und sollten Teil Ihrer Routine werden.*

Ruhe und Gemütsverfassung

Wählen Sie für Ihre Körperarbeit eine ruhige Zeit. Fütterungs- oder stressreiche Hochbetriebszeiten im Stall lassen Ihre Arbeit weniger effektiv werden (und kann Sie ermüden). Schätzen Sie Ihren eigenen Gemütszustand ein. Seien Sie so entspannt und ruhig wie möglich. Vergessen Sie nicht, zu atmen!

Gehen Sie nicht sofort auf den Kopf des Pferdes zu, wenn Sie in die Box hineingehen. Halten Sie eine Sekunde lang an und stehen Sie entspannt da. Dabei können Sie Ihr Gewicht von einem Bein auf das andere verlagern, genauso wie es ein entspanntes Pferd tut. Dann gehen Sie locker (ich sage gern „gemächlich“) auf die Schulter des Pferdes zu und lassen Sie es wissen, dass Sie nicht gekommen sind, um ihm eine Nadel in den Leib zu stecken. Dann bitten Sie das Pferd (unter Verwendung des Prinzips der Widerstandslosigkeit), hier oder da hin zu treten: Vielleicht von der Wand weg und hin zur Mitte der Box oder von Ihnen weg, falls es Ihnen zu nahe kommt; eigentlich egal wohin, solange Sie das Pferd dazu auffordern, seine Füße zu bewegen.

Wenn Sie sich dabei die Zeit nehmen, das Pferd genau zu beobachten, so können Sie feststellen, dass das Pferd oft entspannt seufzt, abkaut oder blinzelt, während Sie es bitten, seine Füße zu bewegen und dabei weich werden, wenn es Ihrer Aufforderung nachgibt. Wie gesagt, diese Vorgehensweise schaltet das Nervensystem des Pferdes auf „Folgemodus“ um, anstatt im „Führmodus“ zu bleiben oder sich zu versteifen.

3

KAPITEL 3

So benutzen Sie dieses Buch

Als wir mit diesem Projekt begannen, hatten wir die Absicht, ein Buch zu schaffen, das diese Methode der Körperarbeit reflektiert: Ein interaktives, leicht zu verwendendes, praktisches Buch, mit dem sich Resultate erzielen lassen.

Da Sie bereits bis hierhin gelesen haben, sind Sie bereits mit den Grundprinzipien der Masterson Methode und den entsprechenden Prinzipien zur Spannungslösung vertraut. Jetzt ist es an der Zeit, die jeweiligen Techniken zu lernen, die sich auf die *drei wichtigsten Körperstellen des Pferdes* beziehen, die die Leistung des Pferdes am meisten beeinflussen. Sobald Sie dies getan haben, kann dieses Buch mit in die Box genommen werden, um das Gelernte in der Praxis zu üben.

Teil Zwei

Im Teil Zwei werden alle Techniken der Masterson Methode vorgestellt und in fünf praktische Abschnitte unterteilt. Sie beginnen mit der Blasenmeridian-Technik. Dieser erste Abschnitt gibt den Ton für Ihre Arbeit und die Verbindung mit dem Pferd an. Diese Technik ist nicht nur eine wirksame Art und Weise, um Spannungen zu lösen, sondern diese einfache Übung ist wahrscheinlich auch die wichtigste, wenn es darum geht, zu erleben und zu verstehen, wie diese Interaktion mit dem Pferd funktioniert.

Die nächsten Abschnitte (Kapitel 5–8) stellen die Techniken dar. Diese Übungen entsprechen den drei wichtigsten Körperstellen des Pferdes, die die Leistung des Pferdes am meisten beeinflussen (siehe Foto und Zeichnung auf Seite 11), sowie zwei sehr praktische Übungen, die dabei helfen, Spannungen im Pferderücken zwischen Widerrist und Kreuzdarmbein zu lösen. Hier eine komplette Liste der in Teil Zwei enthaltenen Übungen:

1. Die Blasenmeridian-Technik (S. 30)
2. Der Übergang zwischen Genick und Atlaswirbel: Antlanto-occiputalgelenk (S. 39)
3. Der Übergang zwischen Hals, Schultern und Widerrist: Halswirbel C7/Rückenwirbel T1 (S. 69)
4. Der Übergang zur Hinterhand: Kreuzdarmbein/ sakrolumbar T18/L1 (S. 110)
5. Der Rücken (S. 149)

Jeder dieser fünf Abschnitte in Teil Zwei (Kapitel 2 bis 8) beschreibt mehrere Techniken, die Folgendes miteinschließen:

- anatomische Beschreibungen und Abbildungen des Bereichs,
- eine schrittweise Erklärung, wie die Technik ausgeführt wird,
- weitere detaillierte Anleitungen,
- praktische Tipps,
- Hinweise bezüglich Sicherheit und Arbeitsumfeld,
- Fragen und Antworten, die sich auf eventuell auftauchende Probleme beziehen.

Hinweis: *Da die verschiedenen Teile des Pferdekörpers miteinander in Verbindung stehen, werden bestimmte Techniken in einem Bereich auch zur Spannungslösung in anderen Bereichen des Pferdekörpers beitragen. Diese werden in den jeweiligen Kapiteln besprochen.*

Teil Drei

Teil Drei stellt die Techniken in den Kontext der praktischen Anwendung. Kapitel 9 bis 15 führen Leistungsprobleme auf, erklären ihre Ursachen und schlagen Techniken vor, um diese Probleme zu beheben. Kapitel 10 bespricht Probleme, die sich speziell auf verschiedene Rassen und Reitsportarten beziehen, und schlägt Techniken vor, die vor dem Turnier angewendet werden können.

In der praktischen Anwendung werden Sie vielleicht nicht alle der für einen Bereich beschriebenen Techniken benötigen. Manche werden sich besser für Sie und ein bestimmtes Pferd eignen als andere. Sehen Sie die Techniken als verschiedene Werkzeuge in Ihrem Werkzeugkasten an.

Hier einige allgemeine Punkte, die Sie beachten sollten:

- Verstehen Sie das Konzept von Suchen, Reaktion, Warten, Entspannung (S. 17)?
- Erkennen Sie die Wechselwirkung zwischen Ihrer Berührung und der Reaktion des Pferdes? Das ist der *Schlüssel*, der die Tür öffnet.
- Nehmen Sie die verschiedenen Berührungsstufen *bei der Anwendung* bewusst wahr.
- Üben Sie unter Zuhilfenahme dieses Buches jedes Kapitel einzeln. Versuchen Sie nicht, alles auf einmal zu verstehen, aber sehen Sie diese Arbeit auch als *ein Ganzes* an.
- Sehen Sie auch das Pferd als ein Ganzes. So wird Ihre Arbeit wirkungsvoller.
- Gehen Sie immer wieder zu den am Anfang des Buches vorgestellten Grundprinzipien zurück:

1. Die instinktive Überlebensreaktion des Pferdes ist es, sich gegen Eindringen zu versteifen. Wenn es Ihnen gelingt, diese Versteifungsreaktion zu umgehen, so können Sie das Pferd dazu bringen, Verspannungen zu lösen.
2. Das Pferd ist ein Herdentier und kommuniziert mithilfe von Körpersprache. Um zu überleben, blockiert es Schmerz und Verspannung und versteckt Schwächen. Wenn es Ihnen gelingt zu deuten, was im Körper des Pferdes vorgeht, während sie mit ihm arbeiten, so können Sie das Pferd dazu bringen, Schmerz und Verspannung loszulassen.
3. Das Prinzip der Widerstandslosigkeit: Wenn Sie immer dann, wenn Sie im Körper des Pferdes auf Widerstand stoßen, diesem Widerstand mit Weicherwerden oder Nachgeben begegnen, so ermöglicht dies dem Pferd, den Schmerz oder die Verspannung, die hinter dem Widerstand steht, loszulassen. Solange das Pferd Ihnen Widerstand leistet, kann es die Spannung nicht lösen. Lesen Sie noch einmal das „Prinzip der Spannungslösung in einem Gelenk oder Übergang" (S. 20): Bewegen Sie ein Gelenk oder einen Übergang im Pferdekörper durch sein gesamtes Bewegungsspektrum in einem entspannten Zustand, so werden dabei Verspannungen in diesem Gelenk oder Übergang gelöst. Dies ist eine Erweiterung des Prinzips der Widerstandslosigkeit: Es ist das *Prinzip der Widerstandslosigkeit in Bewegung*.
4. Wenn Sie diese Grundprinzipien vor Beginn Ihrer Arbeit verstehen, so lassen sich die in diesem Buch gelehrten Techniken sehr leicht lernen. Die Arbeit wird so für Sie und Ihr Pferd lohnender werden.
5. Schließlich ist das ja auch nicht wirklich Arbeit! Es soll Freude machen! Innerhalb kürzester Zeit werden Sie mit Freude erleben, dass Ihr Pferd bessere Leistungen zeigt und sich die Kommunikation und das Vertrauensverhältnis zu Ihrem Pferd auf einer neuen Ebene befindet.

Wo man mit der Arbeit beginnt

Symmetrie und Asymmetrie beim Pferd

Ich stelle immer wieder fest, dass Pferde und Menschen eines gemeinsam haben: Sie sind nicht perfekt symmetrisch. Das Bein auf einer Seite ist vielleicht ein wenig länger als das andere und eine Seite oder Richtung ist vielleicht ein wenig stärker oder vorherrschender als die andere. Pferde, genau wie Menschen, haben eine stärkere und vorherrschendere Seite. Diese ursprüngliche Asymmetrie oder dieses Ungleichgewicht kann mit der Zeit durch Arbeit noch verstärkt werden und möglicherweise größere Ungleichheiten erzeugen, die zur Entwicklung von Lahmheiten beitragen.

Unter Berücksichtigung dieser Verschiedenheiten und aus der Perspektive dessen, was ich in meiner Arbeit mit Pferden in vielen Sportarten und Disziplinen feststelle, sind 90% aller Pferde von Natur aus *„vorne rechts/hinten links“*-Pferde. Dies bedeutet, dass sie die Neigung haben, die Diagonale „rechts vorne/links hinten“ zu bevorzugen oder zu belasten. Sie sind tendenziell fester hinter der rechten Genickseite, allgemein ein wenig steifer auf der rechten Halsseite und verspannen sich im Bereich der linken Kreuzdarmbeinseite und linken Gesäßmuskeln. Es fällt ihnen oft ein wenig leichter, sich nach links zu biegen und sie fühlen sich wohler, wenn sie im Linksgalopp galoppieren.

Zu jeder Regel gibt es jedoch Ausnahmen: Manche Pferde gehen mit Schmerz besser um als andere, und verschiedene Pferde kompensieren Schmerz und Lahmheit, indem sie Belastung auf verschiedene Bereiche hin- und herverlagern. Wenn sich Muskelspannungsmuster jedoch asymmetrisch oder einseitig entwickeln, so werden Belastungen ungleich verteilt und kleine Probleme können bald zu großen werden.

Was hat dies also damit zu tun, wo Sie die Arbeit am Pferd beginnen? Wenn Sie beginnen, fangen Sie vorne an und zwar auf der Seite, die weniger Verspannung hat. Dadurch, dass Sie die Spannung zuerst auf der leichteren Seite lösen, bewirken Sie auch eine Lösung der Spannungen auf der gegenüberliegenden Seite. Das macht es für Sie und das Pferd einfacher.

Wie bereits erwähnt, ist die vordere linke Seite für die meisten Pferde leichter. Also arbeiten Sie in der folgenden Reihenfolge um das Pferd herum:

1. links vorne,
2. rechts vorne,
3. rechts hinten,
4. links hinten.

Zu dieser Regel gibt es Ausnahmen. Stellen Sie fest, dass Ihr Pferd auf der linken Seite verspannter oder kopfscheuer ist, so beginnen Sie auf der leichteren Seite, in diesem Fall die rechte Seite.

Eine weitere nennenswerte Ausnahme ist die *Blasenmeridian-Technik*. Hier beginnen Sie auch links vorne, gehen jedoch bis *hinten links zum Ting-Punkt* weiter, bevor Sie an der rechten Seite des Pferdes arbeiten. All dies wird im Teil Zwei erklärt, der als Nächstes folgt.

Hinweis: *Während dieses Buch allein verwendet werden kann, so stehen doch weitere Lernressourcen zur Verfügung. Siehe unsere Website www.mastersonmethod.com und der Abschnitt Ressourcen am Ende dieses Buches.*

TEIL ZWEI

Masterson-Methode-Techniken

VERBINDUNG UND KOMMUNIKATION

4

KAPITEL 4

Die Blasenmeridian-Technik

Bevor Sie anfangen

Ziel: Die überlebensnotwendigen Abwehrreaktionen des Pferdes umgehen und direkt mit dem Teil des Nervensystems des Pferdes in Verbindung treten, das Spannungen festhält und loslässt.

A & B Der Blasenmeridian

Resultat: Diese einfache, jedoch wirkungsvolle Technik schafft die Grundlage für die Kommunikation zwischen Ihnen und dem Pferd durch das Prinzip von Berührung und Reaktion *(Suchen, Reaktion, Warten, Entspannung, S. 17)*. Sie ermöglicht Ihnen, das jeweilige Pferd zu „deuten" – und dem Pferd, den jeweiligen Menschen zu „deuten" – in diesem Fall Sie. Diese Technik bringt Sie beide sozusagen auf die gleiche Ebene, gibt den Ton für die Interaktion an und entspannt das Pferd und Sie.

Als Ihr erstes Werkzeug zur Tatsachenfeststellung zeigt Ihnen diese Technik auch, wo das Pferd vielleicht Verspannungen festhält und hilft ihm dabei, diese bereits loszulassen.

WO SIE ARBEITEN – DIE ANATOMIE

So wie wir die Blasenmeridian-Technik verwenden, spricht sie den Körper und Geist des gesamten Pferdes an.

Die chinesische Medizin unterscheidet zwischen 12 Haupt-Akkupunkturmeridianen im Körper. Der Blasenmeridian ist einer der wichtigsten Akkupunkturmeridiane, da er eine einzigartige Wirkung bei der Herstellung von Gleichgewicht zwischen den Meridianen hat.

Der Blasenmeridian verläuft parallel entlang jeder Körperseite, etwas unter der Oberlinie des Pferdes. Er beginnt genau hinter dem Auge und verläuft zwischen Genick und Ohr, von da aus den Hals herunter, circa 5-7 cm unterhalb des Mähnenkamms, dann am Widerrist entlang – ungefähr 5-7 cm unter der Oberlinie – bis er die Kruppe erreicht. Dort „verlässt" der Meridian die Oberlinie und geht über die Hinterseite des Oberschenkels in Richtung Rille zwischen Beinbeuger und Halbsehnenmuskel. Folgen Sie dieser Rille am Hinterbein entlang, seitlich über das Sprunggelenk – nur wenig von der Mittellinie des Beins entfernt – dann die Rille an der Seite des Röhrbeins entlang, über das Fesselgelenk bis hin zum Endpunkt des Meridians auf dem Kronrand des Hufes, wie in der Zeichnung dargestellt.

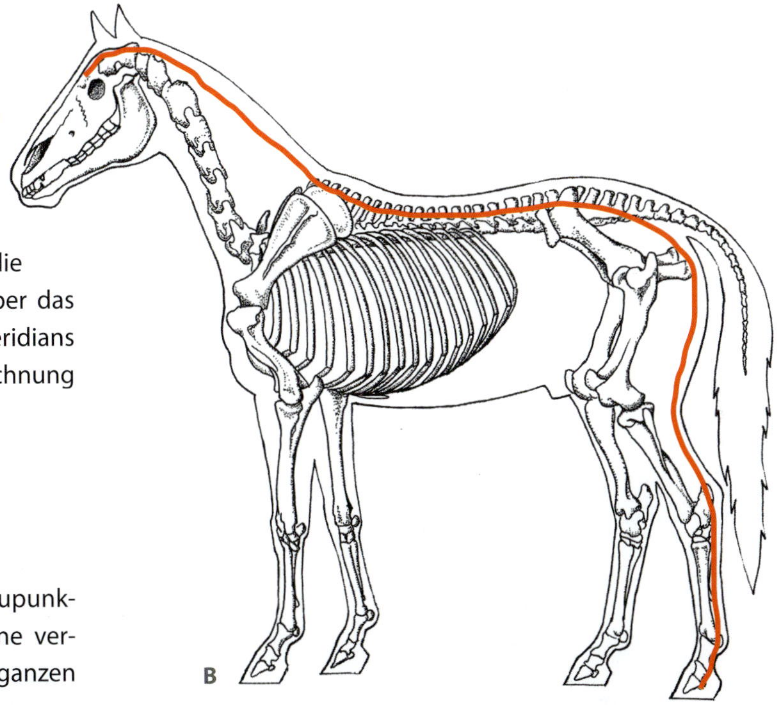

B

SPANNUNGEN LÖSEN: DIE AUSWIRKUNGEN

Der Blasenmeridian ist ein wichtiger Akkupunkturmeridian, mit dem alle anderen Meridiane verbunden sind. Er stellt das Gleichgewicht im ganzen Meridiansystem her.

- Er verläuft über und in der Nähe der wichtigsten *Körperstellen* des Pferdes, an denen Sie arbeiten werden. Folglich dient er auch als Mittel zur „Tatsachenfindung" (es zeigt sich beispielsweise die Empfindlichkeit des Pferdes) und sorgt auch bereits für erste Lösungsreaktionen.
- Er lässt sich leicht durch Berührung erreichen, währen Sie die Reaktionen des Pferdes beobachten können.
- Er hat eine beruhigende Wirkung.
- Der wichtigste Grund jedoch, warum Sie bei der Masterson Methode mit der Arbeit am Blasenmeridian anfangen ist, dass diese Technik den Grundstein für die Interaktion „Berührung und Reaktion" zwischen Ihnen und dem Pferd legt. Zugleich beruhigt sie das Pferd und bereitet es auf die darauffolgenden Techniken (Körperarbeit) vor.

Sie werden auch ein Gefühl dafür bekommen, wie das jeweilige Pferd auf Ihre Berührungen reagiert – und das Pferd bekommt sofort ein Gefühl dafür, was es während dieser Interaktion mit Ihnen erwarten kann. Das Nervensystem des Pferdes lernt, auf Ihre Berührung so zu reagieren, dass seine Überlebens- oder Abwehrreaktion umgangen wird. Dies wird die Grundlage für Ihre Kommunikation mit diesem bestimmten Pferd, mit dem Sie arbeiten, schaffen. Während diesen Vorgangs wird das Pferd Sie wissen lassen, wo es „sich schützt" (z. B. etwas blockiert) oder wo es sich gegen Verspannungen versteift und wird damit beginnen, diese Verspannungen loszulassen. Der wertvollste Aspekt dieser Technik ist jedoch, dass sich als Resultat dieser Interaktion zwischen Ihnen und dem Pferd ein stärkeres Vertrauensverhältnis entwickelt.

Hinweis: *Falls Sie mit Ihrem Pferd ausschließlich und regelmäßig die Blasenmeridian-Technik üben würden, so würden Sie bereits einen offensichtlichen Unterschied in der Leistung und dem Verhalten Ihres Pferdes bewirken. Die Technik erscheint Ihnen vielleicht „etwas undynamisch", aber selbst isoliert betrachtet ist diese Technik ein wirkungsvolles Mittel zur Lösung von Verspannung in den wichtigsten Körperstellen des Pferdes.*

DIE BLASENMERIDIAN-TECHNIK

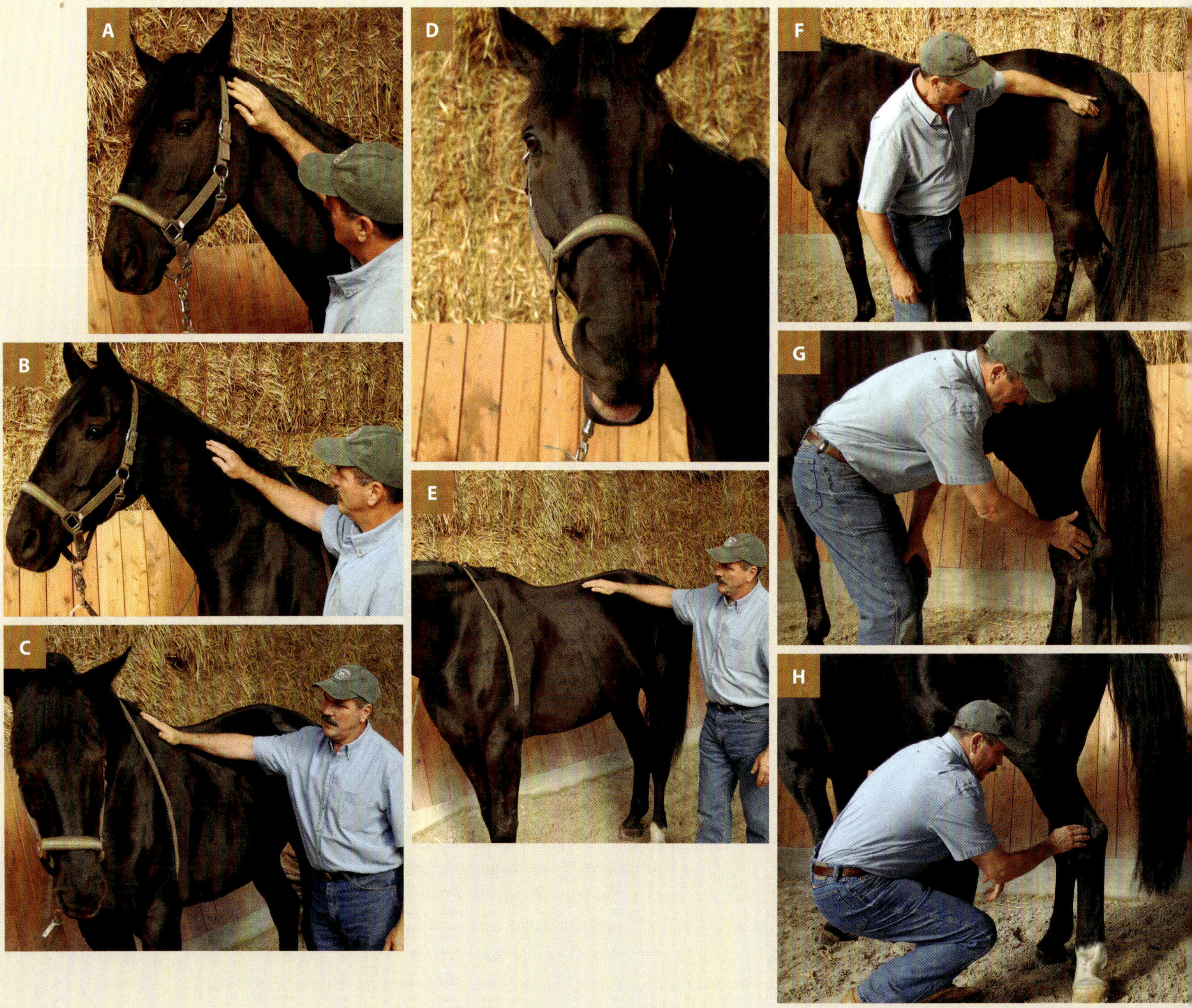

KURZÜBERSICHT: Schritt-für-Schritt-Anleitung

DIE BLASENMERIDIAN-TECHNIK

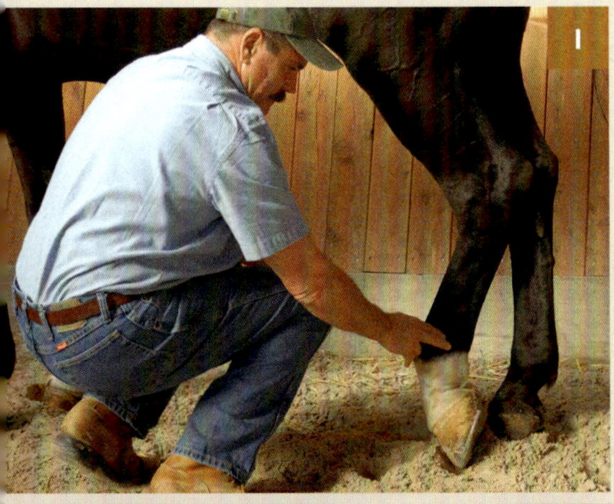

I

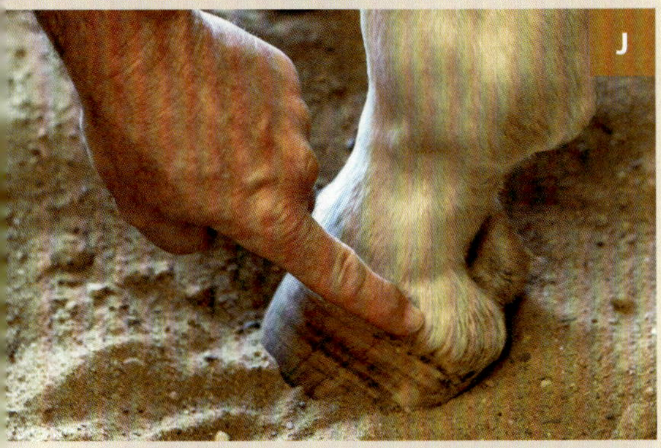

J

ZUR ERINNERUNG

Das Lösen von Spannungen zeigt sich durch:

Subtile Reaktionen: Augen blinzeln, Lippen zucken und die Atmung verändert sich.

Größere Reaktionen: Abkauen, wiederholtes Gähnen, Kopf schütteln und wiederholtes Schnaufen oder Niesen (siehe mehr auf S. 14).

1. SUCHEN

Schritt 1. Stehen Sie links neben dem Pferd an seinem Kopf (A).

Schritt 2. Legen Sie Ihre Fingerspitzen flach über das Auge oder auf das Genick, direkt hinter dem linken Ohr. Sie können auch eine hohle Hand verwenden.

Schritt 3. Lassen Sie Ihre Hand – fast ohne Berührung mit der Haut des Pferdes – langsam am Blasenmeridian entlanggleiten (dies sollte von Genick bis Widerrist ca. eine Minute dauern) (B).

2. REAKTION

Schritt 4. Während Sie Ihre Hand und Finger den Meridian entlanggleiten lassen, beobachten Sie das Pferd aufmerksam, um subtile Anzeichen oder Reaktionen zu erkennen (C).

3. WARTEN

Schritt 5. Lassen Sie Ihre Hand und Finger an der Stelle, wo eine Reaktion beobachtet wurde, liegen und lassen Sie dabei Ihre Hand weich und den Druck leicht bleibend. Warten Sie auf ein Zeichen der Entspannung. Dies kann eine Sekunde oder eine Minute dauern. Bleiben Sie geduldig, atmen Sie tief durch und entspannen Sie sich …

4. ENTSPANNUNG

Schritt 6. … bis Sie eine stärkere Entspannungsreaktion erhalten, in diesem Fall abkauen (D).

Schritt 7. Dann folgen Sie weiter dem Meridian und wiederholen diese Schritte den ganzen Rücken entlang (E) …

Schritt 8. … über das Hinterteil (F) …

Schritt 9. … entlang der Rille zwischen Beinbeuger und Halbsehnenmuskel (G) …

Schritt 10. … über das Sprunggelenk (H) …

Schritt 11. … über die Fessel (I) …

Schritt 12. … und bis zum Ting-Punkt – siehe Kasten, S. 35 (J).

Schritt 13. Wenn Sie fertig sind, gehen Sie zur rechten Seite und wiederholen dort den Vorgang.

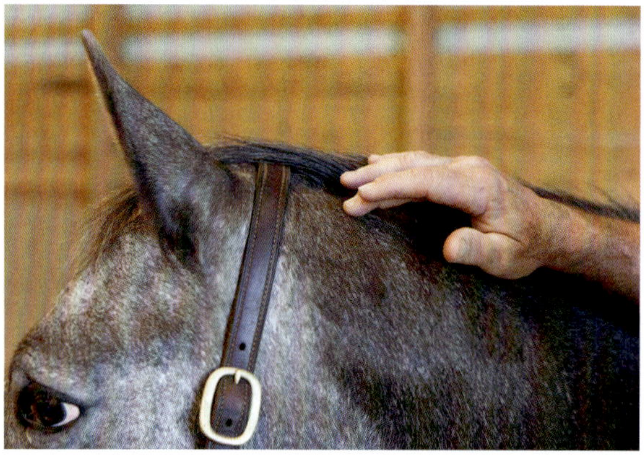

Verwenden der Fingerspitzen

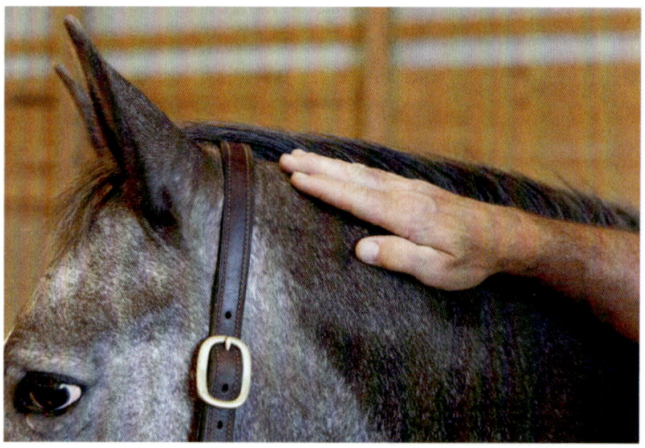

Verwenden der flachen Hand

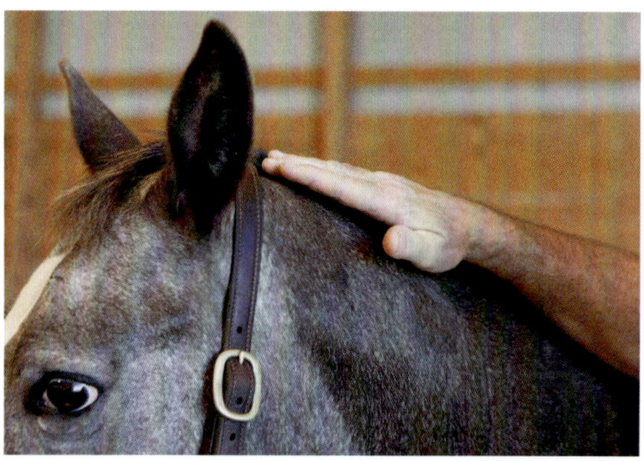

Anwendung der Berührungsstufe „Berührung mit Zwischenraum"

TIPPS

Regel 1: Bleiben Sie sanft: Verwenden Sie die Berührungsstärke „Berührung mit Zwischenraum" (fast gar kein Druck), bei der Sie das Haar oder die Haut des Pferdes nur ganz leicht mit Ihrer Handfläche oder den Fingerspitzen berühren. Lassen Sie sie langsam am Meridian entlanglaufen und beobachten Sie die Reaktionen des Pferdes auf Ihre Berührung – besonders die der Augen und Lippen.

Regel 2: Gehen Sie langsam vor: Vergessen Sie bei Ausführung dieser Übung die Uhr. Falls Sie Erwartungen haben oder nervös sind, wird das Pferd es merken. Das heißt nicht, dass es nicht reagieren wird – wenn Sie langsam und sanft genug vorgehen, so muss das Pferd reagieren – aber es wird Ihnen die Arbeit sehr erleichtern, wenn Sie entspannt sind. Atmen Sie tief durch und bewegen Sie Ihre Hand sehr langsam am Meridian entlang. Beobachten Sie dabei die Reaktionen in Augen und Lippen des Pferdes.

Um Ihnen einen Eindruck zu verschaffen, wie langsam Sie Ihre Hand entlang dem Meridian gleiten lassen sollten, lassen Sie uns an Ihrem Handrücken die Technik „einmal Hafer, zweimal Hafer, dreimal Hafer" ausführen:

1. Halten Sie Ihre linke Hand vor Ihrem Körper, mit dem Handrücken nach oben.
2. Legen Sie zwei Fingerspitzen Ihrer rechten Hand auf Ihr Handgelenk.
3. Bewegen Sie Ihre Fingerspitzen leicht (*Berührung mit Zwischenraum*) von Ihrem Handgelenk zu den Fingerspitzen Ihrer linken Hand.
4. Zählen Sie „einmal Hafer, zweimal Hafer, dreimal Hafer, …". Es sollte sechs bis acht Portionen Hafer dauern, bis Sie vom Handgelenk an Ihren Fingerspitzen angekommen sind. Dies entspricht ungefähr der Geschwindigkeit, mit der Sie Ihre Hand am Blasenmeridian entlangführen sollten.

Ting-Punkte

Die Endpunkte der Meridiane werden in der chinesischen Medizin Ting-Punkte genannt. Es gibt sechs Ting-Punkte auf jedem Huf und jeder davon ist ein Endpunkt für einen anderen Meridian. Fünf der sechs Punkte befinden sich um den Kronrand herum und einer befindet sich zwischen den Ballen des Pferdehufs.

Der Blasenmeridian-Ting-Punkt ist auf der Außenseite, dort wo sich eine „Leiste" befindet, die vom hinteren Viertel des Fesselgelenks herunterläuft und dort auf den Kronrand stößt.

Hinweis: *Die Stellen, an denen sich Akupressurpunkte und Meridiane auf dem Pferdekörper befinden, sind nicht exakt und an jedem Körper verschieden. Dies ist nur eine allgemeine Richtlinie.*

Da Sie ja keine eigentliche Akupressurbehandlung durchführen, machen Sie sich keine Sorgen darüber, dass Sie sich vielleicht nicht genau auf dem Blasenmeridian befinden. Folgen Sie dem beschriebenen Pfad und lassen Sie sich von Ihrer Intuition und von dem Pferd leiten. Für diejenigen, die gern mehr darüber lernen wollen, gibt es viele Bücher über Akupressur und Ting-Punkte bei Pferden.

Wenn Sie an den Ting-Punkt kommen, welcher der Endpunkt des Blasenmeridians ist, bleiben Sie ein paar Sekunden dort, um zu sehen, wie das Pferd reagiert. Manchmal können Sie an diesem – und anderen Ting-Punkten – überraschende Entspannungsreaktionen bekommen. Eine Entspannungsreaktion heißt nicht automatisch, dass sich an diesem Punkt „Spannung" befindet. Sie kann sich auch auf eine Aktivität auf dem entsprechenden Meridian beziehen.

Stellen, an denen sich Ting-Punkte befinden

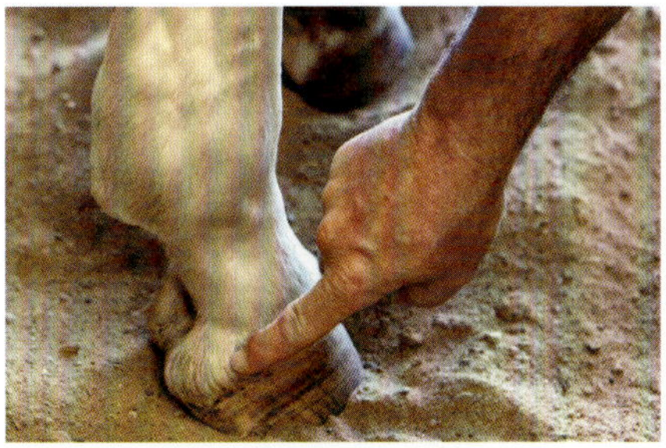

Zur Seite hin (Blase)

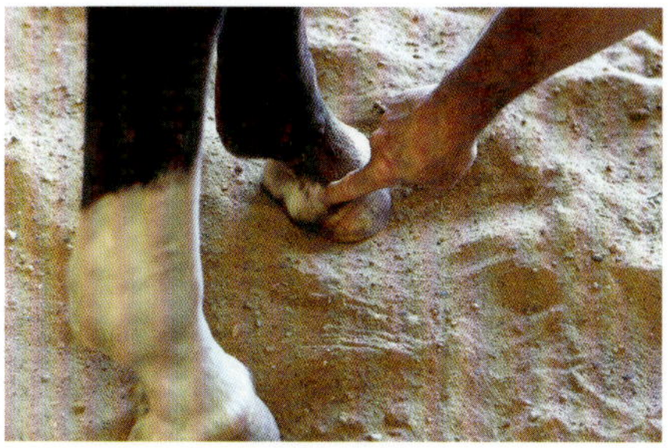

Zur Mitte hin (Milz)

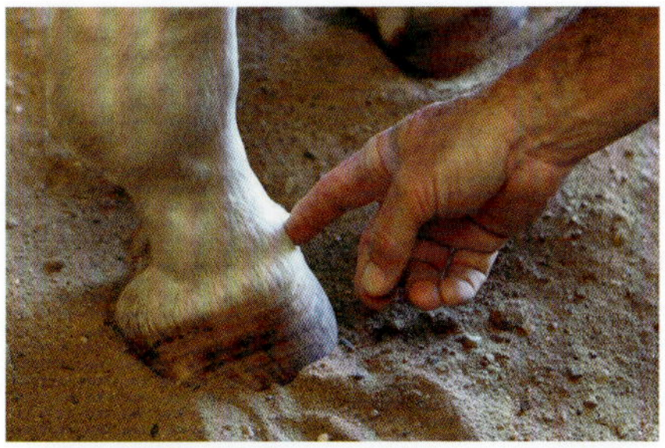

Vorne (Magen)

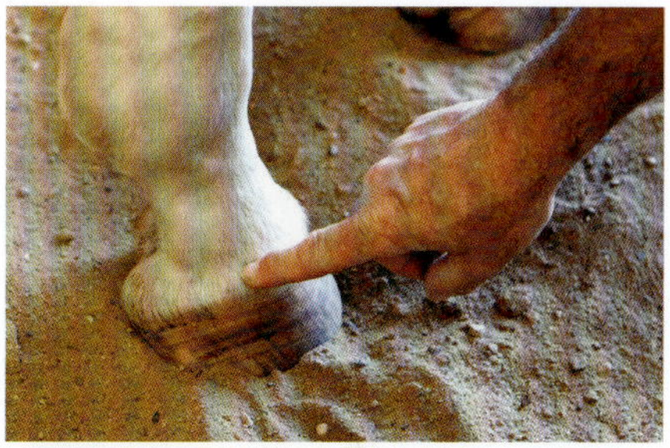

Viertel, zur Seite hin (Gallenblase)

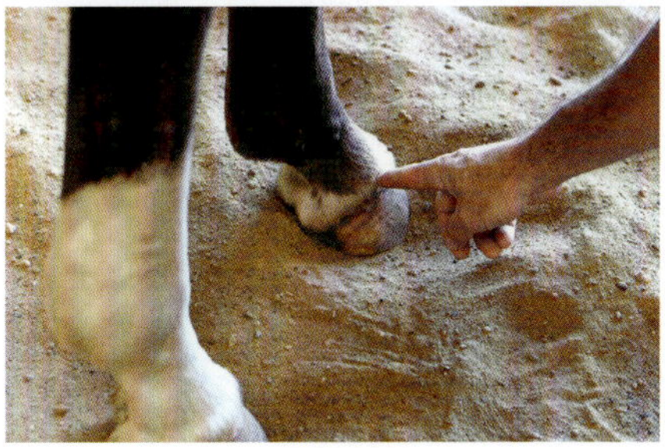

Viertel, zur Mitte hin (Leber)

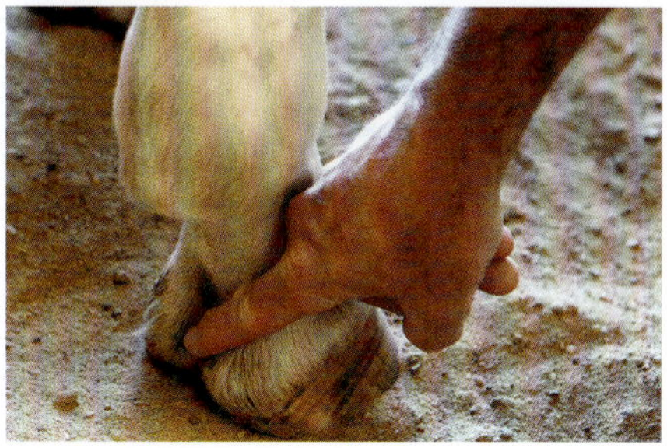

Hinten (Niere)

__Hinweis:__ Falls Sie mit einer Seite der Blasenmeridian-Technik in weniger als 5 Minuten fertig sind, müssen Sie vielleicht doch auf die Uhr schauen und ein wenig langsamer machen.

Während Sie die Augen des Pferdes beobachten, werden Sie merken, dass es eine bestimmte Geschwindigkeit gibt, bei der das Pferd mit Ihren Fingern in Verbindung bleibt. Bewegen Sie sich zu schnell weiter, „überholen" Sie das Pferd; zu langsam, und das Pferd fängt an, sich zu langweilen und hört damit auf „zuzuhören".

Regel 3: Suchen, Reaktion, Warten, Entspannung. Wenn Sie eine Reaktion wie z. B. ein Blinzeln oder Zucken der Lippen erhalten, hören Sie auf, Ihre Hand zu bewegen, lassen Sie die Hand dort ruhen (immer noch mit „Berührung mit Zwischenraum") und warten Sie auf eine größere Entspannungsreaktion vom Pferd. Die häufigste zu beobachtende Entspannungsreaktion ist Abkauen, das Pferd kann jedoch auch seufzen oder beim Loslassen von Spannung auch Gewicht von einem Bein aufs andere verlagern. Sobald das Pferd diese Reaktion gezeigt hat, fahren Sie fort.

Weitere Vorschläge:

- Halten Sie an und lassen Sie Ihre Hand an einer Stelle liegen, wenn Sie das Gefühl haben, dass Sie auf diese Weise dort eine Reaktion bekommen können.
- Sie können noch einmal von vorn anfangen oder an einer anderen Stelle. Sie können Hände wechseln, beide Hände verwenden, anhalten und wieder anfangen oder noch einmal zurückgehen und wieder über eine Stelle oder einen Bereich gehen. Keine Angst: Falls Sie das falsch machen, wird sich Ihr Pferd nicht in Luft auflösen oder anfangen zu qualmen.
- Sie können den Druck verändern, Ihre Hand oder Fingerspitzen manipulieren oder langsamer werden, wenn Sie Reaktionen bekommen.
- Merken Sie sich alle Stellen, an denen Ihr Pferd Reaktionen oder Entspannungsreaktionen gezeigt hat. Sie werden oft feststellen, dass Ihr Pferd wieder an diesen bestimmten Bereichen reagieren wird, wenn Sie die darauffolgenden Techniken anwenden. Und vielleicht finden Sie sogar Bewegungseinschränkungen in diesen Bereichen.

__Hinweis:__ Diese Übung, mit ihren fast meditativen Eigenschaften, kann ein Teil Ihrer allwöchentlichen Routine werden. Bald wird sich Ihr Pferd mit dieser Übung so vertraut fühlen, dass Sie sie in verschiedenen Situationen verwenden können, um es „zu erden" (zu beruhigen). Dies kann während eines ruhigen Moments zwischen Turnierritten sein, vor oder nach einem Gruppenausritt, vor dem Tierarztbesuch oder beim Verladen.

Was ist, wenn ...?

- **Was ist, wenn ich eine Reaktion bekomme und dann warte, aber keine Entspannungsreaktion bekomme?**

Die Hauptsache ist, dass Sie geduldig bleiben und dem Pferd erlauben zu erfühlen, was abläuft und ihm Zeit geben, um sich zu entspannen und lösen. Hier gilt der Terminplan des Pferdes, nicht der Ihre.

Zweitens muss Ihre Hand weich bleiben. Wenn Sie fühlen, dass nichts passiert, versuchen Sie, Ihre Hand noch weicher werden zu lassen oder sogar Ihre Hand oder Fingerspitzen ganz vom Haar wegzunehmen. Beobachten Sie dabei die Augen des Pferdes. Sie werden sehen, dass sie weicher werden. Egal wie leicht Sie denken, dass Ihre Berührung bereits ist, lassen Sie sie noch leichter werden.

Wenn Sie etwas finden, so wird die erste Reaktion des Pferdes oft darin bestehen, das was Sie tun zu blockieren oder zu ignorieren. Wenn Sie jedoch lange und sanft genug warten, so *muss* das Nervensystem des Pferdes die Spannung lösen.

Reagiert das Pferd nicht, nachdem Sie Ihre Hand 30 oder 40 Sekunden lang an einer Stelle gehalten haben, fahren Sie fort. Das heißt nicht, dass Sie etwas falsch machen oder dass das Pferd nicht mitmacht. Bleiben Sie geduldig und bewegen Sie sich langsam. Sie können später noch einmal an diese Stelle zurückkehren.

- **Manchmal kann ich nicht feststellen, ob das Pferd aus einem anderen Grund blinzelt oder wegen mir.**

Falls Sie nicht sicher sind, ob das Pferd an einer Stelle als Reaktion auf Ihre Berührung geblinzelt hat, bewegen Sie Ihre Finger ein paar Zentimeter vor diese Stelle zurück und gehen Sie noch einmal langsam darüber. Blinzelt es an der gleichen Stelle, besteht eine Korrelation zwischen dem, was Sie tun und dem, was das Pferd tut: Es ist eine Reaktion. Falls nicht, fahren Sie fort.

Hinweis: *Pferde lecken, kauen, gähnen, blinzeln und zucken ständig. Bei dieser Übung achten Sie auf die Korrelation zwischen Ihrer Berührung und dem Verhalten und entsprechenden Reaktionen des Pferdes.*

- **Was ist, wenn das Pferd hektisch wird oder anfängt, wegzugehen?**

Unruhig werden ist ein Zeichen dafür, dass sich bald etwas lösen wird. Falls Ihr Pferd still steht und Sie an einer Stelle auf eine Entspannungsreaktion warten und das Pferd dann beginnt, unruhig zu werden oder einen Schritt wegtritt, bleiben Sie bei ihm und machen Sie weiter. Lassen Sie Ihre Hand dabei jedoch ein wenig weicher werden. Manche Pferde werden unruhiger als andere, wenn sie kurz vor der Entspannungsreaktion sind.

- **Was ist, wenn das Pferd „knabbert" oder ständig mit dem Führstrick spielt?**

Machen Sie weiter und beobachten Sie, was passiert. Oft wird das Pferd mit dem unruhigen Verhalten aufhören, sobald es sich ein wenig entspannt hat. Manche Pferde jedoch knabbern und zappeln einfach gerne. Mit ein wenig Übung werden Sie bald die Entspannung und Reaktionen von der Zappelei unterscheiden lernen. Manchmal kann die Reaktion, auf die Sie warten, darin bestehen, dass das Pferd aufhört, sich unruhig zu verhalten: Oft ist es zu diesem Zeitpunkt, dass die Entspannung stattfindet.

Falls Sie jemanden haben, der den Führstrick hält, so wird das Pferd oft mit demjenigen spielen. Es ist wichtig, dass derjenige nicht mit dem Pferd interagiert, während Sie diese Technik ausführen. Ansonsten wird es für Sie schwierig sein, das Pferd zu „deuten".

- **Kann ich das Pferd anbinden, wenn ich diese Technik ausführe?**

Ja, besonders dann, wenn das Pferd gern knabbert und Sie oder denjenigen, der das Pferd hält, nicht in Ruhe lässt. Ich lasse gern so viel Spiel im Strick, dass das Pferd seinen Hals biegen kann und ein wenig herumreichen kann. Befinden Sie sich in einer Box, so ist es zur Sicherheit besser, den Führstrick an einem Stück Kordel oder an etwas festzubinden, das reißen kann, falls das Pferd in Panik zurückzieht. Das Zwischenstück wird reißen, das Pferd beruhigt sich und Sie sind immer noch alle zusammen im Stall – heil und gesund.

- **Was ist, wenn mein Pferd seinen Kopf wegzieht?**

Geben Sie vor allem dem Pferd ein wenig Platz, um seinen Kopf wegzuziehen, sodass es sich nicht gefangen fühlt. Ziehen Sie jedoch nicht an seinem Kopf. Wenn Sie die Hand, die Sie auf sein Genick legen, noch weicher machen, so hilft es dem Pferd dabei, sich ein wenig zu entspannen. Wenn es dann immer noch nicht Ihre Hand auf seinem Genick haben möchte, so beginnen Sie ein wenig tiefer unten am Nacken, bis sich das Pferd wohlfühlt und fangen halt dort an. Sie können wieder zum Genick zurückkommen, sobald sich das Pferd etwas entspannt hat.

Nehmen Sie sich mit kopfscheuen Pferden noch mehr Zeit. Denn Zeit ist das, was sie am meisten brauchen. Die meisten kopfscheuen Pferde sind so, weil sie Schmerzen oder Verspannungen im Genick haben.

- **Wie oft sollte ich die Blasenmeridian-Technik ausführen?**

Wenn Ihr Pferd weiterhin reagiert, machen Sie dies jeden Tag ein wenig. Sie müssen nicht jedes Mal den gesamten Blasenmeridian abstreichen. Falls Sie es zu oft machen und Ihr Pferd nicht mehr reagiert, machen Sie ein paar Tage Pause und fangen dann wieder an.

- **Funktioniert das auch, wenn ich mich nicht genau auf dem Blasenmeridian befinde?**

Machen Sie sich keine Sorgen darüber, ob Sie sich genau auf dem Meridian befinden. Das Pferd wird Ihnen mitteilen, wo Sie arbeiten sollen. Sie lernen, den Reaktionen des Pferdes zu folgen. Der Blasenmeridian ist ein Energiepfad und verläuft nicht bei jedem Pferd genau gleich. Sie können diese Technik sogar überall am Pferd anwenden, nicht nur auf den Meridianen.

- **Werden alle Pferde auf die gleiche Weise reagieren und Entspannung zeigen?**

Nachdem Sie diese Übung an ein paar verschiedenen Pferden durchgeführt haben, werden Sie sehen, dass jedes Pferd anders ist. Je nach Pferd und Ihrer individuellen Sensibilität, werden Sie unterschiedlich viel Zeit mit der *Blasenmeridian-Technik* verbringen. Einige Pferde sind sehr stoisch und benötigen mehr Zeit, um Reaktionen zu zeigen und sich zu entspannen. Bei diesen Pferden müssen Sie langsamer vorgehen und sehr aufmerksam auf die subtilsten Reaktionen achten. Einige zeigen Reaktionen, werden sich jedoch nicht entspannen, bis Sie einen bestimmten Punkt überschritten haben oder sich vom Pferd entfernen. Andere beginnen sofort damit, Reaktionen zu zeigen.

Nicht alle Pferde reagieren gleich. Manche sind zunächst stoisch, andere reagieren sofort.

KAPITEL 5

Die Vorhand

Technik 1:
LATERALE BEUGUNG DER HALSWIRBEL

Bevor Sie beginnen

Der *Genick-Atlas-Bereich* ist, was seine Auswirkungen und Einflüsse auf die Leistung des Pferdes betrifft, die bedeutendste der drei wichtigen Körperstellen beim Pferd.

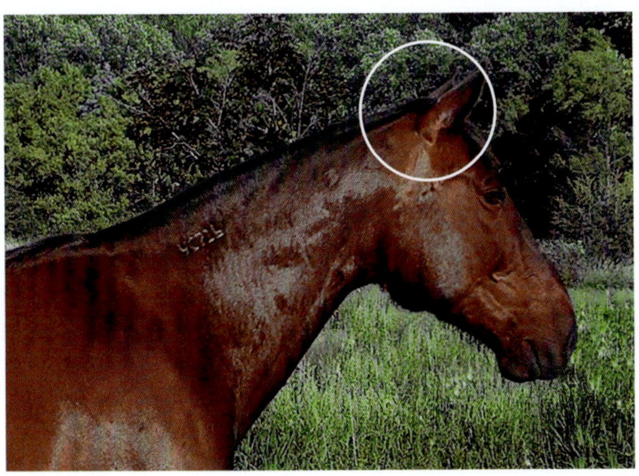

Wichtige Körperstelle Nr. 1 – der Genick-Atlas-Bereich

ZIEL: Zu bewirken, dass sich *Genick, Atlas und der Rest der Halswirbel* lateral bewegen, indem man das dazu Pferd auffordert, sich in einem entspannten Zustand zu bewegen (siehe *„Das Prinzip der Lösung von Spannung in einem Gelenk oder einem Übergang"* auf Seite 21).

RESULTAT: Verbesserte Fähigkeit, sich im Genick- und Halsbereich loszulassen und zu biegen sowie eine Verbesserung von Raumgriff und Schwebephase in der Vorhand. Genauso wichtig: Loslassen von Spannungen in Genick und Atlas löst Spannungen im ganzen Körper.

WO SIE ARBEITEN – ANATOMIE

Knochen

Genick: Für die Zwecke dieses Buches verwende ich den Begriff Genick, um den oberen Teil des Pferdekopfes zu beschreiben (Hinterhaupt).

Atlaswirbel: Der *Atlas* ist der erste und wichtigste der Halswirbel beim Pferd, er befindet sich direkt hinter dem Genick. Er wird auch C1 genannt (nach vertebrae cervicales = Halswirbel). Um den Atlas zu finden, stellen Sie sich links neben den Hals des Pferdes und fühlen Sie seitlich hinter dem Genick: Sie werden ca. 2 cm hinter dem Kiefer des Pferdes einen Hohlraum sehen und fühlen und genau dahinter befindet sich ein Knochenhöcker oder -kamm. Dieser Kamm ist der seitliche Fortsatz des Atlas (siehe Zeichnung S. 70).

Axiswirbel: Der *Axis* ist der zweite Halswirbel oder C2. Vom Atlas aus schieben Sie Ihre Finger ein paar Zentimeter weiter nach unten in Richtung Schulter und Sie werden einen flachen Bereich finden. Der Axis selbst kann normalerweise nicht gefühlt werden, aber er befindet sich unter diesem flachen Bereich.

Weitere Halswirbel (C3, C4, C5, C6 und C7): Diese Halswirbel folgen nicht der Oberlinie des Halses, sondern befinden sich im unteren Teil des Halses. Um sie zu finden, lassen Sie Ihre Finger vom Atlas aus am *dicksten* Teil des Halses herunterlaufen. Sie werden den Axiswirbel nicht fühlen, aber ein paar Zentimeter weiter werden Sie eine Beule fühlen, das ist der dritte Halswirbel oder C3, dann die vierte Beule, C4, die fünfte, C5, und die sechste, C6. Den siebten Wirbel, C7, werden Sie wahrscheinlich nicht fühlen können, da er sich normalerweise unter dem Schulterblatt (Skapula) befindet. Falls Sie keine dieser Beulen finden können, suchen Sie sich ein dünneres Pferd, um diesen Teil der Anatomie erforschen zu können.

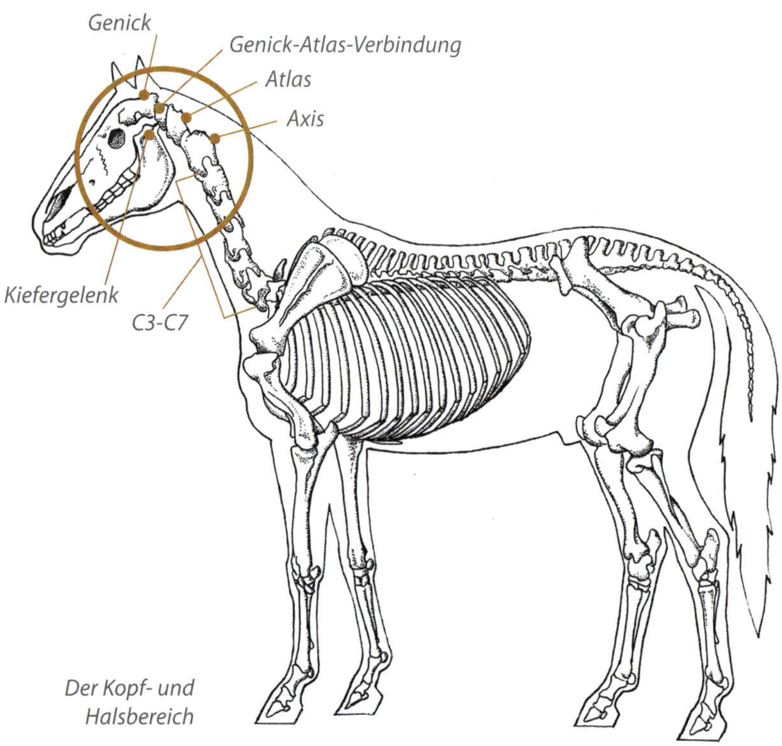

Der Kopf- und Halsbereich

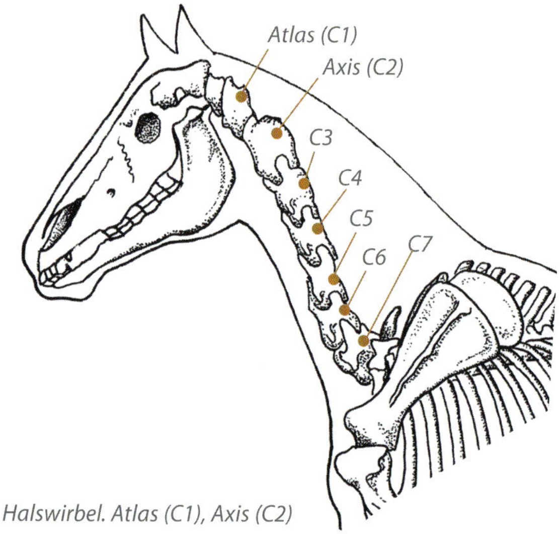

Halswirbel. Atlas (C1), Axis (C2)

Ihre Arbeit hat zum Ziel, Spannungen im Weichgewebe zu lösen, das das Genick, die Halswirbel und wichtige Muskeln, die an diesen Strukturen ansetzen, verbindet. Spannung in diesen wichtigen Muskeln um das Genick und den Atlaswirbel herum beeinträchtigen die Leistung in anderen Bereichen des Pferdekörpers.

Muskeln

Einige der wichtigsten Muskeln, die an Hals und Genick ansetzen und eine Auswirkung auf Bewegung und Leistung anderer Bereiche des Pferdekörpers haben, sind:

Die Brachiocephalicus- oder Kopf-Arm-Muskeln, die dazu beitragen, den Kopf seitlich zu bewegen, das Schulterblatt nach vorne zu ziehen, das Schulterblatt in der Versammlung hochzuziehen und das Vorderbein nach vorne zu bringen (siehe Zeichnung S. 70).

Die Omotransversarius-Muskeln, die ebenfalls dazu beitragen das Schulterblatt hochzuziehen und das Vorderbein nach vorne zu bewegen (siehe ebenfalls Zeichnung S. 70).

SPANNUNGEN LÖSEN: DIE AUSWIRKUNGEN

Schmerz und Spannung, egal wo sie im Körper des Pferdes vorkommen, schlagen sich im Genick nieder. Im umgekehrten Fall ist es so, dass sich im Genick angestaute Spannung negativ auf den Rest des Körpers auswirkt. Hier einige Beispiele:

- Schmerzen im Vorderbein oder Huf können die Spannungen und Schmerzen in den Muskeln hervorrufen, die auf Seite 40 beschrieben sind, d. h. bis in die Muskeln des Halses, des Genicks und in den Atlaswirbel hinein. Übermäßige Belastung oder Schmerz in einem Vorderbein kann zu erhöhter Spannung und Steifheit *auf der gleichen Seite des Halses* führen und schließlich dazu, dass das Pferd sich schwer in diese Richtung biegen lässt. Dies kann auch zu Schmerz oder Widerstand beim Biegen auf der gleichen Seite im Genickbereich führen. Dies kann wiederum schließlich Probleme mit dem entsprechenden Galopp (Linksgalopp/Rechtsgalopp) und beim Galoppwechsel zur Folge haben, da hierbei das entgegengesetzte Vorderbein überlastet wird, was zu Schmerzen oder Lahmheit in diesem Bein sowie dem diagonalen Hinterbein und Bewegungsbeschränkungen im ganzen Körper führt. Im umgekehrten Fall, also wenn sich im Genick Schmerz und Verspannungen anstauen, so werden der Kopf-Arm-Muskel und andere mit dem Vorderbein verbundene Muskeln fest, was die Fähigkeit dieser und anderer Muskeln einschränkt, Erschütterungen abzudämpfen. Dadurch entsteht Stress und überhöhte Belastung in Vordergliedmaßen und Hufen, was dann zu Verletzungen oder Lahmheiten führen kann, welche dann wiederum Schmerz im Genick verursachen, usw. Es handelt sich hier um einen Teufelskreis.
- Schmerzen im Sattelbereich und Rücken können Spannung oben auf dem Genick entstehen lassen. Spannungen in den Muskeln des Rückens und der Oberlinie entlang des *Nacken- und Überdornfortsatzbandes* ziehen den Rücken zusammen und lassen Verspannung und Schmerz im Genick entstehen (Abb. unten). Der gleiche Teufelskreis von Schmerz und Verspannung gilt auch umgekehrt für Genick und Rücken.

Der *Atlaswirbel* und das *Kreuzdarmbein* (siehe Zeichnung S. 111) sind verbunden. Entsteht Verspannung um den Atlaswirbel herum, so wird es fast immer auch Verspannung um das Kreuzdarmbein herum geben und umgekehrt: Spannung um das Kreuzdarmbein herum bedeutet Spannung um den Atlaswirbel herum. So ist das nun einmal. Wenn Sie Spannung beim Atlas lösen, so lösen Sie zugleich Spannung beim Kreuzdarmbein. Und wenn Sie am Kreuzdarmbein arbeiten, so arbeiten Sie zugleich am Atlas. Ist das nicht wunderbar?

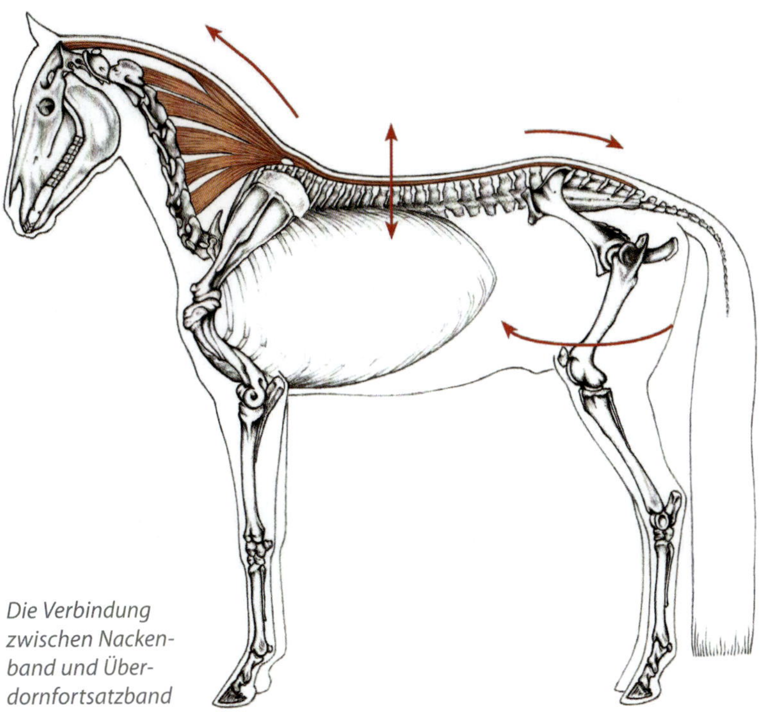

Die Verbindung zwischen Nackenband und Überdornfortsatzband

TECHNIK 1: LATERALE BEUGUNG DER HALSWIRBEL

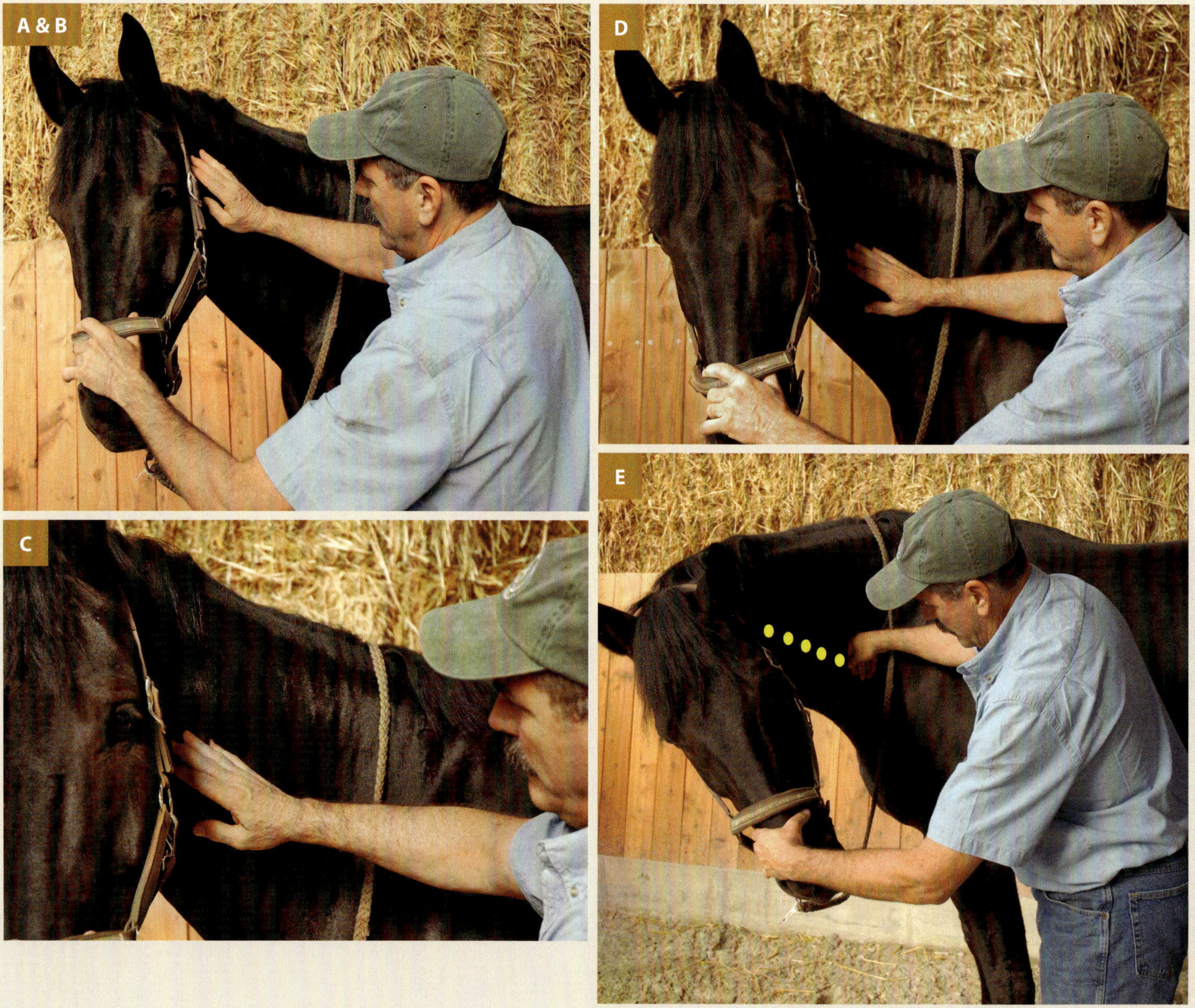

KURZÜBERSICHT: Schritt-für-Schritt-Anleitung

TECHNIK 1: LATERALE BEUGUNG DER HALSWIRBEL

F

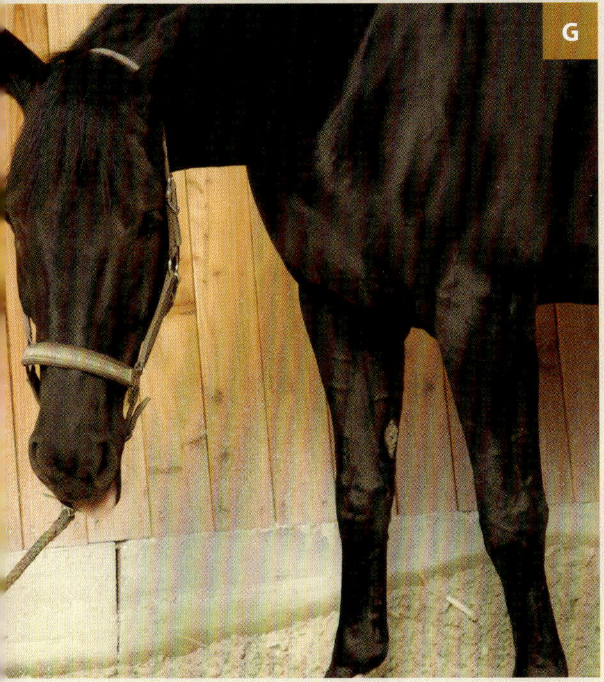

G

Schritt 1. Greifen Sie mit Ihrer *linken* Hand den Nasenrücken des Pferdes. Legen Sie Ihre *rechte* Hand unten auf den Atlasflügel, circa 10 cm unter und hinter dem Ohr (A). Ihre Finger sollten sich auf dem knochigen Teil des Atlaswirbels befinden, nicht in der Rille zwischen Kiefer und Atlas.

Schritt 2. Bewegen Sie die Nase leicht mit der *linken* Hand in Ihre Richtung. Üben Sie mit den Fingerspitzen oder der Handfläche Ihrer *rechten* Hand *sehr leichten Druck* in Richtung gegenüberliegendes Ohr aus. Achten Sie darauf, wann das Auge weicher wird. Sie fordern das Pferd auf, Muskeln im Genick-Atlas-Bereich zu entspannen (B).

Schritt 3. Werden Sie mit beiden Händen weicher. Bewegen Sie Ihre *rechte* Hand 5-7 cm nach unten entlang der Halswirbel und lassen Sie dabei Ihre *linke* Hand auf der Nase liegen (C).

Schritt 4. Bewegen Sie die Nase noch weiter nach hinten und lassen Sie dabei die Fingerspitzen der *rechten* Hand auf dem Hals liegen. Schütteln Sie sanft an der Nase und achten Sie darauf, wann das Auge weicher wird (D). Lassen Sie wieder beide Hände weicher werden und bewegen Sie die *rechte* Hand entlang der Halswirbel weiter nach unten. Treten Sie während der Arbeit in Richtung Schulter zurück.

Schritt 5. Bewegen Sie die Nase noch weiter nach hinten und lassen Sie dabei die Fingerspitzen der *rechten* Hand weiter unten auf dem Hals liegen. Dabei treten Sie zurück, um dem Pferd Platz zu machen, während Sie seinen Kopf weiter in Richtung Schulter bewegen (E). Schütteln Sie sanft an der Nase und achten Sie darauf, wann das Auge weicher wird. Dann lassen Sie wieder beide Hände weicher werden und bewegen die *rechte* Hand weiter nach unten zum unteren Teil des Halses.

Schritt 6. Fahren Sie fort, die Nase weiter in Richtung Schulter zu bewegen und treten Sie dabei immer wieder zurück (F). Schütteln Sie an der Nase, während Sie sich darauf konzentrieren, den Hals um Ihre rechte Hand zu biegen.

Schritt 7. Treten Sie ein paar Schritte zurück und geben Sie dem Pferd Gelegenheit sich zu entspannen: Abkauen, Gähnen, Niesen, Schnauben oder „Losschütteln“ (G).

Technik 1 im Detail

Nach der Blasenmeridian-Technik ist die laterale Beugung der Halswirbel der erste Schritt, wenn es darum geht, Verspannung im Genick-Atlas-Bereich zu lösen und dort für Bewegung zu sorgen. Beginnen Sie auf der linken Seite:

1. Legen Sie zunächst Ihre linke Hand weich auf den Nasenrücken des Pferdes auf

Die „Nasenhand" ist die Hand, die Sie dazu verwenden werden, das Pferd zu Bewegungen aufzufordern (Foto S. 45 oben).

2. Bringen Sie Ihre „Halshand" in Position

Dann legen Sie Ihre Handfläche oder Fingerspitzen Ihrer rechten Hand („Halshand") flach unter und hinter dem Atlasflügel (ca. 5-7 cm unter und hinter dem Ohr) auf. Verwenden Sie hierbei sehr, sehr leichten Druck (*Eigelb*). Die rechte Hand sollte keinen Druckpunkt, sondern einen Drehpunkt darstellen, um den Sie das Pferd bitten, sich in einem entspannten Zustand zu biegen und zu bewegen (Foto S. 45 unten).

3. Bitten Sie das Pferd um Bewegung

Lassen Sie die linke Hand sanft auf dem Nasenrücken liegen und bitten Sie das Pferd, seinen Kopf in Ihre Richtung zu bewegen. Wenn Sie fühlen, dass das Pferd Ihnen nachgibt, schütteln Sie leicht an seiner Nase.

Dann halten Sie seine Nase mit Ihrer Nasenhand in dieser Position, lassen beide Hände weicher werden, treten einen kleinen Schritt in Richtung Pferdeschulter zurück, lassen Ihre rechte Hand ein paar Zentimeter weiter nach unten an den Halswirbeln entlanggleiten und bitten das Pferd, seine Nase noch ein bisschen mehr in Ihre Richtung zu bewegen, wobei Sie die Nase wieder leicht schütteln. Wiederholen Sie diesen Vorgang, während Sie sich am Pferdehals hinunterbewegen und treten Sie dabei immer wieder ein wenig zurück, wenn Sie das Pferd bitten, seinen Kopf weiter zurückzubewegen.

Nase zurück, schütteln, weich werden, zurücktreten.
Nase zurück, schütteln, weich werden, zurücktreten.
Nase zurück, schütteln, weich werden, zurücktreten. Das ist ganz leicht!

TIPPS

Machen Sie sich nicht zu viele Gedanken darum, ob sich Ihre Hand auf der richtigen Stelle befindet. Solange das Pferd die Muskeln und Wirbel des Halses allgemein durch das natürliche Bewegungsspektrum bewegt, machen Sie es richtig.

- Nicht jedes Pferd wird Ihnen jedoch den gleichen Bewegungsumfang zeigen (siehe S. 45). Wenn Sie mit Ihrer rechten Hand die gesamte Halsseite bis unten bearbeitet haben, so sollte die „Nasenhand" schließlich in der Lage sein, die Nase des Pferdes an einen Punkt im Schulterbereich zu führen. Dies ist nicht der Fall bei sehr steifen oder alten Pferden.
- Bringen Sie das Pferd dazu, mit Ihnen zu arbeiten. Sie umgehen den Fluchtinstinkt des Pferdes, indem Sie ihm nichts geben, gegen das es Widerstand leisten will. Wenn Sie das Pferd sanft darum bitten, einen Körperteil freiwillig zu bewegen, so werden Sie dabei viel mehr Erfolg haben, als wenn Sie versuchen, Bewegung zu erzwingen. Bitten Sie das Pferd um freiwillige Mitarbeit, so arbeitet es geistig *mit* Ihnen und sein Nervensystem schaltet automatisch in „Entspannungsmodus", anstatt in den „Widerstands- oder Überlebensmodus". Sie bringen das Pferd dazu, sich mit Ihnen zu

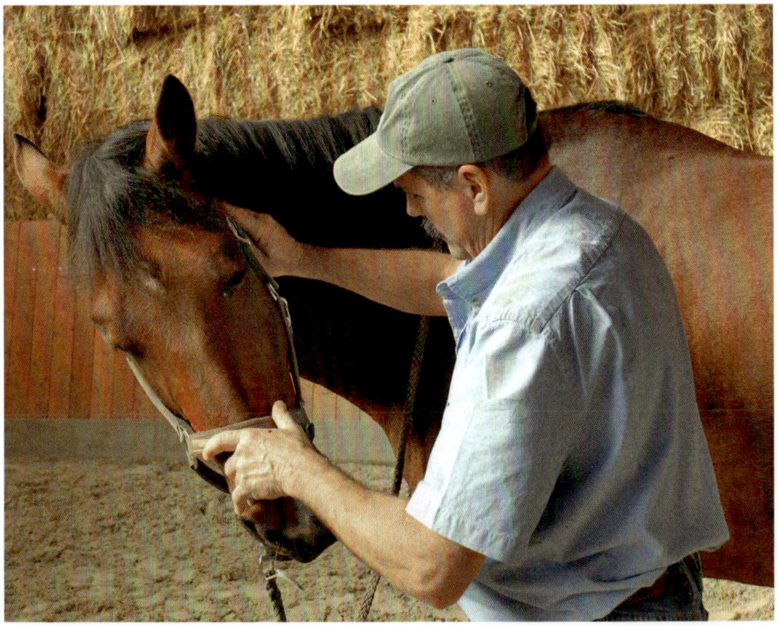

Verwenden Sie Ihre „Nasenhand", um das Pferd sanft um Bewegung zu bitten (schütteln, schütteln).

Die „Halshand" bildet den Drehpunkt. Bleiben Sie mit dieser Hand so weich wie möglich.

ZUR ERINNERUNG

Die Hauptprinzipien der Entspannung

Diese Prinzipien gelten während der Übung *„Laterale Beugung der Halswirbel"* sowie jeder anderen Technik, die Bewegung beinhaltet.

Wenn Sie ein Gelenk – oder einen Übergang – beim Pferd in einem entspannten Zustand durch sein natürliches Bewegungsspektrum bewegen, so lösen sich Verspannungen in diesem Gelenk oder Übergang.

So verwenden Sie die Masterson Methode, um die Überlebens- oder Widerstandsreaktion des Pferdes zu umgehen und ihm zu ermöglichen, Spannung in wichtigen Gelenken und Körperstellen zu lösen, die den größten Einfluss auf seine Leistung haben:

1. Indem Sie seine Überlebens- oder Widerstandsreaktion umgehen, können Sie das Gelenk oder den Übergang *in einem entspannten Zustand* bewegen.

2. Sie *umgehen seine Überlebens- oder Widerstandsreaktion*, indem Sie dem Pferd *nichts geben, wogegen es Widerstand leisten kann.*

3. Sie geben dem Pferd *nichts*, wogegen es Widerstand leisten kann, indem Sie *sanft und langsam genug bleiben.*

4. Indem Sie den *Reaktionen des Pferdes* auf Ihre Berührung folgen, wird es Ihnen möglich, sanft *und langsam genug* zu bleiben. Dies ermöglich Ihnen, die Überlebens- oder Widerstandsreaktion des Pferdes zu umgehen.

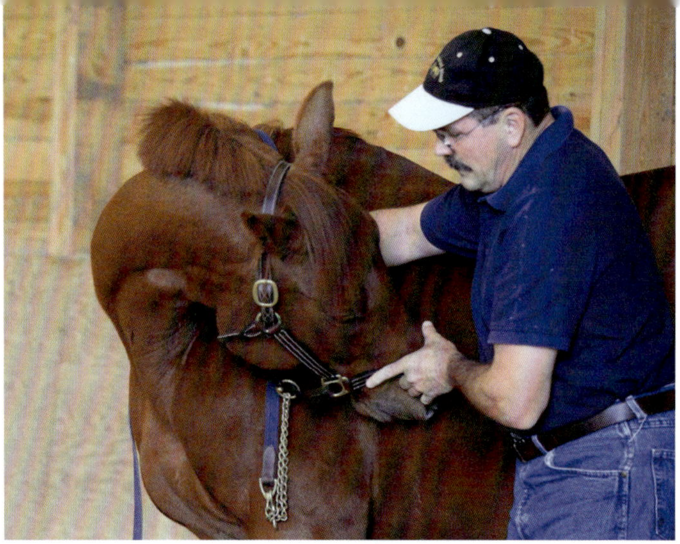

Bitten Sie das Pferd, sich in entspanntem Zustand zu bewegen.

ZUR ERINNERUNG
Wichtig! Erzwingen Sie nichts!

Manche Pferde sind flexibler als andere. Ein Pferd findet es vielleicht leicht, den Hals zu biegen und Ihrer Nasenhand zu folgen, während ein anderes vielleicht körperlich nicht in der Lage ist, sich selbst nur halb herumzubiegen. Widerstand kann durch Steifheit, mangelnde Bewegungsfreiheit oder leichte Schmerzen entstehen. Wie dem auch sei, gehen Sie sanft vor und erzwingen Sie nichts. Ihr Ziel ist es, Spannungen in den Weichgeweben um die Wirbel herum zu lösen, indem Sie dort Bewegung *in einem entspannten Zustand* (Abb. oben) auslösen. Wenn Sie feststellen, dass Sie gegen das Pferd drücken, dann funktioniert das nicht. Werden Sie weicher!

Ihr Ziel ist es, nur stufenweise und schrittweise Verbesserung im Bewegungsspektrum des Pferdes zu erzielen und nicht, das Pferd dazu zu bringen, über den Punkt hinaus zu gehen, bis zu dem es sich schmerzfrei biegen oder stellen kann. Manche Pferde sind von Natur aus steifer als andere, dies gilt besonders für ältere Pferde. Wenn Sie bei Ihrer Arbeit bei jedem Schritt eine Entspannungsreaktion bekommen, so werden Sie Resultate erzielen, ohne das Wohlbefinden des Pferdes zu gefährden. Sie können dann noch einmal über den Bereich gehen und wieder Fortschritte machen.

Jedes Mal, wenn Sie über einen Bereich gehen und Entspannung erzielen, ist es genauso, als würden Sie die „Häute einer Zwiebel abpellen".

bewegen – also Ihrer Bewegung nachzugeben – indem Sie *weicher* werden, wenn Sie Widerstand spüren. *Zeigen Sie ihm, dass der Weg des geringsten Widerstandes darin besteht, sich mit Ihnen, nicht gegen Sie, zu bewegen.* Wir Menschen neigen dazu zu drücken, festzuhalten oder zu ziehen, wenn das Pferd unseren Aufforderungen Widerstand leistet. Wir dürfen diesem Instinkt nicht nachgeben und obwohl dies möglicherweise gefühlsmäßig nicht richtig erscheint – lassen Sie den Druck nach. So erreichen Sie, dass das Pferd mental und mit seinem Nervensystem *mit* Ihnen arbeitet, anstatt Ihnen Widerstand zu leisten.

Hinweis: *Vermeiden Sie es, die Nase des Pferdes „krallenartig" mit den Fingern, besonders mit den Fingernägeln, zu ergreifen. Halten Sie Ihre Nasenhand weich und verwenden Sie die flache Seite Ihrer Finger.*

- Arbeiten Sie ein wenig auf einer, dann auf der anderen Seite. Es ist gut, abwechselnd auf beiden Seiten zu arbeiten, falls Sie mehrmals über einen bestimmten Bereich gehen wollen. Falls Sie immer wieder über die gleiche Stelle gehen, wird das Pferd beginnen, die Bewegungen „automatisch" auszuführen, anstatt sich zu entspannen. Wechseln Sie die Seiten ab. Sie werden merken, dass es genug ist, wenn das Pferd aufhört, Entspannungsreaktionen zu zeigen.
- Treten Sie einen Schritt zurück und achten Sie auf Anzeichen für Entspannung. Hier beginnt der Spaß! Ermöglichen Sie dem Pferd, sich „loszuschütteln" oder andere Anzeichen für Entspannung zu zeigen, wie beispielsweise Gähnen, Abkauen, Blinzeln oder Gewicht von einer Seite auf die andere verlagern. Wenn Sie die erhofften Entspannungsreaktionen nicht erhalten, so treten Sie zurück in eine Ecke und geben Sie dem Pferd Gelegenheit, Spannungen zu lösen.

Hinweis: *Wenn Sie zurücktreten, um zu sehen, was das Pferd zu sagen hat, so treten Sie DEUTLICH zurück. Manche Pferde benötigen viel Platz zwischen Ihnen beiden, um sich wohl genug zu fühlen, Entspannungsreaktionen zu zeigen. Während wir vielleicht denken, dass das Pferd genug Platz hat, wenn wir es nicht berühren, so denkt das Pferd vielleicht „Gib mir MEHR Platz, Mensch!", und ganz still, auf Pferdeart.*

Was ist, wenn…?

- **Was ist, wenn das Pferd das nicht so leicht findet? Was ist, wenn das Pferd Widerstand leistet?**

Im Allgemeinen ist unser erster Impuls, wenn das Pferd den Kopf wegzieht, im Gegenzug ebenfalls zu ziehen. Hier ein kleiner Tipp: Nicht zurückziehen! Geben Sie leicht mit der auffordernden Hand nach, gerade genug, sodass das Pferd aufhört zu ziehen. Dann fordern Sie es direkt wieder zur Bewegung auf. Wenn Sie dem Pferd nichts geben, wogegen es Widerstand leisten kann, sei es auch nur für den Bruchteil einer Sekunde, so wird es normalerweise den Widerstand aufgeben. Sie können das Pferd bitten, seinen Kopf ungefähr in dem Bereich zu lassen, bis es sich entspannt. Wenn es jedoch dann aufhört herumzuzappeln, müssen Sie sofort mit den Händen nachgeben, bevor Sie es erneut zur Bewegung auffordern. Wenn Sie so vorgehen, geben Sie dem Pferd ein wenig mehr Spielraum, Widerstand zu leisten und sich dann zu entspannen, während Sie dafür sorgen, dass seine Nase „in der Nähe" bleibt.

Zieht das Pferd seinen Kopf weg, so tut es das fast immer aus gutem Grund, normalerweise aufgrund von Schmerzen oder Verspannungen im Genick. Dadurch, dass Sie weicher werden, geben Sie dem Pferd Gelegenheit, diese Verspannung zu lösen.

- **Was ist, wenn das Pferd versucht, seine Nase unter meiner Hand wegzuziehen?**

Manche Pferde mögen es einfach nicht, wenn man ihnen die Hand auf die Nase legt. Wenn dies geschieht, so können Sie entweder anstelle der Nase das Nasenstück des Halfters verwenden oder Ihren Daumen unter und Ihren Zeigefinger über dem Nasenstück einhaken, während Sie Ihre Hand auf der Nase lassen. So können Sie Ihre Hand auf seiner Nase

Treten Sie deutlich zurück und geben Sie dem Pferd so Gelegenheit, sich zu entspannen.

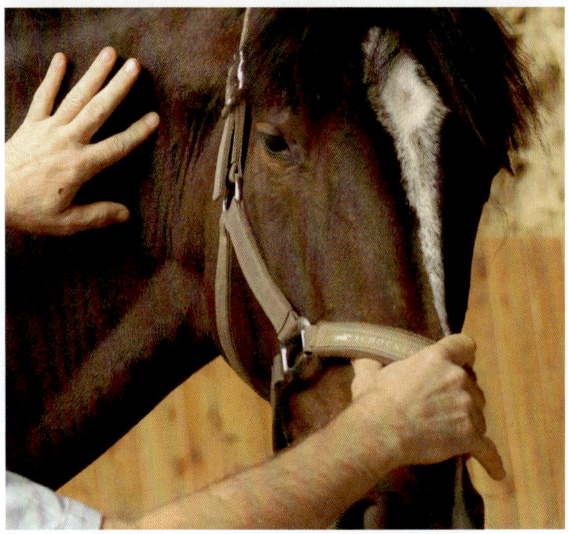

Schieben Sie Ihren Daumen unter das Nasenstück und Ihren Zeigefinger darüber.

lassen, wenn es versucht, Sie abzuschütteln, ohne dass Sie fest zupacken müssen (Foto S. 47 unten). Aber denken Sie daran, Ihre Hand so weich wie möglich zu halten, wenn Sie die Nase „schütteln".

Hinweis: *Wenn Sie das Pferd bitten, das zu tun, was Sie möchten, können Sie dabei entschieden vorgehen. ABER: Sie müssen daran denken, sofort mit Ihrer Hand nachzugeben, wenn das Pferd nachgibt. Ansonsten wird das Pferd weiter Widerstand leisten. Falls auch Sie sich versteifen, funktioniert es nicht. Denken Sie an das Prinzip der Widerstandslosigkeit.*

- **Was ist, wenn das Pferd sofort seine Nase in Richtung Schulter schiebt?**

Das Pferd versteift sich gegen Ihre Berührung, indem es vorausahnt, was Sie von ihm erwarten. Es „verrichtet" dann die erwartete Aufgabe, anstatt bei Ihnen zu bleiben. Bitten Sie das Pferd, die Nase wieder nach vorne zu bringen und sich dort zu entspannen. Danach bitten Sie wieder um die Bewegung.

- **Was ist, wenn das Pferd seinen Kopf auf „Korkenzieherart" zur Seite dreht oder seinen Kopf „flach macht", während ich die Nase herumbiege?**

Das Pferd wird seinen Hals wie ein „Korkenzieher" verdrehen und seinen Kopf seitlich flach machen, wenn die oberen Halswirbel nicht in der Lage sind, sich seitlich zu biegen. Wenn dies geschieht, versucht das Pferd, das zu tun, was Sie von ihm verlangen (Nase zur Seite strecken). Da sich aber die oberen Halswirbel nicht lateral bewegen, versucht es dies, indem es seinen oberen Hals nach hinten bewegt (mit dem Kinn nach unten) und damit sich anstrengt, seinen unteren Hals lateral zu biegen, wodurch aber sein Kopf in die Horizontale gerät. Das gibt dem Pferdehals dann das Aussehen eines „Korkenziehers".

Sie können dem Pferd helfen, einen Teil dieser lateralen Bewegungseinschränkungen im oberen Hals zu lösen, indem Sie die Nase sanft nach oben heben, während Sie den Kopf zur Seite bewegen. Ein wenig heben, ein wenig weich werden ... Denken Sie daran, es nicht zu erzwingen. Sie wollen lediglich eine Verbesserung erreichen.

- **Was ist, wenn das Pferd den Kopf herumwirft und sich absolut weigert, sich zu entspannen?**

Wenn dies geschieht, so kann das ein Anzeichen dafür sein, dass in diesem Bereich viel Unbehagen besteht. Durch Ihre Arbeit wird das Pferd nun darauf aufmerksam und jeglicher Kontakt ist nun zu viel. Wenn es absolut nicht weicher werden will, so gehen Sie zu einem Körperbereich über, in dem sich das Pferd wohler fühlt und arbeiten sich dann zurück zum Genick. Versuchen Sie, auf der gegenüberliegenden Seite anzufangen oder, falls dieser Bereich zu reaktiv ist, beginnen Sie unten am Hals und arbeiten Sie sich langsam nach oben zum Atlaswirbel. Funktioniert dies nicht, so halten Sie Ihre Handfläche ein paar Zentimeter vom Genick entfernt und bald wird das Pferd aufhören, seinen Kopf herumzuwenden und beginnen, Spannungen zu lösen. Es ist dabei nicht nötig, dass Sie das Pferd berühren. Meistens braucht das Pferd nicht lange, um zu verstehen, dass Sie ihm nicht wehtun und es wird anfangen, sich zu entspannen. Von hier aus können Sie langsam anfangen, die Berührungsstufen *Berührung mit Zwischenraum* und *Eigelb* zu verwenden, falls nötig.

Hinweis: *Der häufigste Fehler bei dieser Übung besteht darin, dass man zu viel Druck mit der Halshand ausübt. Falls das Pferd dort leichte Schmerzen hat, so wird es sich gegen die Berührung – entweder innerlich oder äußerlich – versteifen oder Widerstand leisten. Halten Sie Ihre Halshand so weich wie möglich, während Sie die Nase schütteln.*

Wenn das Pferd seine Füße bewegt, benutzen Sie Ihr Körpergewicht, um es zu bitten, einen Schritt von Ihnen wegzutun.

Lassen Sie Ihre Hände noch weicher werden, bis Sie sehen, dass die Augen weicher werden oder blinzeln. Ihre Berührung ist weich genug, wenn das Pferd blinzelt oder seine Augen weich werden.

Es kommt auch vor, dass das Pferd sich unwohl fühlt und damit beginnt, den Kopf herumzuwerfen, wenn Sie zu viel Zeit mit der Technik verbringen, ohne dem Pferd Gelegenheit zu geben, sich zu entspannen. Denken Sie daran, immer wieder einen Schritt zurückzugehen, um zu sehen, was das Pferd zu sagen hat. Wenn Sie zurücktreten, geben Sie ihm mindestens 30 Sekunden lang Zeit, bevor Sie weitermachen. Falls Sie glauben, das Pferd braucht mehr Zeit, so kann das auch länger sein.

- **Was ist, wenn mein Pferd nach vorne geht oder seine Hinterhand immer wieder von mir wegbewegt, um den Hals nicht biegen zu müssen?**

Manche Pferde versuchen dies, um ein Biegen des Halses zu vermeiden. Manche gehen vorwärts, andere bewegen einfach nur ihr Hinterteil in einem Kreis herum, bis Ihnen schwindelig wird und Sie aufhören.

Tun Sie zuerst Folgendes: Wenn Sie Zweifel haben, lassen Sie Ihre Hände weicher werden. Versuchen Sie, unter dem „Radarschirm" des Pferdes zu bleiben, indem Sie das Pferd entspannt halten, aber trotzdem die gewünschte Bewegung erreichen.

Falls das Pferd immer noch vortritt oder trotzdem sein Hinterteil wegbewegt, so benutzen Sie jedes Mal, wenn es seine Füße bewegt, Ihr Körpergewicht, um das Pferd dazu aufzufordern, mit jedem Schritt einen Schritt (seitlich) von Ihnen wegzutun (Foto oben). Dadurch erreichen Sie drei Dinge:

1. Es wird das Pferd davon abhalten, sich immer weiter um Sie zu drehen.
2. Das Pferd wird so schließlich an einer Boxenwand stehen, wo es sich nicht mehr drehen kann.
3. Pferde haben die Neigung, Widerstand aufzugeben, wenn sie sich seitlich bewegen.

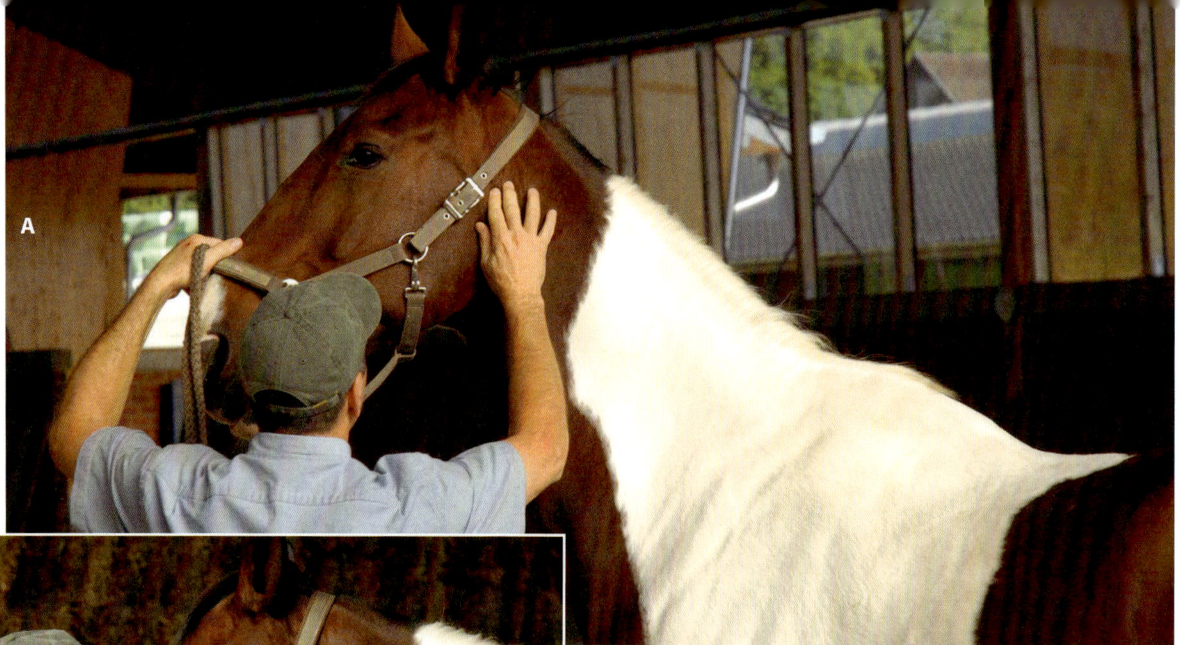

A & B *Falls das Pferd sich gegen die Berührung versteift, den Kopf hebt oder unruhig wird, so lassen Sie Ihre Hände weicher werden und geben Sie nach. Halten Sie es dabei „in der Nähe".*

- **Was ist, wenn das Pferd unruhig wird?**

Falls das Pferd unruhig wird oder herumzappelt, lassen Sie Ihre Berührung bewusst weicher werden, ohne Ihre Hände vom Pferd zu entfernen. Weicher werden und mit dem Druck nachlassen, dann sofort noch einmal um die Bewegung bitten. Unruhigwerden ist ein Zeichen dafür, dass das Pferd kurz davor steht, eine Entspannungsreaktion zu zeigen. Wenn Sie weicher werden, geben Sie so dem Pferd Gelegenheit, sich zu entspannen.

- **Warum wird ein Pferd unruhig?**

Vorausgesetzt, Sie führen die Übung ordnungsgemäß durch, d.h. sanft und unter dem „Radar" des Pferdes, dann wird das Pferd unruhig, wenn es fühlt, dass eine Lösung von Spannung unmittelbar bevorsteht. Das stört das Pferd ein wenig und es zappelt herum, während es die Spannung löst. In diesem Fall besteht die Lösung darin, Ihre Hände leicht weicher werden zu lassen und das Pferd zu bitten, nur noch eine Sekunde bei der Übung zu bleiben. Dann treten Sie einen Schritt zurück und sehen Sie, was das Pferd zu sagen hat.

Oft hilft es dem Pferd, Spannungen loszulassen, wenn man es bittet, nur noch ein wenig länger dabeizubleiben.

Das Pferd wird auch dann unruhig werden, falls der von Ihnen ausgeübte Druck zu stark ist und Sie seine Aufmerksamkeit auf unangenehme oder sogar schmerzhafte Weise auf die Verspannungen lenken. In diesem Fall besteht die Lösung ebenfalls darin, Ihre Hände weicher werden zu lassen und zu warten, bis sich das Pferd entspannt. Dann machen Sie weiter und fordern das Pferd auf, sich in entspanntem Zustand zu bewegen. Sind seine Augen weich oder blinzeln, dann sind Sie sanft genug. Falls Sie auch nur die leichteste Versteifung verspüren, wird es ihm schwerfallen, Spannungen loszulassen.

Auf jeden Fall besteht die Lösung darin, Ihre Hände weicher werden zu lassen, sodass auch das Pferd weicher wird. Dann machen Sie sanft mit der Bewegung weiter.

TECHNIK 2
MASSAGE BEI HÄNGENDEM KOPF

Bevor Sie beginnen

ZIEL: Spannungen in den verkürzten Muskeln hinter dem Genick lösen, indem man das Pferd auffordert, den Kopf hängen zu lassen.

RESULTAT: verbesserte Geschmeidigkeit im Genick, Lösen von Spannung im ganzen Körper.

WO SIE ARBEITEN – ANATOMIE

Das *Genick* und die *Halswirbel* sind Ihnen bereits bekannt. Mit dieser *Technik bei hängendem Kopf* arbeiten Sie direkt an den kleinen und großen Muskeln, die am Genick, dem Atlaswirbel und anderen Wirbeln des oberen Halses ansetzen. Viele dieser Muskeln sind beim Heben, Halten und Drehen des Kopfes und des oberen Halses beteiligt.

Sie werden auch an den Muskeln und Bändern arbeiten, die mit dem Widerrist, dem Brustbein und dem Vorderbein verbunden sind. Ein wichtiger Teil hierbei ist das Nackenband. Es bildet die Hauptkomponente der „Aufhängung", die vom Genick über den Widerrist, auf der Oberseite der Wirbelbrücke entlang läuft, um sich dort über das Band über den Dornfortsätzen mit dem Kreuzdarmbein zu verbinden (siehe Zeichnung S. 41).

SPANNUNGEN LÖSEN: DIE AUSWIRKUNGEN

Im Genick sammelt sich eine große Menge Stress und Spannung an, die das Pferd allein nicht lösen kann. Zusätzlich zum mechanischen Stress, der durch die Bewegungen des Halses und Kopfes auf die Muskeln im Genick-Atlas-Bereich wirkt, hat mentaler Stress – Beunruhigung und Angst – auch eine erhebliche Auswirkung auf Genick und Atlaswirbel. Schmerzen an beliebiger Stelle im Körper bewirken ebenfalls Stress und Spannungen in Genick und Atlas. Ich habe festgestellt, dass Schmerzen in den Vorderfüßen und Schmerzen im Rücken in erheblichem Maß zu Verspannungen im Genick-Atlas-Bereich beitragen können.

Wenn Sie anfangen, aufmerksam zu beobachten, was das Pferd Ihnen mitteilt, so werden Sie sehen, dass sich Verspannungen im Hals, den Schultern und der Hinterhand – insbesondere in der Gesäßmuskulatur, der rückseitigen Oberschenkelmuskulatur und um das Kreuzdarmbein herum – ebenfalls lösen, wenn Spannungen im Genick-Atlas-Bereich gelöst werden.

Technik 2 im Detail

Ein Pferd, das unter viel Verspannung leidet, will vielleicht anfangs den Kopf nicht senken. Zudem fühlen sich viele Pferde instinktiv in dieser Position sehr verletzlich. Aus diesem Grund kann es schwierig sein, das Pferd dazu zu bringen, den Kopf zu senken. Falls dies so ist, können Sie wahlweise mit der nächsten Technik weitermachen, mit der das gleiche Ziel erreicht wird. Es ist nicht nötig, dass Sie bei jedem Pferd jede Technik anwenden. Verschiedene Techniken funktionieren in verschiedenen Situationen. Sehen Sie sie als Werkzeuge in Ihrem Werkzeugkasten an.

KURZÜBERSICHT: Schritt-für-Schritt-Anleitung

TECHNIK 2: MASSAGE BEI HÄNGENDEM KOPF

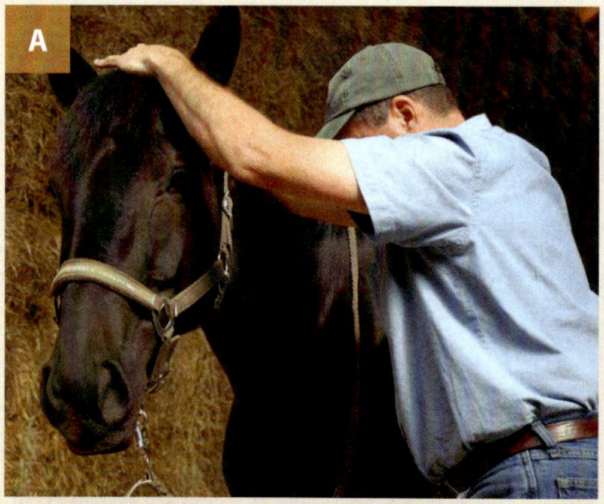
A

B

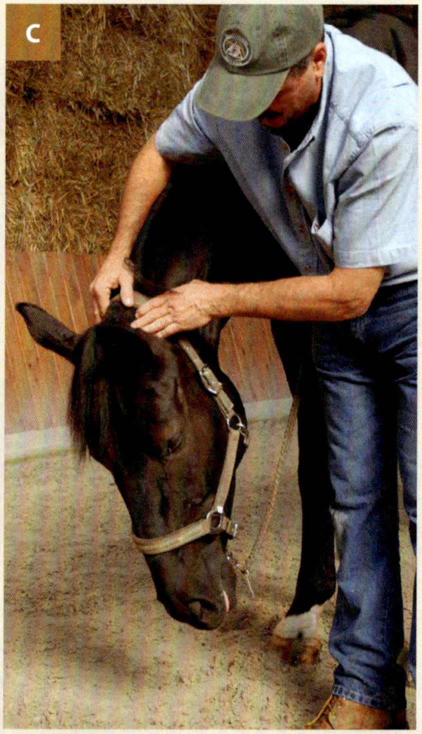
C

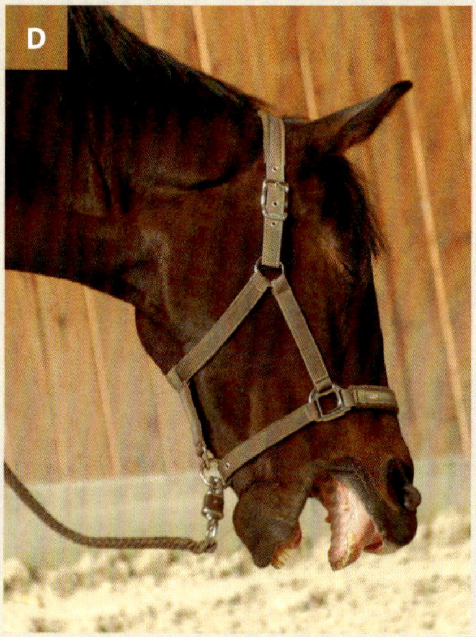
D

Beginnen Sie, indem Sie die Muskeln im Genick-Atlas-Bereich so viel wie möglich mithilfe der Technik „Laterale Beugung der Halswirbel“ entspannen (siehe S. 39).

Schritt 1. Stehen Sie links neben dem Pferdehals und wenden Sie sich dem Hals zu. Legen Sie Ihre *linke* Hand auf die Stirn des Pferdes und Ihre *rechte* Hand direkt hinter das Genick (A).

Schritt 2. Verwenden Sie beide Hände, um das Pferd sanft aufzufordern, seinen Kopf zu senken. Jedes Mal, wenn das Pferd Ihrem Druck nachgibt, geben auch Sie nach und bitten direkt danach um mehr Senkung. Falls das Pferd den Kopf hebt, versuchen Sie es nicht durch Kraftanwendung daran zu hindern. Stattdessen bitten Sie es einfach wieder, sanft den Kopf zu senken (B).

Schritt 3. Massieren Sie mit der *rechten* Hand die Muskeln hinter dem Genick. Beginnen Sie mit der Berührungsstärke *Traube* und erhöhen Sie den Druck langsam auf *Zitrone*, vorausgesetzt das Pferd macht weiter entspannt mit. Sie können das Pferd mit Ihrer *linken* Hand bitten, den Kopf gesenkt zu lassen, während Sie mit der rechten Hand massieren (C).

Wenn sich die Muskeln während der Massage entspannen, lassen Sie einen Rhythmus entstehen, wodurch der Kopf des Pferdes locker auf und nieder bewegt wird. Dies bewegt diesen wichtigen Übergang während der Massage in einen entspannten Zustand durch das entsprechende Bewegungsspektrum.

Schritt 4. Treten Sie einen Schritt zurück und geben Sie dem Pferd Gelegenheit sich zu schütteln, die Entspannung zuzulassen und Entspannungsreaktionen zu zeigen (D). Wenn Sie das Pferd auffordern, den Kopf zu senken, so sollte dies auf sanfte, doch auch anhaltende Weise geschehen.

1. Nehmen Sie Ihre Position ein

Stehen Sie links neben dem Pferd und legen Sie die Handfläche sanft direkt hinter der höchsten Stelle des Genicks auf. Legen Sie die rechte Hand, so wie im Foto oben gezeigt, auf das Genick auf.

2. Auffordern, nachgeben, auffordern

Wenden Sie langsam sanften Druck an, um das Pferd zu bitten, den Kopf zu senken (siehe Foto B, Seite 46). Sobald es auch nur ganz leicht nachgibt, *lassen Sie für einen Bruchteil einer Sekunde den Druck nach*, ohne Ihre Hand zu entfernen. Dann fordern Sie das Pferd unmittelbar danach noch einmal auf, wobei der Druck jedes Mal als Reaktion auf sein Nachgeben nachlässt. Halten Sie Ihre Hände weich. Sie können stärkeren Druck ausüben, ohne dass Ihre Hände hart werden. Das Pferd fühlt, wenn Ihre Hände verspannt sind.

3. Sanft massieren

Sobald das Pferd den Kopf auf eine Höhe gesenkt hat, wo Sie fühlen, dass die Muskeln langsam weich werden, lassen Sie Ihre linke Hand auf dem Genick liegen, damit das Pferd weiß, dass es seinen Kopf dort halten soll, während Ihre rechte Hand sanft hinter dem Genick massiert. Falls Sie fühlen, dass sich Ihr Pferd anspannt, lassen Sie Ihre Berührung leichter werden und machen Sie weiter. Es kann sein, dass Sie diesen Vorgang in kleinen Schritten ausführen müssen: Pferd auffordern, den Kopf ein wenig zu senken, einen Moment massieren, dann noch einmal auffordern. Verwenden Sie die flache Seite Ihrer Fingerspitzen für die Massage und nicht die vordere Spitze der Finger.

Eine „klauenartige" Berührung wird das Pferd instinktiv veranlassen, sich zu versteifen. Je weicher und langsamer Sie beginnen, desto besser die Resultate. Denken Sie daran, wie empfindsam Pferde auf Berührungen reagieren!

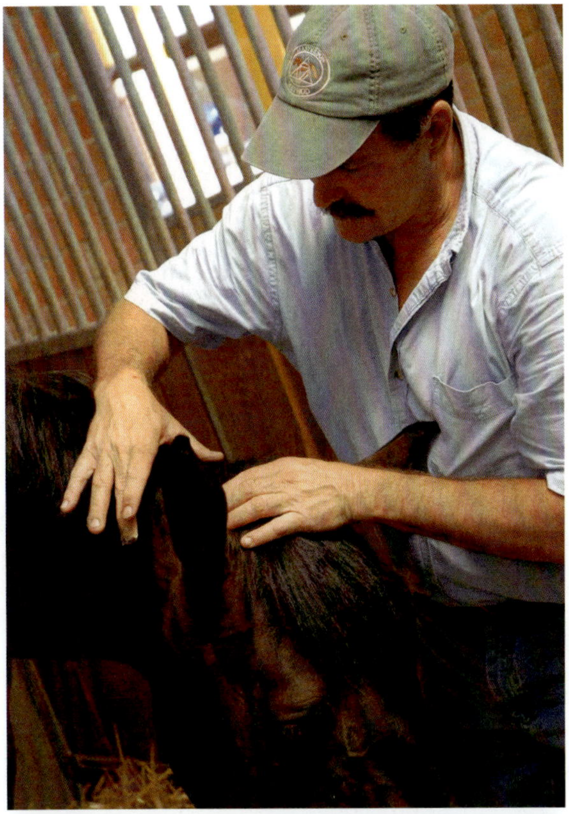

Massage mit hängendem Kopf: Auffordern, dann sofort – wenn das Pferd nachgibt – auch nachgeben, dann noch einmal auffordern.

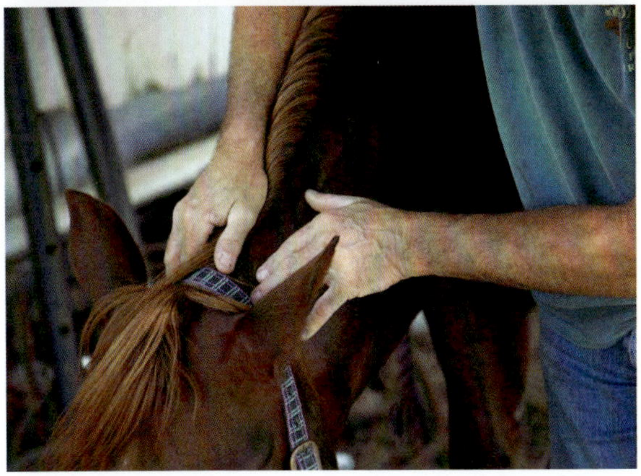

Massieren Sie die Muskeln direkt hinter dem Genick, unter dem Kopfstück des Halfters.

4. Tief massieren

Sobald sich das Pferd entspannt hat, können Sie mit Berührungsstärke *Zitrone* oder sogar *Limone* massieren, solange das Pferd dabei entspannt bleibt. Wenn

Massieren Sie die versteckten Knoten, lassen Sie den Pferdekopf auf- und niederschwingen und positionieren Sie Ihren eigenen Kopf seitlich vom Pferd.

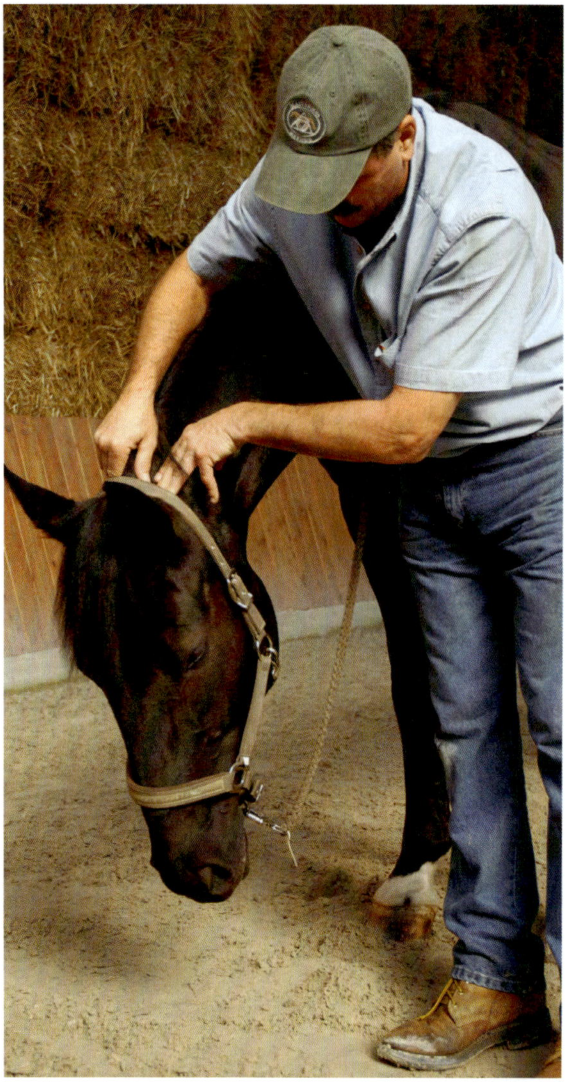

sich die oberflächlichen Muskeln entspannt haben, fühlen Sie, ob sich versteckte Knoten im Muskel befinden. Massieren Sie diese härteren Knoten ein wenig länger. Es mag vielleicht nicht möglich sein, diese vollständig aufzulösen, aber sie werden vielleicht etwas kleiner. Dies hängt davon ab, wie lange der Knoten bereits besteht und was die Ursache hierfür ist. Sie werden feststellen, dass jedes Pferd in dieser Beziehung anders ist.

Sobald sich das Pferd ein wenig entspannt und sich daran gewöhnt hat, können Sie seinen Kopf bei der Massage auf- und abbewegen. Es gibt hier keine vorgeschriebene Zeitspanne. Der Erfolg dieser Übung hängt nicht davon ab, ob sie zwei Sekunden, zwei Minuten oder zehn Minuten durchgeführt wird. Falls Sie sich nicht sicher sind, können Sie jederzeit einen Schritt zurücktun, um zu sehen, was das Pferd zu sagen hat und dann weitermachen, falls Sie denken, dass Sie noch mehr tun können.

5. Zurücktreten und dem Pferd Gelegenheit geben, Entspannung zu spüren

Sie werden überrascht sein, wie viel Verspannungen manche Pferde in diesem Bereich haben und wie sehr selbst ein wenig Arbeit dort diese Spannungen löst. Während Sie geübter werden, werden Sie bald ein Gefühl dafür entwickeln.

TIPPS

Bittet man das Pferd, den Kopf zu senken, so hat dies zur Folge, dass sich die Muskeln hinter dem Genick und über dem Atlaswirbel verkürzen und weicher werden. Wenn das Pferd den Kopf hängen lässt, so streckt sich seine Nase entspannt nach vorne und die Muskeln dort entspannen sich. Dann wird es Ihnen möglich, diese Muskeln direkt wirkungsvoll zu massieren. Denken Sie an die folgenden drei Punkte:

1. Die beste Art, das Pferd dazu zu bringen, diese Muskeln zu entspannen ist, es dazu zu bringen, die Nase bis auf den Boden zu senken.
2. Die beste Art, das Pferd dazu zu bringen, den Kopf hängen zu lassen ist, es freundlich aufzufordern.
3. Sie können einen Ringkampf mit einem Pferd nicht gewinnen. Also macht es mehr Sinn zu lernen, wie man das Pferd richtig darum bittet. Der Schlüssel dazu, das Pferd erfolgreich dazu aufzu-

fordern, seinen Kopf hängen zu lassen, ist das richtige Timing. Das müssen Sie vielleicht ein wenig üben und bedeutet vielleicht sogar, dass Sie Ihr Pferd ein wenig trainieren müssen.

***Sicherheitshinweise**: Positionieren Sie Ihren Kopf seitlich vom Pferd, wenn Sie es mit hängendem Kopf massieren. Das Pferd kann schneller nach oben kommen, als Sie ihm aus dem Weg gehen können.*

Machen Sie keine plötzlichen Bewegungen, während das Pferd den Kopf gesenkt hält. Das kann das Pferd erschrecken und es wird seinen Kopf plötzlich heben. Wenn Sie Ihre Knie ein wenig beugen und Ihr Gewicht ein wenig hin und her verlagern, bevor Sie Ihre Füße bewegen, so erschrickt das Pferd nicht. Dies funktioniert auch immer dann, wenn Sie sich um ein nervöses Pferd herumbewegen oder sich ihm nähern. Das Pferd wird das bemerken und entspannt bleiben. Achten Sie darauf, wie das unter Pferden abläuft, die gemeinsam im Paddock oder auf der Weide stehen. Wenn ein Pferd einen Fuß schnell hochhebt, so reagieren die andern oft damit, sich anzuspannen oder zu zucken. Verlagert ein Pferd langsam sein Gewicht von einem Fuß auf den anderen, bevor der Fuß hochgehoben wird, so reagieren die anderen Pferde nicht.

- Denken Sie daran, zu atmen! Das Pferd wird das spüren und sich entspannen.
- Werfen Sie die Uhr weg! Es funktioniert nicht, wenn Sie in Eile sind.
- Erwarten Sie, diese Übung mehrmals durchführen zu müssen, bis Sie und das Pferd sich daran gewöhnt haben. Die Technik *Massage mit hängendem Kopf* – wobei Sie über dem Pferd sind – bringt das Pferd in eine sehr verletzliche Position. Seien Sie dem Pferd deshalb nicht böse, wenn es instinktiv versucht, sich zu schützen.
- Manchmal konzentrieren wir uns so stark auf die Aufgabe, dass wir nicht bemerken, wenn das Pferd eine Pause braucht. Treten Sie immer wieder einen Schritt zurück um zu sehen, was das Pferd zu sagen hat. Sie können immer wieder dort anfangen, wo Sie aufgehört haben. Nehmen Sie Rücksicht auf das Pferd!

Was ist, wenn …?

- **Was ist, wenn das Pferd Widerstand leistet?**

Es gibt drei Dinge, die Sie tun können, damit das Pferd Ihrem Druck nachgibt:

1. Wenden Sie die Technik *Laterale Beugung des Halses* an, um die Übung *Massage mit hängendem Kopf* einzuleiten.

   Bringen Sie den Kopf des Pferdes zur Seite und bitten Sie es dann langsam, den Kopf von dort aus zu senken. Laterale Bewegung hilft ihm, die Widerstandsreaktion aufzugeben und sich mental zu beruhigen.

2. Üben Sie leichten Druck aus und lassen Sie den Druck nur für einen Moment nach und warten Sie dabei nicht, bis das Pferd nachgegeben hat. Wäh-

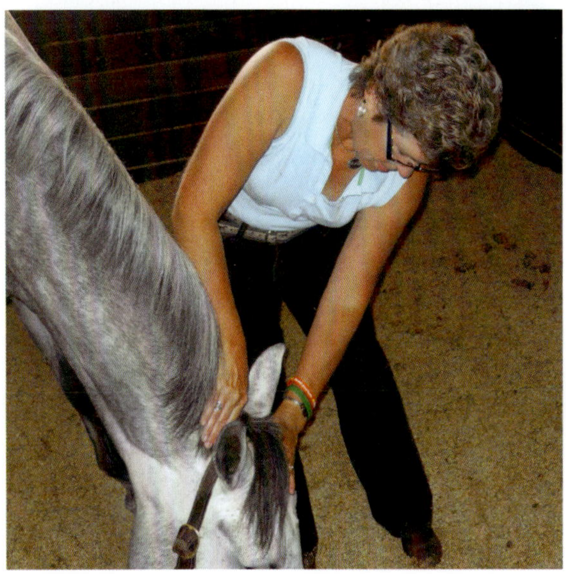

Positionieren Sie Ihren Kopf seitlich vom Pferd.

Falls das Pferd den Kopf nur halb nach unten senken will, so hören Sie auf, mehr zu fordern und beginnen Sie mit der Massage. Oft wird sich das Pferd dann entspannen und den Kopf weiter senken.

rend Sie nachgeben, fühlen Sie möglicherweise, wie das Pferd auch ein wenig loslässt. Dies hilft oft, den Prozess in Gang zu bringen. Dann fordern Sie unmittelbar danach noch einmal auf.

3. Verwenden Sie Ihre Hand als „unsichtbare Barriere", unter der das Pferd jedes Mal bleiben soll, wenn es seinen Kopf weiter senkt. Wenn sein Kopf an Ihre Hand gelangt, so spürt es dort Widerstand. Wenn es den Kopf weg von Ihrer Hand senkt, lassen Sie mit dem Druck nach.

- **Was ist, wenn das Pferd den Kopf nur bis zu einem bestimmten Punkt senkt und dann anhält?**

Beginnen Sie an dem Punkt, wo das Pferd aufhört, den Kopf zu senken, mit der Massage. Es wird sich oft nach einer Minute noch mehr entspannen. Manchmal hilft es auch, den Hals ein wenig hin und her zu schaukeln. Lassen Sie dabei Ihre linke Hand sanft auf dem Genick liegen, damit das Pferd weiß, dass es seinen Kopf dort lassen soll, wo er ist.

- **Was ist, wenn das Pferd seinen Kopf bis zu einem bestimmten Punkt senkt und ihn dann wieder hochwirft?**

Falls das Pferd seinen Kopf energisch hochwirft, versuchen Sie nicht, seinen Kopf mit Kraftanwendung festzuhalten. *Halten Sie stattdessen Ihre Hände leicht auf seinem Genick oder Hals, während es seinen Kopf hebt.* Dann beginnen Sie sofort wieder, es darum zu bitten, den Kopf zu senken. Erlauben Sie dem Pferd, den Kopf oben zu halten, so wird es schnell lernen, den Kopf hochzuheben.

Manchmal können Sie das Pferd nicht davon abhalten, seinen Kopf zu heben. Falls Sie spüren, dass es sich anspannt oder seinen Kopf bald heben wird, so lassen Sie zunächst Ihre Hände weicher werden. Es kann sein, dass es sich dadurch entspannt. Wenn Sie aufhören, das Pferd zu zwingen, unten zu bleiben, bevor es tatsächlich versucht hat, den Kopf zu heben, wird das Pferd mit der Kraftanwendung aufhören. Dann können Sie wieder damit beginnen, das Pferd aufzufordern.

TECHNIK 3: MASSAGE MIT AUFGESTÜTZTEM KOPF

Bevor Sie beginnen

ZIEL: Die Muskeln im Genick-Atlas-Halsbereich mit der Technik *Massage bei hängendem Kopf* zu verkürzen und weich werden zu lassen sowie Bewegungen im Genick-Atlas-Halsbereich in einem entspannten Zustand zu ermöglichen, indem das Pferd den Kopf nach oben aufstützt (siehe „Das Prinzip der Spannungslösung in einem Gelenk oder Übergang in entspanntem Zustand" auf S. 20).

RESULTAT: verbesserte Gelenkigkeit im Genickbereich und Spannungslösung im gesamten Pferdekörper. Diese Technik ist auch von grundlegender Bedeutung für die Lösung von Spannungen im Kreuzdarmbeinbereich und den wichtigsten Muskeln der Hinterhand.

WO SIE ARBEITEN – ANATOMIE

Genau wie bei der Technik *Massage mit hängendem Kopf* werden Sie auch bei der *Massage mit aufgestütztem Kopf* Spannungen in den Muskeln und Bindegeweben des Genick-Atlas-Halsbereiches lösen. Auch hier gehen Sie mit Ruhe und innerer Gelassenheit an das Pferd heran.

Diese Technik ist auch sehr wirkungsvoll, wenn es um die Lösung von Spannungen im Kiefer- und Ganaschenbereich geht, die sich bei vielen Dressurpferden finden lassen. Sie hat auch eine Wirkung auf die Muskeln, die den Kopf und Hals mit dem Unterarm, der Schulter und dem Schulterblatt verbinden.

SPANNUNGEN LÖSEN: DIE AUSWIRKUNGEN

Wenn Sie den Kopf und die Halsgelenke in einem entspannten Zustand durch ihr Bewegungsspektrum bewegen, so lösen Sie Spannungen in den Muskeln darüber, wie auch in den Muskeln, die dort ansetzen, so wie z. B. *der Arm-Kopf-Muskel, der Schulter-Wirbelquerfortsatzmuskel und der Brustbein-Kopfmuskel*, die auf die Vordergliedmaßen wirken (siehe Zeichnung oben auf S. 70).

Werden Verspannungen in diesem Genick-Atlas-Übergang gelöst, so hat dies auch tief greifende Auswirkungen auf die Spannungslösung im Kreuzdarmbeinbereich und in den wichtigsten *Hinterhandmuskeln*.

Von der neuromuskulären und biomechanischen Perspektive aus gesehen, bilden Atlaswirbel und Kreuzdarmbein die beiden gegenüberliegenden Enden der gleichen Wirbelbrücke, die auch der primäre Nervendistributionskanal durch den Pferdekörper darstellt. Die Muskeln, die durch diese Nerven gesteuert werden, sowie das Skelett, an dem sie ansetzen, ermöglichen allen Teilen des Pferdes, koordinativ zusammenzuarbeiten. Bildet sich Spannung in einem Teil, so ist auch ein anderer Teil davon betroffen.

In der praktischen Anwendung wird diese Verbindung deutlich, wenn man beobachtet, dass das Pferd Entspannungsreaktionen in der *Hinterhand* zeigt, wenn man am *Genick* arbeitet. Dies kann sich durch Wackeln in der Hinterhand, abwechselndes Senken der Hüften usw. ausdrücken. Manchmal tritt ein Pferd nach hinten aus oder zieht einen Hinterfuß nach oben, während es Ihnen in der Vorhand eine Entspannungsreaktion zeigt. Das kann besonders bei Pferden beobachtet werden, die extreme Verspannungen und Schmerzen in der hinteren Oberschenkelmuskulatur haben.

TECHNIK 3: MASSAGE MIT AUFGESTÜTZTEM KOPF

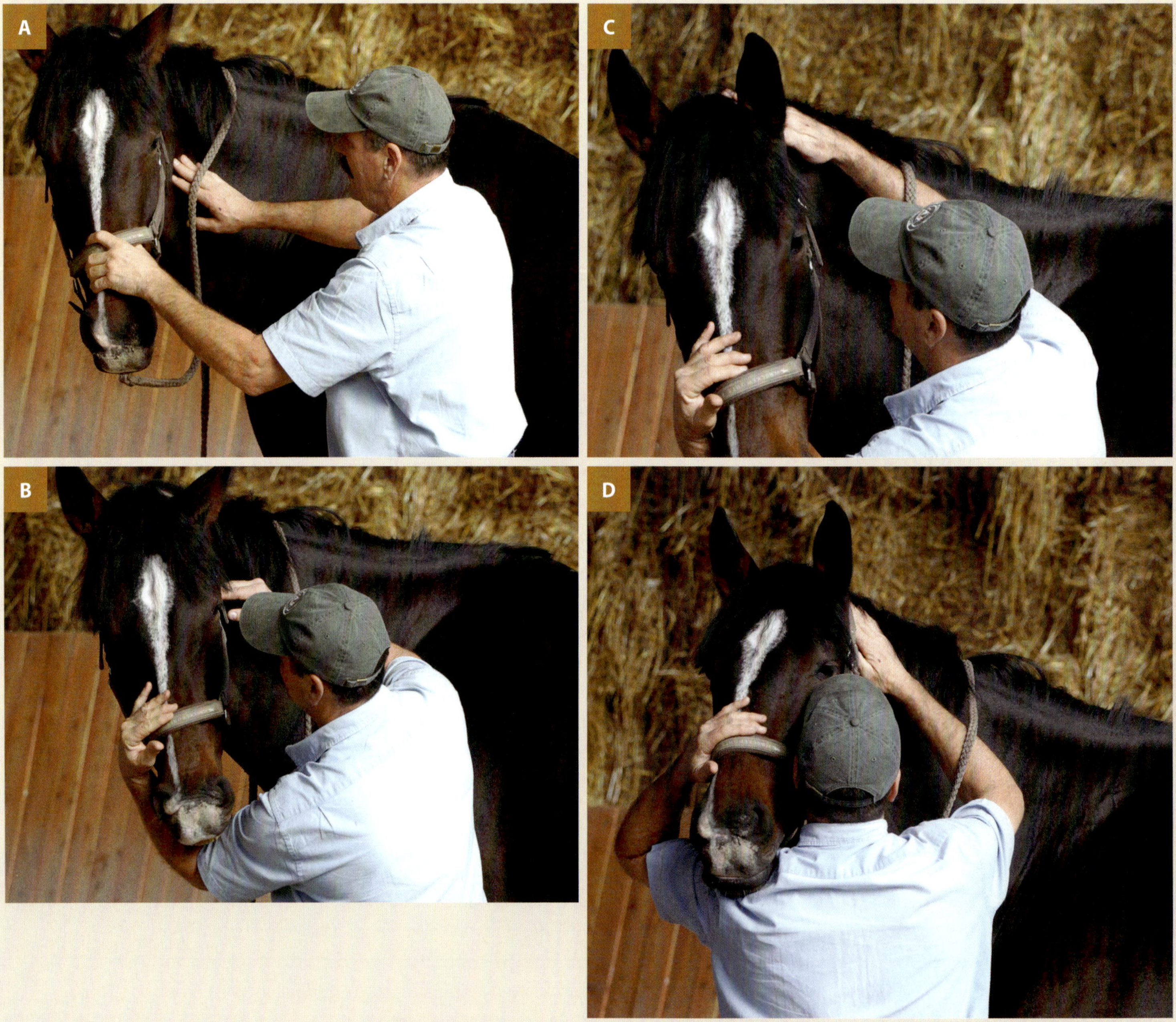

KURZÜBERSICHT: Schritt-für-Schritt-Anleitung

TECHNIK 3: MASSAGE MIT AUFGESTÜTZTEM KOPF

Schritt 1. Bringen Sie die Nase des Pferdes zur Seite, bis es sich entspannt, so wie in *Technik 1: Laterale Beugung des Halses* auf S. 39 beschrieben (A).

Schritt 2. Lassen Sie die Finger Ihrer *linken* Hand auf der Nase liegen, während Sie den Ellbogen dieses Armes in halbkreisförmigen Bewegung unter den Kiefer des Pferdes bringen und heben Sie sanft an, sodass das Gewicht des Pferdekopfes auf Ihrem Arm liegt (B).

Schritt 3. Schieben Sie Ihre rechte Hand oben auf den Atlaswirbel und massieren Sie sanft die Muskeln über dem Atlas auf dieser Seite (C).

Schritt 4. Schieben Sie den Kopf des Pferdes auf Ihre Schulter (D). Falls es sich anspannt, stützen Sie weiterhin den Kopf mit Ihrem Arm ab, während eine Hand auf der Nase, die andere oben auf dem Hals oder Atlas liegt.

Schritt 5. Wenden Sie die Technik *Suchen, Reaktion, Warten, Entspannung* an, um Reaktionen um das Genick herum zu finden. Beobachten Sie die Augen des Pferdes, um Reaktionen zu bemerken. Die Finger bleiben dabei weich.

Schritt 6. Massieren Sie die Muskeln hinter, unter dem und um das Genick herum und bitten Sie das Pferd, diesen Übergang durch das Bewegungsspektrum zu bewegen (E).

Schritt 7. Treten Sie zurück und geben Sie dem Pferd Gelegenheit, sich zu schütteln und eine Entspannungsreaktion zu zeigen (F).

Es sind diese Korrelationen, nach denen Sie suchen und durch die es dem Pferd möglich wird, Ihnen in Echtzeit mitzuteilen, was in seinem Körper vorgeht. Diese Technik ist eine der effektivsten und für Ihr Pferd (und Sie) zufriedenstellendsten Übungen, die Sie durchführen können.

Technik 3 im Detail

Im letzten Abschnitt gab ich Ihnen einen Ratschlag für die Technik *Massage bei hängendem Kopf*: „Eines der besten Mittel, um das Pferd zur Entspannung zu bringen, ist es dazu zu bringen, seinen Kopf bis auf den Boden hängen zu lassen." Hier ist das andere Mittel: Die Technik *Massage mit aufgestütztem Kopf.* Ihr Ziel besteht darin, das Genick und den Atlaswirbel von der Belastung durch Kopf und Hals zu befreien, indem das Pferd seinen Kopf auf Ihrem Arm oder Ihrer Schulter abstützt (Foto unten).
Sobald sich sein Kopf dort befindet, können sich die Muskeln und Bindegewebe entspannen, die Zug auf das Genick ausüben. Allein dadurch, dass es sich in dieser entspannten Stellung befindet, kann das Pferd tief sitzende Verspannungen lösen, die es allein nur selten loslassen kann.

Um ein Gefühl für diese Technik zu entwickeln und das Pferd daran zu gewöhnen, müssen Sie vielleicht in kleineren Schritten vorgehen. Es ist wichtig, dabei langsam vorzugehen, so entspannt wie möglich zu bleiben und dem Pferd Zeit zu geben, in dieser Position zu entspannen, bevor man tatsächlich „etwas tut". Schließlich wird dies leichtfallen.

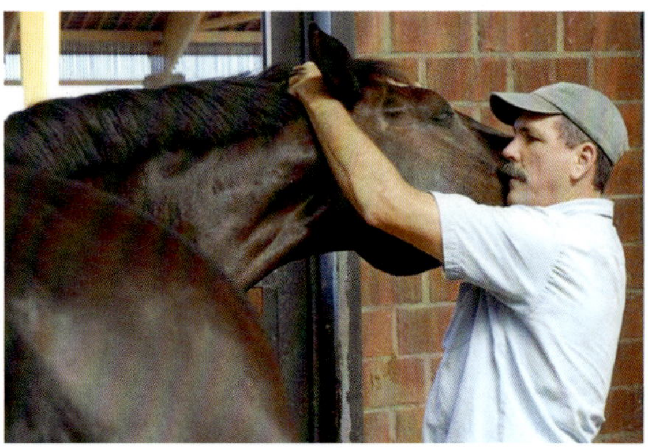
Das Ziel ist, dass das Pferd das Gewicht seines Kopfes auf Ihrem Arm oder Ihrer Schulter ablegt.

Beginnen Sie mit *Lateraler Beugung des Halses*, um dem Pferd zu helfen, sich zu entspannen und locker in die Position mit *aufgestütztem Kopf* zu gleiten.

1. Fangen Sie mit der Technik *Laterale Beugung des Halses* an

Zu diesem Zeitpunkt sollte das Pferd damit bereits vertraut sein. Stehen Sie auf der linken Seite des Pferdes und bringen Sie seine Nase in Ihre Richtung, wobei die Fingerspitzen der rechten Hand auf seinem oberen Hals aufliegen. Finden Sie die laterale Position, die für das Pferd am bequemsten ist, und zwar dort, wo seine Augen weich werden und sein Kopf ein kleines bisschen heruntersinkt.

2. Lassen Sie den Kopf des Pferdes in Ihrer Armbeuge ruhen

Um Ihren linken Ellenbogen unter den Kiefer des Pferdes zu bringen, halten Sie Ihre linken Fingerspitzen auf seiner Nase, bringen Sie den linken Ellenbogen in einer halbkreisartigen Bewegung herunter vor seine Nase und dann unter und hinter sein Kinn. Sie können das Pferd davon abhalten, seinen Kopf wegzuziehen, indem Sie währenddessen die Finger Ihrer linken Hand auf der gegenüberliegenden Nasenseite halten. Legen Sie Ihre rechte Hand sanft oben auf seinem Genick auf. Die Hände bleiben dabei weich.

Nun liegen seine Unterkieferknochen in Ihrer Armbeuge. Heben Sie den Kopf des Pferdes leicht an und gehen Sie dabei in kleinen Schritten vor. Anheben, entspannen. Erfühlen Sie diesen Vorgang. Dies wird das Pferd ermutigen, das Gewicht seines Kopfes immer mehr in Ihren Arm zu legen (Foto oben). Beobachten Sie dabei die Augen des Pferdes.

Manche Pferde haben nicht genug Bewegungsfreiheit, um ihren Kopf bequem auf Ihrer Schulter zu entspannen. Ist dies der Fall, so lassen Sie seinen Kopf in Ihrem Arm.

3. Stützen Sie den Kopf des Pferdes mit Ihrem Arm oder Ihrer Schulter ab

Falls das Pferd anfängt, sich schwer anzufühlen oder Sie mit einem großen Pferd arbeiten, lassen Sie Ihre Schulter sanft bei entspannten Muskeln unter sein Kinn gleiten. Halten Sie Ihre rechte Hand auf seinem Genick oder Hals, sodass Sie das Pferd bitten können, bei Ihnen zu bleiben.

Ermöglichen Sie dem Pferd, seinen Kopf auf Ihrer Schulter aufzustützen. Falls möglich, beobachten Sie dabei weiter das Auge des Pferdes. Bei all diesen Techniken gilt es, die für das Pferd bequemste Position zu finden, zu warten („erfühlen"), bis sich das Pferd dort entspannt und dann mit der Technik fortzufahren.

4. Was Sie tun, sobald das Pferd den Kopf aufstützt

Es gibt vier Dinge, die Sie tun können, sobald das Pferd den Kopf aufstützt. Welche Sie anwenden hängt davon ab, wie wohl sich das Pferd damit fühlt. Experimentieren Sie und lassen Sie dem Pferd die Wahl.

1. Als Erstes tun Sie zunächst gar nichts. Stützen Sie einfach das Gewicht des Pferdekopfes kurze Zeit lang ab. Das allein wird vielen Pferden helfen, Verspannungen im Genick-Atlas-Bereich zu lösen. Es besteht keine Eile, etwas „zu tun", bis das Pferd so entspannt ist, wie es in dieser Position nur sein kann. Geben Sie ihm Gelegenheit, sich zu entspannen, bevor Sie etwas anderes tun.
2. Das Zweite ist: *Suchen, Reaktion, Warten, Entspannen.* Dieser Prozess funktioniert sehr gut und eignet sich insbesondere dafür, angespannte Pferde dazu zu bringen, sich in dieser Position zu entspannen. Während Sie sanft mit Ihren Fingern um den Genick-Atlas-Bereich herum suchen und Reaktionen, besonders im Auge, erfühlen und beobachten, wird das Pferd Sie wissen lassen, wo Sie mit Ihren Fingern bleiben sollten und wie viel Druck Sie anwenden sollten.

Die Armbeuge stützt den Kopf des Pferdes bei der Arbeit.

Hier stützt die Schulter den Kopf des Pferdes bei der Arbeit.

Die vom Pferd verlangte Berührungsstärke kann von *Berührung mit Zwischenraum* bis zu *Zitrone* (bei Massage) reichen. Nehmen Sie sich Zeit und geben Sie dem Pferd Zeit, sich zu entspannen.

4. Drittens können Sie die Muskeln und Bänder oben auf dem Genick, um das Genick herum und zwischen Genick und Atlas massieren. Dabei kann die Berührungsstärke von *Berührung mit Zwischenraum* bis hin zu *Zitrone* reichen, je nachdem, was das Pferd erlaubt. Beginnt das Pferd jedoch, sich zu versteifen, so üben Sie zu viel Druck aus. Wenn Sie spüren, wie es sich entspannt, sind Sie auf dem richtigen Weg und können tiefer gehen. Erspüren Sie Knoten oder harte Stellen in den Muskeln.

   Man kann richtigen Fortschritt erzielen, sobald das Pferd entspannt ist und das Endorphin seine Wirkung zeigt. Sie werden dies daran erkennen, dass seine Augen weicher werden oder sich schließen, dass seine Nase möglicherweise zuckt, sich seine Atmung verändert und sein Kopf schwer wird, wenn sich die Muskeln entspannen. Dann können Sie diese Stellen tiefer massieren.

Verwenden Sie sehr sanfte Berührungen, um nach Reaktionen zu suchen. So finden Sie Stellen, die das Pferd noch mehr entspannen.

Sobald das Pferd entspannt ist, können Sie die Gelenke in Genick, Atlas und oberem Hals vorsichtig durch ein Bewegungsspektrum bewegen.

5. Schließlich bewegen Sie den Kopf *vorsichtig* durch das Bewegungsspektrum. Verwenden Sie das „Prinzip der Spannungslösung in einem Gelenk oder einem Übergang" (S. 20).

   Wenn Sie ein Gelenk oder einen Übergang in entspanntem Zustand durch sein Bewegungsspektrum bewegen, so wird dadurch Spannung in diesem Übergang gelöst. Sobald das Pferd entspannt ist, bewegen Sie den Kopf und Hals langsam und vorsichtig durch das Bewegungsspektrum. Sie können sein Genick und seinen Hals vorsichtig biegen, indem Sie (Sie, nicht das Pferd) zur Seite treten. Sie können auch den Hals und den Kopf hoch und runter biegen, indem Sie in die Knie gehen und dann wieder aufstehen. Dies löst Spannungen im Genick, um den Atlaswirbel und die restlichen oberen Halswirbel herum.

   Gehen Sie hierbei langsam vor und erspüren Sie Widerstände bei der Bewegung. Denken Sie daran: Widerstand bedeutet Bewegungseinschränkungen. Wenn Sie Widerstand spüren, lassen Sie Ihre Bewegungen sanfter werden, sodass das Pferd die Bewegungseinschränkung durch Entspannung lösen kann. Um hier eine Wirkung zu erzielen, muss das Pferd entspannt sein.

5. Zurücktreten und dem Pferd Gelegenheit geben, sich zu entspannen

Seien Sie sich bewusst, dass das Pferd möglicherweise an irgendeinem Punkt zurücktreten muss, sodass es sich entspannen und die Spannung loslassen kann. Sie können jederzeit zurücktreten, dann wieder dort anfangen, wo Sie aufgehört hatten, nachdem Sie dem Pferd eine kleine Pause gegönnt haben. Dies kann man beispielsweise dann tun, wenn man die Technik bereits eine oder mehrere Minuten lang durchgeführt hat, während das Pferd entspannt war. Dann plötzlich will das Pferd unbedingt, dass Sie seinen Kopf loslassen. In diesem Fall braucht es wahrscheinlich eine Pause, also treten Sie einen Schritt zurück und erlauben Sie ihm, die Spannung „loszuschütteln".

Hinweis: *Das Pferd kann und wird Spannung loslassen, selbst während Sie dabei sind, eine dieser Techniken durchzuführen. Es ist jedoch möglich, dass sein Nervensystem während einer Technik überladen wird und es Gelegenheit braucht, die Entspannung zu verarbeiten. In diesem Fall wird es Ihnen dies wahrscheinlich mitteilen, indem es beharrlich den Kopf wegzieht. Das bedeutet nicht, dass Sie jedes Mal einen Schritt zurücknehmen sollen, wenn das Pferd Widerstand leistet. Aber Sie sollten Rücksicht darauf nehmen, wenn das Pferd eine Pause braucht. Dies wiederum ist etwas, für das Sie mehr Gefühl entwickeln, wenn Sie mit verschiedenen Pferden üben.*

Was ist, wenn …?

- **Was ist, wenn ich mit einem großen Pferd arbeite?**

In diesem Fall müssen Sie das Pferd bitten, zu Ihnen herunterzukommen. Hierzu treten Sie einen kleinen Schritt zurück, nachdem sich das Pferd so gut wie möglich auf Ihrer Schulter entspannt hat. Dabei bleibt der Kopf des Pferdes auf Ihrer Schulter. Ermuntern Sie es dabei sanft mir Ihrer rechten Hand hinter dem Genick. Es wird dabei den Hals vorstrecken und den Kopf senken müssen, wenn es weiterhin seinen Kopf auf Ihrer Schulter aufstützen möchte.

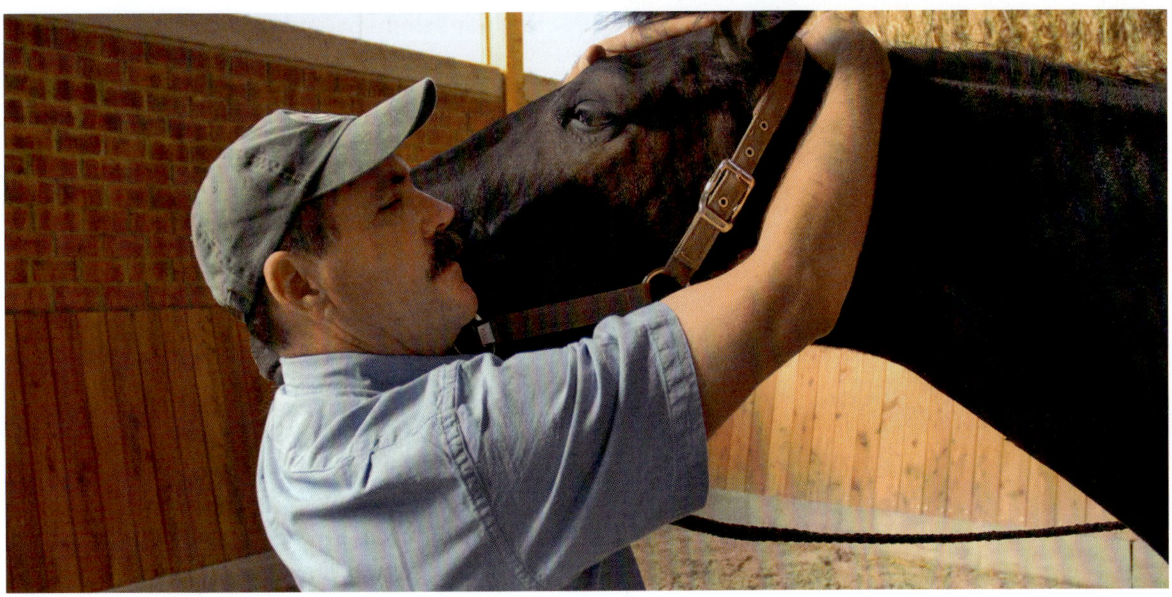

Treten Sie einen kleinen Schritt zurück, um das Pferd dazu zu ermuntern, seinen Kopf für Sie zu senken.

Ziehen Sie nicht, wenn das Pferd seinen Kopf hebt (A). Lassen Sie Ihre Hand sanft auf seiner Nase liegen, bis es sich wieder beruhigt (B).

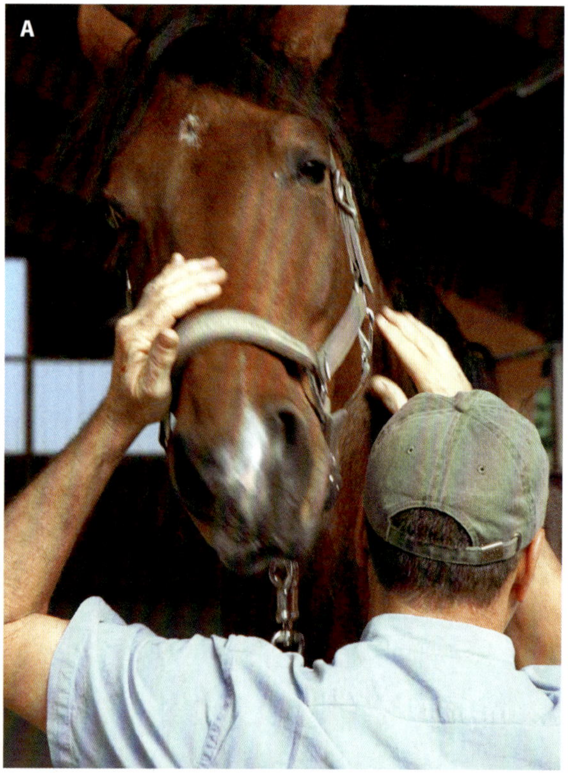

Wenn Sie einen kleinen Schritt zurücktreten können und das Pferd dazu bringen, seinen Hals mehr nach vorne zu strecken, so kann dies den zusätzlichen Vorteil haben, dass die Muskeln hinter dem Genick noch weicher werden. Dies funktioniert nur dann, wenn das Pferd in der Lage ist, dies mit Leichtigkeit zu tun. Seien Sie sich der Tatsache bewusst, dass nicht alle Pferde ihren Hals bequem in diese Richtung strecken können, bis Sie Spannungen im Bereich Genick/ Atlas/Ganasche lösen konnten.

- **Was ist, wenn das Pferd seinen Kopf wegzieht?**

Falls das Pferd seinen Kopf zurückzieht oder versucht, den Kopf außer Reichweite zu heben, so widerstehen Sie der Versuchung, ihn wieder herunterzuziehen. Das ist ein Kampf, den Sie nicht gewinnen werden.

Halten Sie Ihre Hand sanft auf seiner Nase und erlauben Sie dem Pferd, seinen Kopf zu heben. Sie können es nicht davon abhalten, seinen Kopf anzuheben, aber Sie können es davon abhalten, seinen Kopf zur Seite wegzuziehen, indem Sie Ihre Hand auf seiner Nase lassen. Halten Sie seinen Kopf einfach „in der Nähe", ohne an seiner Nase zu ziehen. Bald wird ihm klar werden, dass es nirgendwo hin gehen kann und dann seinen Kopf wieder senken.

- **Was ist, wenn das Pferd seinen Kopf nicht auf meiner Schulter abstützt?**

Manchen Pferden fällt es leicht, sich in dieser Position zu entspannen, andere bleiben angespannt. Haben Sie Geduld. Atmen Sie tief durch, lassen Sie Ihre Hände weich werden und warten Sie. Falls das Pferd sich immer noch nicht entspannt, versuchen Sie den folgenden Trick:

Während der Kopf immer noch (so ziemlich) auf der Schulter ist, suchen Sie mit Ihrer Fingerspitze nach einem Punkt hinter dem Ohr. Berühren Sie dabei *kaum die Haare des Pferdes* (Fotos S. 65 C-E). Suchen Sie nach einem „Blinzeln" – und zwar Haar für Haar. Dabei müssen Sie eventuell den Kopf so positionieren, dass Sie das Auge sehen können. Sobald Sie ein Blinzeln erhalten, atmen Sie tief durch und bleiben Sie sehr, sehr leicht auf dieser Stelle. *Kommen Sie nicht in Versuchung, fester zu massieren oder zu drücken*. Falls Sie dies tun, wird das Pferd diese Berührung einfach blockieren.

Halten Sie Ihre Finger leicht auf dieser Stelle. Das kann eine Sekunde oder eine Minute dauern. Bleiben Sie jedoch leicht und lange genug dort, wird das Pferd beginnen, sich auf Ihrer Schulter zu entspannen. Wenn Sie das richtig machen (mit einer Berührungsstufe, die noch *leichter* als *„mit Zwischenraum"* ist), wird das Pferd beginnen, das Gewicht seines Kopfes auf Ihrer Schulter abzustützen. Manchmal passiert das recht plötzlich.

Hinweis: *Das mag Sie überraschen, aber Sie brauchen keinen Zeitplan für diese Übung. Wenn Sie leicht genug und lange genug warten, so wird das Pferd die Spannung lösen müssen.*

▪ Was ist, wenn das Pferd mit den Zähnen oder dem Kiefer knirscht, während sein Kopf auf meiner Schulter ist?

Pferde, die viele Verspannungen in ihrem Hals und Genick haben, knirschen oft mit den Zähnen, während sie diesen Bereich entspannen. Dies ist ein Zeichen dafür, dass etwas passiert. Das Pferd wird oft das Gleiche tun, während Sie die Technik *Laterale Beugung des Halses* ausführen. Das Gleiche gilt für das Unruhigwerden: Wenn das passiert, machen Sie einfach weiter. Dies führt zur Entspannung. Sie werden fast immer feststellen, dass das Pferd nur dann mit den Zähnen knirscht, wenn es damit beginnt, sich zu entspannen oder „einzulenken".

▪ Wie lange soll ich das tun?

Solange Ihr Pferd entspannt bleibt und Sie seinen Kopf abstützen können. Nehmen Sie aber immer Rücksicht auf das Pferd. Es wird sich oft bis zu einem bestimmten Punkt entspannen und dann aus der Position herauskommen oder den Kopf wegziehen wollen.

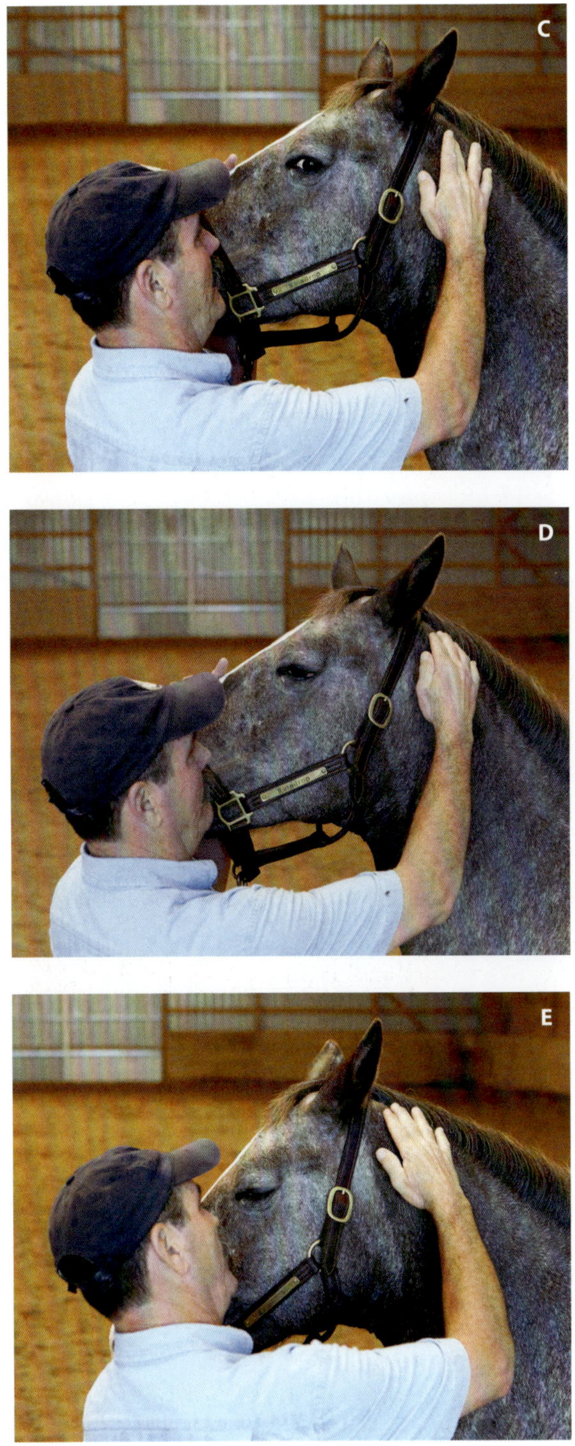

Berühren Sie kaum den Bereich hinter dem Ohr mit einem Finger und suchen Sie dabei nach einem „Blinzeln" (C). Lassen Sie Ihren Finger dort leicht liegen (D), bis das Pferd seinen Kopf auf Ihrer Schulter entspannt abstützt (E).

Wenn das passiert, dann hat es sich soweit entspannt, bis es eine weitere Spannungsebene spürt. Wenn es Ihnen gelingt, das Pferd davon zu überzeugen, dass es sich bequem durch die Spannung bewegen kann, ist das okay. Falls es jedoch wirklich loslassen muss, treten Sie einen Schritt zurück und geben ihm Gelegenheit, sich zu entspannen. Fangen Sie wieder da an, wo Sie aufgehört haben.

Warum hat mein Pferd Schmerzen oder Verspannungen im Genickbereich?

Im Laufe der Jahre habe ich Zusammenhänge zwischen Schmerzproblemen in bestimmten Bereichen des Pferdekörpers und Verspannungen im Genickbereich festgestellt. Diese Probleme reichen von den direktesten Ursachen, z. B. wenn das Pferd seinen Kopf gestoßen oder zurückgezogen hat, während es fest angebunden war, bis zu den weniger offensichtlichen Korrelationen, wie z. B. Schmerzen im Huf oder unteren Gliedmaßen, die mit Verspannungen auf der einen oder anderen Genickseite verbunden waren.

Treten Sie etwas zur Seite, um das Pferd zu entspannen.

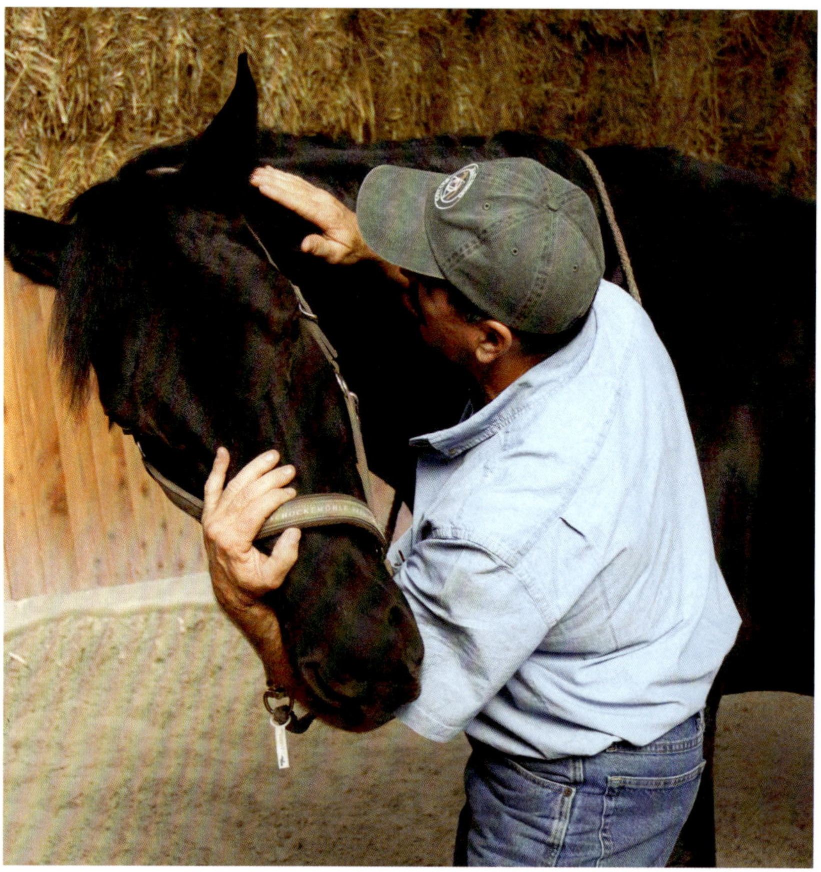

Meiner Erfahrung nach besteht ein direkter Zusammenhang zwischen Schmerzen in den Vorderhufen und Verspannung im Genick-Atlas-Bereich. Schmerzen, die von wunden oder empfindlichen Hufen herrühren, werden durch die Muskeln, die ihren Ursprung und ihren Ansatz zwischen Kopf und Unterarm haben, wie z. B. der Kopf-Arm-Muskel (siehe Zeichnung S. 70 oben), nach oben strahlen.

Wenn die Füße schmerzen, gibt es auch Verspannungen im Genick-Atlas-Bereich, besonders wenn ein chronisches Hufproblem besteht, wobei die Hufe über einen längeren Zeitraum schmerzen. Oft ist es so, dass die Verspannungen im Genick-Atlas-Bereich weiter bestehen, selbst nachdem die Hufprobleme beseitigt wurden. Oft wird das Pferd dadurch kopfscheu. Wenn Sie also Verspannungen im Genickbereich lösen, werden sich auch offensichtliche Veränderungen im Verhalten, der Bewegung und der allgemeinen Leistungsfähigkeit Ihres Pferdes zeigen.

Pferde, die Schmerzen in den Vorderhufen haben, werden auch zu Verspannungen und Bewegungseinschränkungen in anderen Muskeln des Halses, der Schulter, des unteren Halses und des Übergangs zwischen Hals, Schulter und Widerrist neigen (siehe Seite 68). Dieses Problem und die Auswirkungen auf den Rest des Körpers werde ich im nächsten Kapitel behandeln.

Ich habe ebenfalls eine Korrelation zwischen Schmerzen im Genick und Schmerzen im Rücken festgestellt. Rückenschmerzen können eine Reihe unterschiedlicher Ursachen haben: vom schlecht passenden Sattel über die Kompensierung für

Schmerzen in den Hufen bis hin zu Verletzungen. Kompensierung für Beschwerden in einem Teil des Körpers lässt Spannungsmuster in anderen Bereichen entstehen – dazu gehört auch der Rücken.

Es kommt häufig vor, dass Verspannungen im *langen Rückenmuskel* ihren Ursprung in falschen Reitangewohnheiten haben, die es dem Rücken nicht erlauben, sich richtig zu bewegen (siehe Zeichnung S. 158). Wenn dieser Muskel die Funktionsfähigkeit verliert, – Hinterhand und Vorhand in der Bewegung zu verbinden – hat dies eine Auswirkung auf diverse Muskeln in anderen Körperteilen, die hierfür kompensieren.

Pferde, die längere Zeit mit „Hyperflexion" im Genick geritten werden, sind oft im Bereich unter dem Atlaswirbel sowie zwischen Kiefer und Atlas verspannt und überentwickelt. Dies geht mit extremer Anspannung im Bereich des Kreuzdarmbeins, der Gesäßmuskeln und der hinteren Oberschenkelmuskeln einher. Wie Sie sehen, ist alles im Pferd miteinander verbunden und das ist der Grund, warum Körperarbeit so effektiv ist.

TIPPS

Wenn Sie den Kopf des Pferdes auf die Seite bringen, um ein Heben des Kopfes vorzubereiten, erfühlen Sie die laterale Biegung, die für das Pferd am bequemsten ist. Manche fühlen sich vorwärts etwas wohler, andere mehr zur Seite. Falls es sich auf Ihrem Arm oder Ihrer Schulter abstützt und es bereitet Ihnen Schwierigkeiten, das Pferd zur Entspannung zu bringen, so versuchen Sie, leicht zur Seite oder mehr nach vorne zu treten, während Sie eine bessere Position suchen – für das Pferd natürlich.

Sie können die Reihenfolge, in der Sie viele dieser Techniken ausführen, auch ändern. Falls Ihnen eine Schwierigkeiten bereitet, so fahren Sie mit einer anderen fort oder tun Sie das Gleiche auf der anderen Seite des Pferdes. Wenn Sie dann zur ursprünglichen Technik zurückkehren, wird es dann leichter sein. Ein Pferd, das extrem kopfscheu ist, wird beispielsweise oft Schwierigkeiten haben, sich zu entspannen, wenn Sie im Genick anfangen. In diesem Fall können Sie die Reihenfolge der Techniken ändern und die nächste Technik, *Lösung von Spannungen im Skapula-Bereich* (S. 68) durchführen, um zuerst Spannungen im Übergang zwischen Hals, Schulter und Widerrist zu lösen. Dadurch entspannt sich das Pferd oft genug, um dann die Arbeit im Genick zuzulassen.

Falls Sie Schwierigkeiten haben und die gleiche Technik öfter versuchen, wird das Pferd schnell lernen, wie es Ihren Aufforderungen entgehen kann und einfach nur die Bewegungen „verrichten", jedoch ohne Spannungen zu lösen.

Als allgemeine Regel gilt: Haben Sie die gleiche Technik dreimal erfolglos versucht, fahren Sie mit einer anderen Technik fort und kommen Sie später wieder auf die ursprüngliche Technik zurück.

Hinweis: *Haben Sie besonders viel Geduld mit kopfscheuen Pferden. In 99 % aller Fälle handelt es sich hier um Schmerzen, Unbehagen oder Verspannung. Selbst wenn Sie denken, es mag nur ein Verhaltensproblem sein oder eine Erinnerung an vergangene Traumata, die durch Anstoßen des Kopfes, schmerzhaftes Festhalten am Ohr oder Zurückziehen am Halfter verursacht wurden, entscheiden Sie im Zweifel für den Angeklagten.*

Es ist nicht leicht für das Pferd, Verspannungen im Genick loszulassen: Im Endeffekt ist es ihm lieber, diesen Schmerz zu blockieren als ihn loszulassen. Die Entspannung dieses extrem wichtigen Bereichs im Pferd kann sowohl in Bezug auf Leistung als auch innere Einstellung des Pferdes einen erheblichen Unterschied herbeiführen. Dies ist Ihre Gelegenheit, dem Pferd zu helfen, Schmerzen in diesem Bereich loszulassen.

KAPITEL 6

BEREICH VON HALS, SCHULTERN UND WIDERRIST

Techniken 1 & 2:

LÖSUNG VON SPANNUNGEN IM SCHULTERBLATT-BEREICH – nach unten/hinten

LÖSUNG VON SPANNUNGEN IM SCHULTERBLATT-BEREICH – nach unten/vorne

Bevor Sie beginnen

ZIEL: das Schulterblatt (im Folgenden auch Skapula genannt) erst nach unten/hinten und dann nach unten/vorne in einem entspannten Zustand zu lösen und fallen zu lassen, und zwar über das normale, entspannte Bewegungsspektrum hinaus.

RESULTAT: Eine Lösung von Verspannungen in den Muskeln, die die Vordergliedmaßen am Körper befestigen; tieferen Muskeln des Übergangs zwischen Hals und Widerrist und wichtigen Muskeln, die sowohl auf Genick und Atlas wie auch auf die Hinterhand wirken. Es kommt zu einer Verbesserung des Bewegungsspektrums in den Vordergliedmaßen sowie der Elastizität und „Stoßdämpferfunktion" der Gliedmaßen und Schultern; es werden Spannungen in der Hinterhand gelöst und es kommt zu besser koordinierter Bewegung zwischen Vor- und Hinterhand.

WO SIE ARBEITEN – ANATOMIE

Im Gegensatz zum Menschen hat das Pferd kein Gelenk, das das Schulterblatt (Skapula) – und somit die Vordergliedmaßen – am Körper befestigt. Das

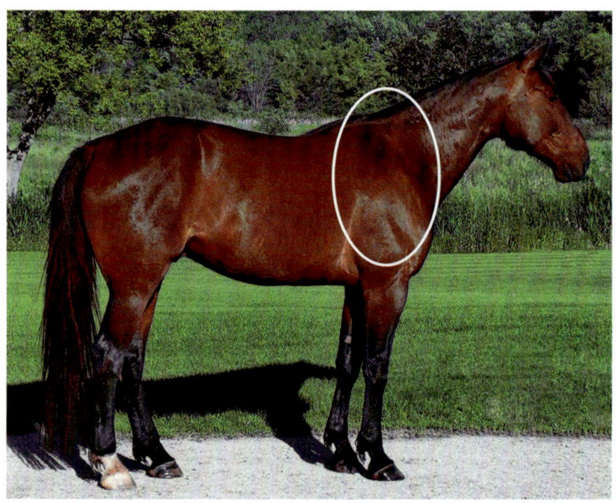

Wichtiger Übergang Nummer 2: der Übergang zwischen Hals- und Brustwirbeln

Schulterblatt ist mittels eines komplexen Systems von Muskeln, Faszien und Bindegewebe am Pferdekörper befestigt, d. h. es besteht keine skelettale Verbindung. Sie können sich dieses muskuläre Befestigungssystem wie eine „Bandschlinge" vorstellen, die den Rumpf des Pferdes zwischen den beiden Vordergliedmaßen hält und Unterstützung und Bewegung ermöglicht. An diesem Übergang schließt sich auch der Hals an den Pferdekörper an.

WICHTIGSTE SKELETTALE STRUKTUREN DIESES ÜBERGANGS

Der *Rumpf des Pferdes* besteht aus 18 (bei manchen Pferden 19) Brustwirbeln, an denen 18 entsprechende Rippen angesetzt sind, die den Brustkorb bilden. Die unteren Enden der vordersten acht Rippen haben eine Verbindung zum Brustbein.

Die Skapula ist das Schulterblatt des Pferdes. Der Widerrist wird von den Dornfortsätzen der Brustwirbel von ca. T4 oder T5 bis T8 oder T9 gebildet, je nach Gebäude des entsprechenden Pferdes (siehe Zeichnung S. 106). Diese sind im Grunde lange Verlängerungen der Wirbel, die über das Schulterblatt „hinausragen". Natürlich haben sie noch andere Funktionen, die über das „Hinausragen" und die Aufgabe, Ihren Sattel – und Sie selbst beim Reiten – vom Herunterrutschen zu bewahren, hinausgehen: Sie dienen als wichtige Ansatzpunkte für Muskeln und Bänder, die den Kopf und Hals stützen. Sie bilden eine Brücke, die die Vorhand mit der Hinterhand verbindet und sind Teil der Verbindung zwischen Vordergliedmaßen und Körper.

Der Übergang zwischen Hals und Rumpf (C7-T1 oder der Übergang zwischen Hals, Schulter und Widerrist) ist die Stelle, an der die letzten Halswirbel in die ersten Brustwirbel übergehen. Dadurch, dass Sie Spannungen in diesem Übergang lösen, lösen Sie Spannungen im gesamten Bereich. Die Übung

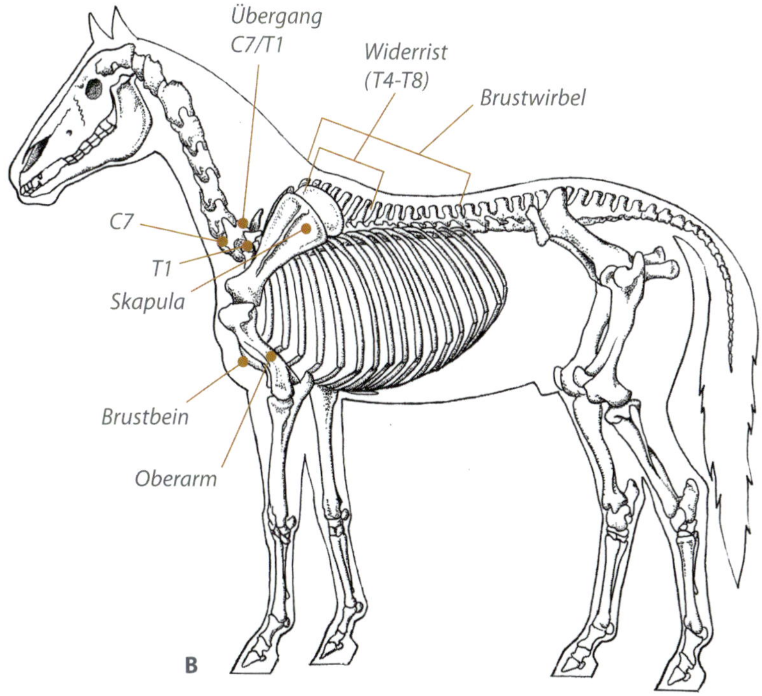

B

Lösung von Spannungen im Skapula-Bereich ist der erste Schritt, wenn es darum geht, Spannungen in den Muskeln dieses Übergangs zu lösen.

Wichtige Muskeln, Bänder und Sehnen

Es gibt eine Vielzahl von Muskeln, Bändern und Sehnen in diesem Übergang. Diese unterstützen auch den Kopf, den Hals, die Schultern und den Rumpf des Pferdes; sie bewegen die Vordergliedmaßen nach vorn und nach hinten; sie sorgen für Anspannung vor dem Sprung; helfen dabei, die Landung zu dämpfen; sie bewegen und biegen Hals und Kopf und haben noch weitere Funktionen. (Die Vordergliedmaßen stützen den Großteil des Gewichts des Pferdes – ca. 60 bis 65 Prozent.)

Sie sind stark, liegen in mehreren Schichten übereinander. Viele davon liegen unter der Skapula und können mit den Händen nicht erreicht werden. Daher ist die beste Art, Spannungen in diesem Übergang zu lösen, das Pferd in eine Position zu bringen, in der es die Spannungen selbst lösen kann.

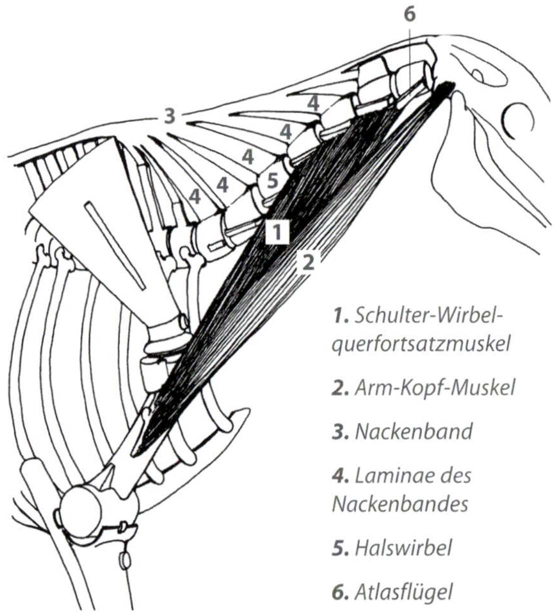

1. Schulter-Wirbelquerfortsatzmuskel

2. Arm-Kopf-Muskel

3. Nackenband

4. Laminae des Nackenbandes

5. Halswirbel

6. Atlasflügel

Wichtige Teile des Halses

Aus der Perspektive der Masterson Methode gesehen, sind die Muskeln, die die Leistung anderer Körperteile beeinflussen, genauso wichtig. Zwei wichtige Muskeln der Vorhand, die zu dieser Kategorie gehören, sind der Arm-Kopf-Muskel und der Schulter-Wirbelquerfortsatzmuskel.

Der Arm-Kopf-Muskel beginnt an der Schädelbasis, in der Nähe des Atlaswirbels und endet am unteren Ende des Oberarms unter der Schulter.

Der Muskel hat zwei Hauptfunktionen: 1) Wenn Kopf und Hals feststehen, bringt er das Vorderbein nach vorne. 2) Wenn das Bein feststeht oder am Boden verankert ist, so bringt er den Hals nach unten und kippt den Kopf nach oben, wie das bei gestrecktem Hals der Fall ist.

Der *Schulter-Wirbelquerfortsatzmuskel* beginnt beim Atlaswirbel und endet am Oberarm des Vorderbeins. Er arbeitet auch mit dem Arm-Kopf-Muskel zusammen, um das Bein nach vorn zu schwingen und die Skapula zu heben. Diese beiden großen Muskeln sind insofern wichtig, als dass sie Spannung auf Genick und Atlaswirbel ausüben. Wie Sie wissen, entstehen auch in anderen Körperteilen Spannung, wenn sich hier Verspannungen bilden.

Diese Muskeln werden nicht nur als Folge ihrer normalen Aufgabe verspannt, sondern auch als Folge von Schmerzen in Beinen und Füßen. (Dies habe ich bereits erörtert, siehe Seite 66).

Die letzte Muskelgruppe, die die Verbindung zwischen diesem Übergang und anderen Körperteilen aufzeigt, sind die *langen Rückenmuskeln*. Diese großen Muskeln spannen sich entlang beider Rückenseiten und stützen, verbinden und koordinieren die Bewegungen zwischen der Hinterhand und der Vorhand des Pferdes. Sie beginnen am Becken, laufen links und rechts an der Wirbelbrücke entlang und enden an den unteren Halswirbeln, genau vor dem Übergang zwischen Hals und Widerrist. Diese Muskeln sind wichtige Bewegungsmuskeln in allen Gangarten. Werden Verspannungen in diesen Muskeln gelöst, hat dies eine direkte Auswirkung auf den Bewegungsablauf des Pferdes.

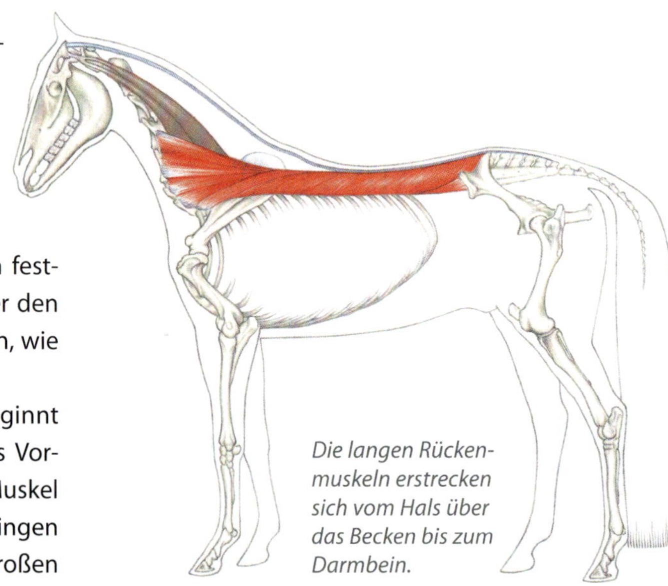

Die langen Rückenmuskeln erstrecken sich vom Hals über das Becken bis zum Darmbein.

SPANNUNGEN LÖSEN: DIE AUSWIRKUNGEN

Bewegung der Vorhand und Schwebephase

Das Bewegungsspektrum der Vordergliedmaßen wird beschränkt, wenn die Muskeln, die das Vorderbein nach vorne und nach hinten bewegen, verspannt sind. Werden diese Verspannungen gelöst, ermöglicht dies dem Pferd einen größeren Bewegungsspielraum und führt zu fließenderen und raumgreifenderen Tritten.

Werden die Muskeln angespannt, verliert das Pferd außerdem die Fähigkeit, Stöße beim Auffußen zu dämpfen und kann keine deutliche Schwebephase haben. Dann sind die Muskeln, Bänder, Sehnen und Gelenke der Füße, Beine und Schultern größeren Belastungen ausgesetzt. Daher kann angesammelte Verspannung im Übergang Hals-Schulter-Widerrist zu Problemen in den Gliedmaßen führen. Lösen von Spannungen in diesem Übergang hilft nicht nur, das Bewegungsspektrum zu verbessern, sondern beugt auch Belastungen vor.

Der Übergang Hals-Schultern-Widerrist und Genick

Lösen Sie Spannungen im Übergang *Hals-Schultern-Widerrist*, lösen Sie auch Spannungen am anderen Ende dieser Muskeln, nämlich am Genick und Atlaswirbel. So beginnen Sie den Vorgang, durch den Spannungen im Rest des Körpers ebenfalls gelöst werden.

Der Übergang Hals-Schultern-Widerrist und die Hinterhand

Wenn Sie den Übergang zwischen C7/T1 unter der Skapula entspannen, hat dies eine Auswirkung auf die Hinterhand, da der lange Rückenmuskel am Becken und an der Skapula ansetzt.

Sie werden beobachten, dass die Hinterhand sich entspannt oder sogar austritt, wenn Sie Spannungen unter der Skapula lösen (Einzelheiten hierzu später). Sie sehen also, wie das Lösen von Spannungen in diesem Übergang einen Einfluss auf den gesamten Pferdekörper hat.

Fallstudie

Mein Partner und ich hatten einen Kunden, der in der Springreiterwelt sehr bekannt war. Er hatte ein sehr gutes und erfolgreiches Springpferd. Manche dieser Pferde kämpfen hart um den Sieg und können schmerzhafte Muskelzustände bekommen. Diesem bestimmten Pferd tat Körperarbeit, mindestens einmal pro Woche, sehr gut. Tierärzte gehören zu den regelmäßigen Besuchern in Springställen, um die Pferde leistungsfähig zu erhalten, besonders in Bezug auf Füße und Beine. Dieses Pferd war keine Ausnahme.

Die Bedeutung dieser Verbindung zwischen Körper und Füßen/Beinen wurde mir eines Tages bewusst, als mein Partner und ich uns mit einem der Tierärzte unterhielten. Er fragte sich laut, warum man ihn in dieser Turniersaison bisher nur einmal gerufen hatte, um sich um Fuß- und Beinprobleme bei diesem Pferd zu kümmern, wo er es doch in der vorherigen Saison alle paar Wochen behandelt hatte. Die Antwort war: Dadurch, dass die wichtigsten Körperstellen des Pferdes entspannt gehalten wurden, wurde seine natürliche Fähigkeit verbessert, Stöße aufzufangen, die auf Füße und Beine wirken. Dadurch mussten Füße und Beine weniger vom Tierarzt behandelt werden.

TECHNIK 1: LÖSEN DES SKAPULA-BEREICHES – *NACH UNTEN/HINTEN*

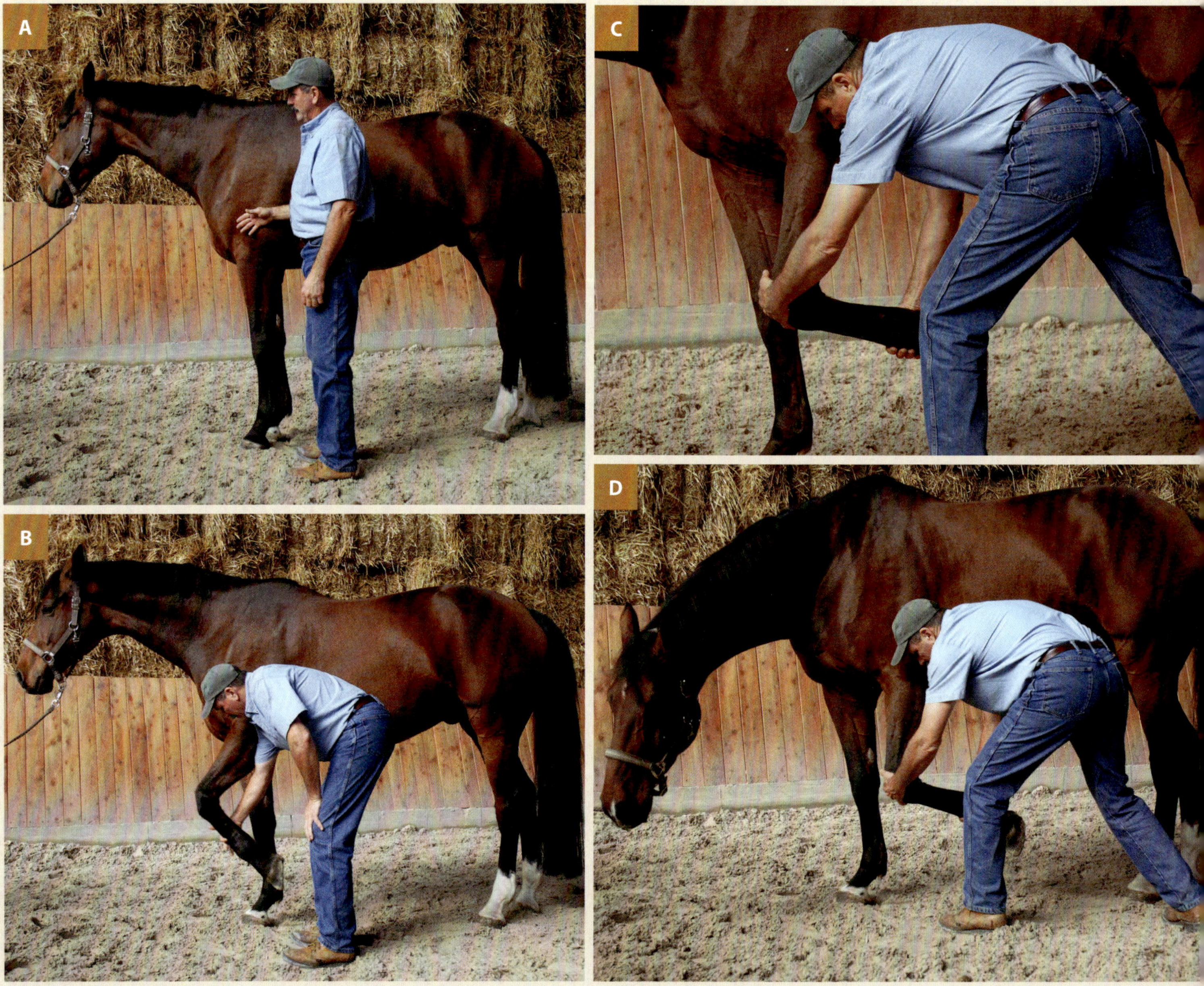

KURZÜBERSICHT: Schritt-für-Schritt-Anleitung

TECHNIK 1: LÖSEN DES SKAPULA-BEREICHES – *NACH UNTEN/HINTEN*

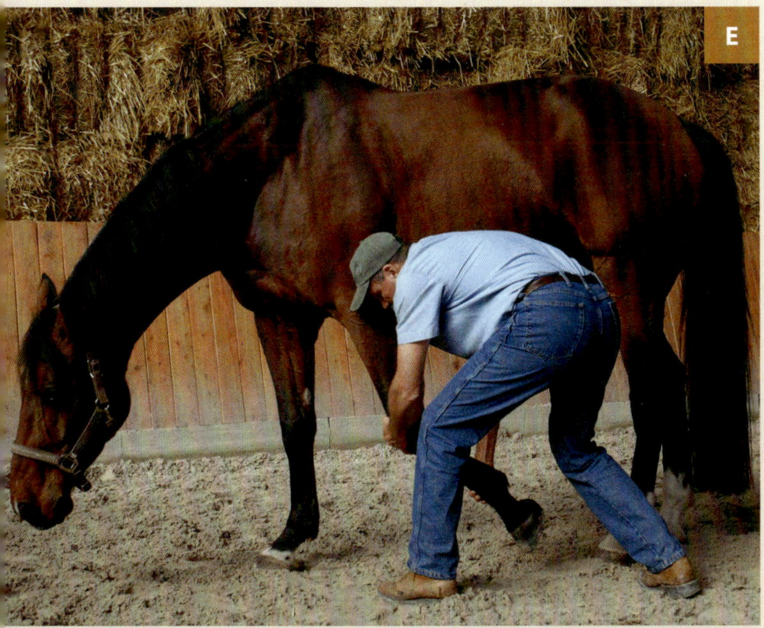
E

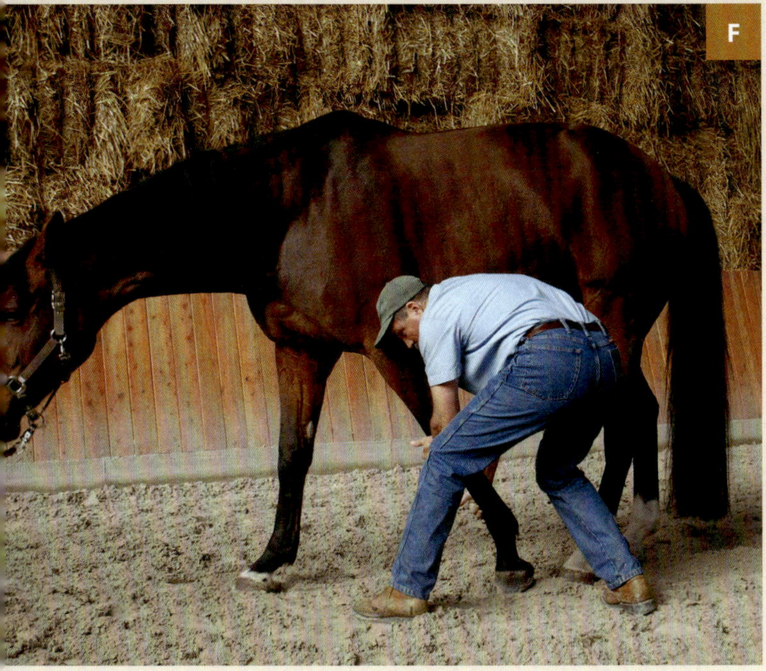
F

Schritt 1. Stellen Sie sich neben die Schulter des Pferdes und schauen Sie nach vorne (A).
Schritt 2. Heben Sie den Vorderfuß an (B).
Schritt 3. Geben Sie dem Pferd Gelegenheit, Bein und Schulter so viel wie möglich zu entspannen (D).
Schritt 4. Führen Sie das Bein langsam nach unten und hinten. Machen Sie das Bein dabei gerade und senken Sie den Fuß (E). Denken Sie daran, den Fuß zu senken!
Schritt 5. Ermuntern Sie das Pferd, so lange wie möglich in dieser Position zu bleiben, indem Sie Ihre Hand auf seinem Bein oder Fuß liegen lassen (F).

Technik 1 im Detail

1. Bringen Sie das Pferd in die richtige Position

Bringen Sie das Pferd in eine Position, in der Ihnen beiden genug Platz zum Arbeiten bleibt. Die beste Stelle ist diagonal in der Mitte der Box. Wenn das Pferd zurücktritt, soll es sich nicht mit der Hinterhand an der Wand stoßen und nach vorne geschubst werden. Außerdem kann es von der Mitte der Box aus auch nach vorne – von Ihnen weg, anstatt über Sie hinweg – ausweichen, wenn es plötzlich das Bedürfnis verspürt, sich zu bewegen.

Es ist immer hilfreich, das Pferd um Bewegung zu bitten, *bevor* Sie mit der eigentlichen Arbeit beginnen. Indem Sie das Pferd dorthin bewegen, wo Sie es haben wollen, gewöhnt es sich von Anfang an daran, *Ihnen nachzugeben*. Sie arbeiten zusammen, sind beide auf der gleichen Wellenlänge. Das Pferd um Bewegung zu bitten ist ein nützlicher Trick, egal mit welchem Pferd Sie arbeiten.

Schließlich stellen Sie sicher, dass das Pferd einigermaßen im Gleichgewicht steht, bevor Sie ein Bein anheben. Es ist wichtig, dass es das Gleichgewicht halten kann. Sie möchten ja nicht, dass es einen Schritt machen muss oder in die Position fallen muss, die Sie von ihm verlangen, bevor es dazu bereit ist.

Sie können Ihren Rücken schonen, indem Sie auf einem Knie niederknien.

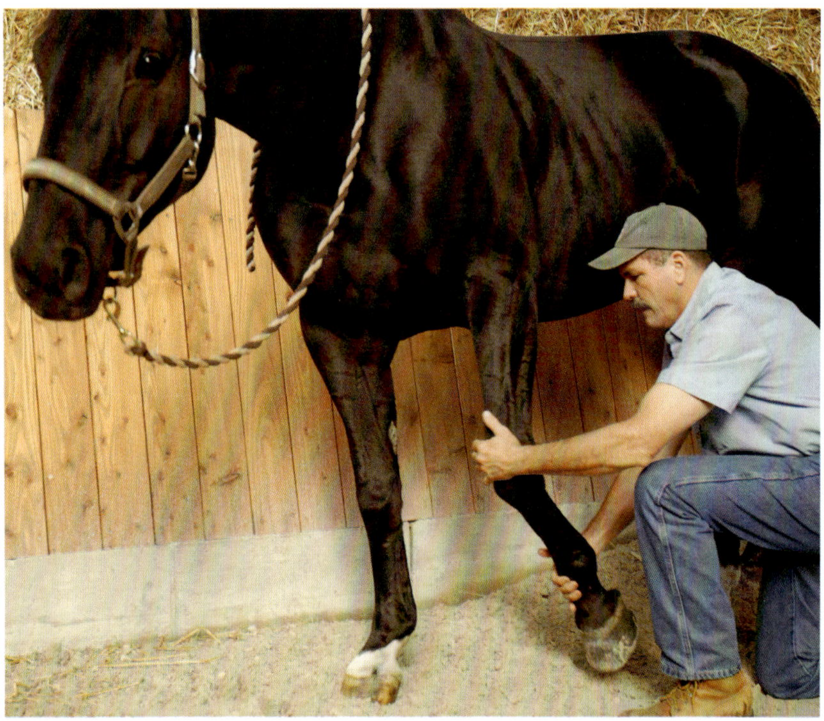

2. Bringen Sie sich selbst in die richtige Position

Bei beiden Techniken zum Lösen des Skapulabereiches ist es leichter, einen Fuß oder ein Bein in Ihre Richtung hinzubewegen, anstatt es von sich wegzuschieben. Wenn Sie also das Pferd bitten, das Bein nach *hinten*/unten zu entspannen, dann sollten Sie also in Richtung *Vorderende* des Pferdes schauen. Wenn Sie das Pferd bitten, das Bein nach *vorne*/unten zu entspannen, so sollten Sie nach *hinten* schauen. So können Sie in beiden Fällen das Bein auf sich zu führen.

3. Stützen Sie sich ab

Es hilft Ihnen vielleicht, die Ellenbogen auf Ihren Knien abzustützen, um in dieser Position Ihren Rücken zu schonen. Sie können auch auf einem Knie knien, falls Sie sich in dieser Position so nah beim Pferd wohlfühlen. Dies kann zur Rückenschonung beitragen. Stellen Sie jedoch sicher, dass das Pferd genug Platz hat, sich von Ihnen wegzubewegen, falls es sich bewegen muss. Und seien Sie bereit, sich erforderlichenfalls vom Pferd wegzubewegen.

4. Heben Sie den Fuß an

Falls es sich ungeschickt anfühlt, den Pferdefuß anzuheben, während Sie nach vorne schauen, so schauen Sie nach hinten und heben Sie den Fuß auf, wie wenn Sie ihn auskratzen wollten. Dann drehen Sie sich um und schauen Sie nach vorne, während Sie den Fuß halten.

Beim linken Fuß schauen Sie nach vorne und halten das Bein mit Ihrer rechten Hand am Fesselgelenk und der linken Hand am Karpalgelenk. Auf der rechten Seite tun Sie es umgekehrt. Halten Sie dort das Fesselgelenk in Ihrer linken Hand und das Karpalgelenk in der rechten Hand.

Hinweis: *Es ist wichtig, Ihre Hand auf oder über dem Fesselgelenk zu platzieren und nicht darunter. So hängt der Fuß leicht nach unten und es ist für das Pferd leichter, beim Heruntertreten auf dem Fuß zu landen, während Sie den Fuß senken. Halten Sie den Fuß unter dem Fesselgelenk und den Fuß nach oben, während Sie das Bein heruntersetzen, so landet es vielleicht auf dem Fesselgelenk anstatt auf dem Fuß.*

Geben Sie dem Pferd Gelegenheit, sich zu entspannen. Das kann fünf oder fünfzehn Sekunden dauern. Stützen Sie dabei das Gewicht des Beins ab. Sie können diese Zeit dazu nutzen, um die Beugesehnen zu massieren oder die „Hufrotation" durchzuführen. Dabei halten Sie Ihre Hand flach gegen die Unterseite von Huf oder Eisen und bewegen den Huf kreisförmig. Dadurch wackeln Sie leicht am Bein, was die Schulter und Gelenke entspannt.

Wenn Sie spüren, dass sich das Pferd so viel wie möglich entspannt hat, beginnen Sie damit, seinen Fuß nach unten/hinten herunterzusetzen.

5. Finden Sie einen Punkt auf dem Boden, wo der Fuß landen soll

Verwenden Sie diesen Punkt als „Zielpunkt", aber erspüren Sie auch, während Sie das Bein heruntersetzen, was für das Pferd bequem ist. Ziel ist, das Bein ein wenig weiter hinten abzusetzen, als das Pferd es normalerweise selbst tun würde. Es kann sein, dass es dem Pferd leicht fällt, den Fuß entspannt bis zu diesem Punkt abzusetzen, vielleicht aber auch nicht.

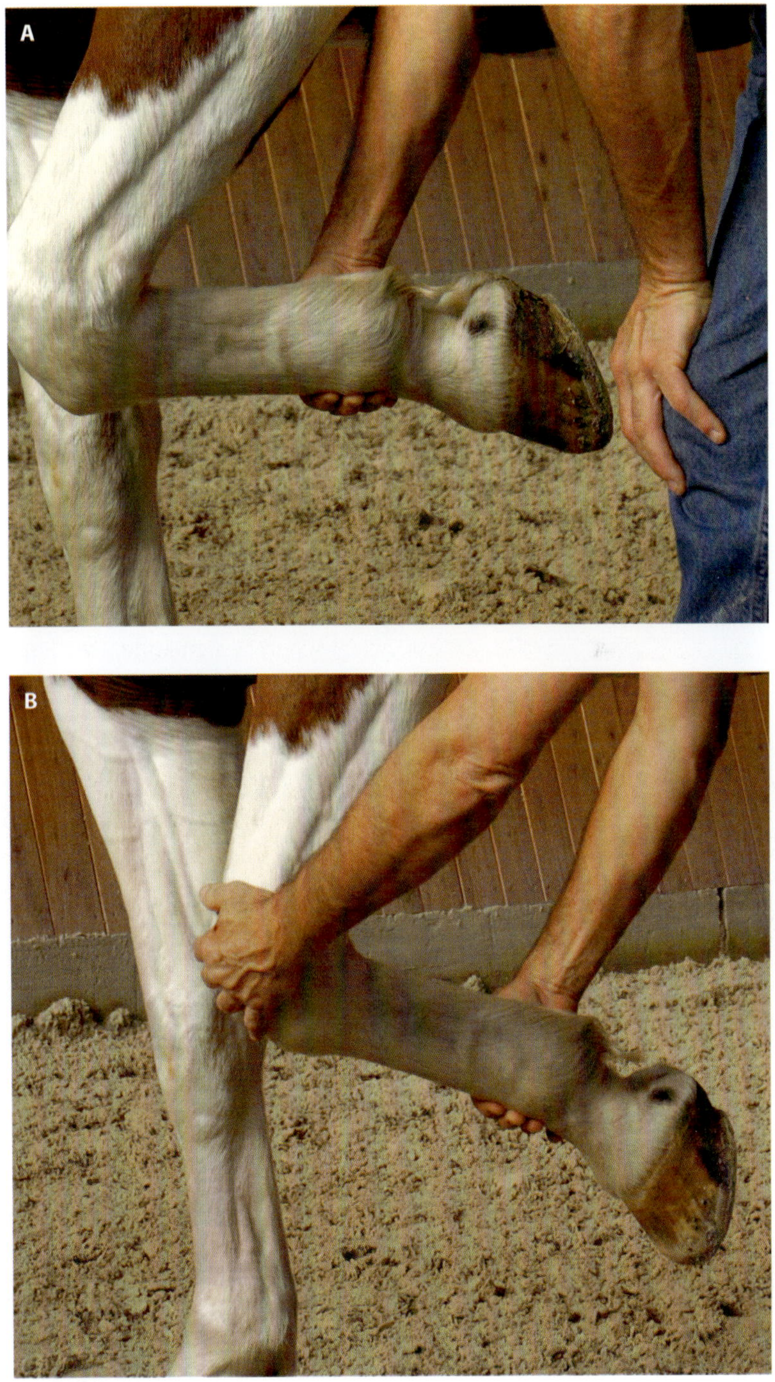

A & B *Halten Sie das Fesselgelenk in Ihrer rechten Hand, das Karpalgelenk in Ihrer linken.*

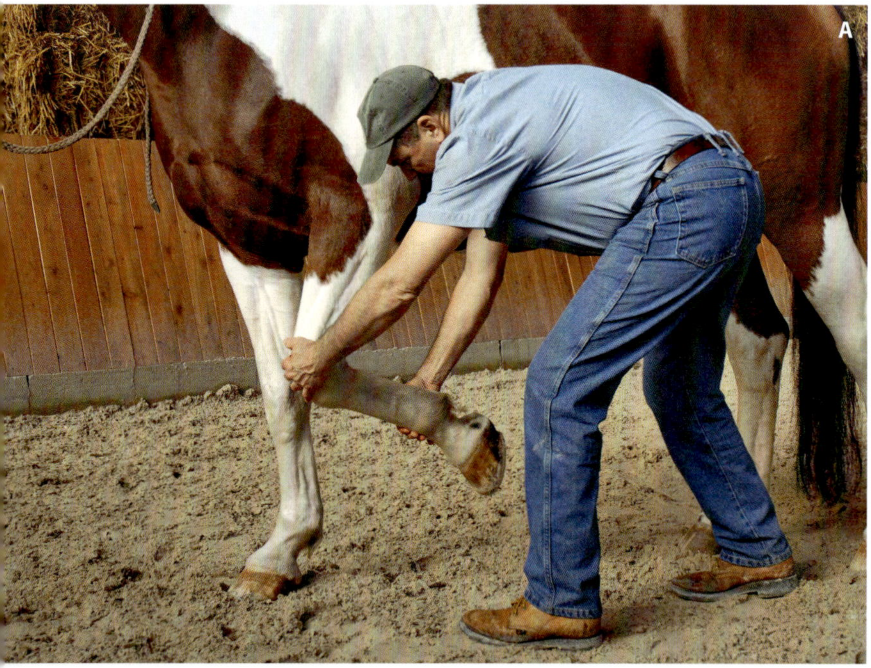

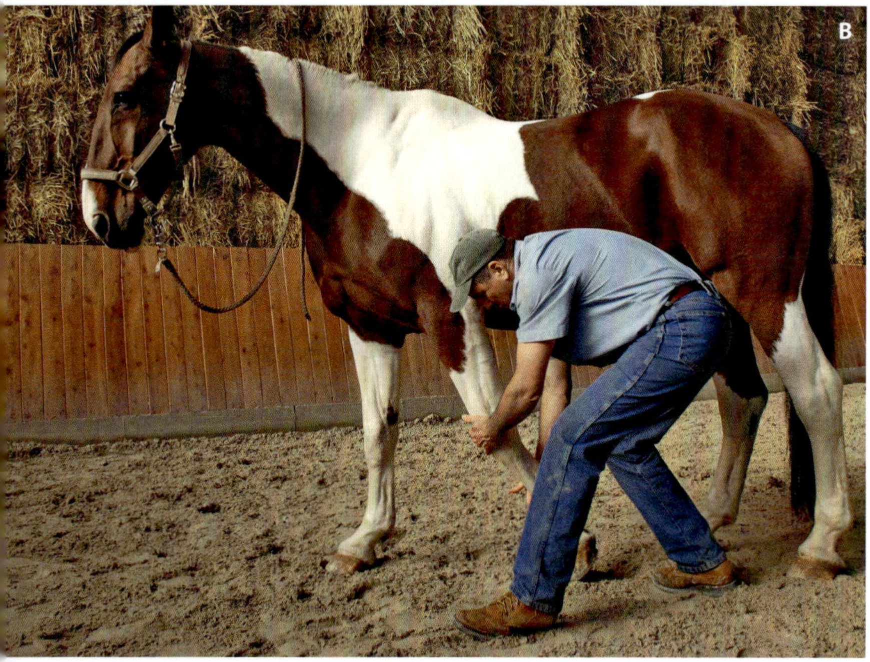

A & B *Verwenden Sie Ihre „Fußhand“, um den Pferdefuß auf einem Punkt auf dem Boden abzusetzen (A). Verwenden Sie Ihre „Karpalgelenkhand“, um das Bein geradezurichten, während das Pferd es entspannt nach unten führt (B).*

Es ist nicht nötig, dass Sie das Bein weit nach hinten absetzen, um eine Entspannung zu erzielen. Falls der von Ihnen gewählte Punkt für das Pferd zu weit weg ist, um sein Bein entspannt dorthin zu führen, so wird es das Bein wieder hochheben. Wenn das passiert, führen Sie seinen Fuß auf einen Punkt, der ein bisschen weiter vorne liegt (siehe „Was ist, wenn …?“ auf Seite 79 ff.).

Es ist besser, dem Pferd eine bequemere Position anzubieten, in der es sich länger entspannen kann, als eine gedehntere Position, in der es ihm schwer fällt, sich zu entspannen. Gehen Sie dahin, wo es für das Pferd am bequemsten ist. Manche Pferde ziehen es vor, *gerade zurück und unter den Körper* zu treten, während andere es vorziehen, *nach hinten und mehr seitlich* zu treten.

6. Setzen Sie das Bein nach hinten/unten ab

Wenn Sie spüren, dass das Pferd einen Teil des Gewichts seines Beines in Ihre Hand gelegt hat, so senken Sie die Hand, die den Fuß festhält, in Richtung ausgewähltem Punkt auf dem Boden.

Richten Sie dieses Bein gerade, während Sie den Fuß nach unten absetzen. Dies tun Sie, indem Sie Ihre „Karpalgelenkhand“ dazu verwenden, sein Bein gerade zu richten, während Ihre „Fußhand“ das Bein in Richtung Boden bewegt. Oftmals entspannt sich das Pferd, wenn das Bein gerade wird. Stellen Sie sicher, dass Sie dabei den Fuß in Richtung Boden senken. Verlangen Sie vom Pferd nicht, einen Schritt zurückzutun und den Fuß abzusetzen, während Sie seinen Fuß hochhalten. Das ist nicht fair!

Es handelt sich hier nicht um eine Dehnung.

Denken Sie daran: Sie wollen das Bein nicht zurückziehen oder dehnen. Sie stützen das Bein, bis das Pferd es entspannt, wenn Sie das Bein nach hinten/unten führen. Die Skapula soll sich ein wenig senken, und zwar über das normale Maß hinaus – und das in einem *entspannten Zustand*.

Um Spannung zu lösen, muss sich die Skapula nur ein paar Zentimeter senken. Wenn Sie erstmal eine Vorstellung davon haben, wo der Fuß landen soll, gewöhnen Sie sich an, auf das Buggelenk zu schauen, während Sie spüren, dass die Skapula nach unten fällt.

Sie werden es sehen und spüren können, wenn Sie ein leichtes Senken erreicht haben. Denken Sie daran: Sie brauchen nur eine leichte Senkung zu spüren, um diese Technik effektiv zu machen.

7. Warten Sie auf die Entspannung

Die Entspannung ist sichtbar. Wenn Sie das Buggelenk und das Bein des Pferdes beobachten, während Sie das Bein zurückführen, werden Sie die Entspannungsbewegung sehen. Wenn Sie wissen, worauf man achten muss, können Sie Entspannungsreaktionen wie Blinzeln, Abkauen und Gähnen beobachten.

Die Entspannung ist fühlbar. Wenn Ihre Hände das Bein halten, können Sie spüren, wenn das Pferd sich entspannt. Wenn sein Fuß auf dem Boden steht und sich nicht viel Gewicht darauf befindet, können Sie mit dem Bein und der Schulter sanft hin und her wackeln und das Pferd so auffordern, sich noch mehr zu entspannen. Falls es sich anspannt, während Sie am Bein wackeln, hören Sie auf. Falls es das Bein belastet und Sie es nicht hin und her wackeln können, ist das auch in Ordnung.

Je länger das Pferd in der Lage ist, sich bei zurückgesetztem Fuß zu entspannen, desto mehr Spannung wird es lösen. Lassen Sie Ihre Hand auf dem Fuß/Bein liegen. Die meisten Pferde werden den Fuß wieder hochheben, wenn Sie Ihre Hand wegnehmen. Sie können Ihre Hand höher am Bein entlanggleiten lassen, um Ihren Rücken ein wenig zu entlasten. Solange Sie jedoch Ihre Hand auf dem Bein lassen, wird das Pferd länger in dieser Position bleiben.
Manchmal tritt das Pferd zurück und bleibt in dieser Position.

Manchmal tritt es zurück und hebt dann das vordere Bein und manchmal tritt es zurück und dann wieder vor. Jede dieser Möglichkeiten ist in Ordnung, solange sich das Pferd entspannt und die Skapula gesenkt hat, bevor sein Fuß auf dem Boden aufsetzt. Sind Sie sich nicht sicher, dass dies geschehen ist, treten Sie ca. 30 Sekunden lang einen Schritt zurück und schauen, was das Pferd zu sagen hat.

Wenn Ihr Pferd das Bein in dieser Position lässt, lassen Sie es dort, bis es sich von alleine bewegt. Anschließend wird es Ihnen manchmal direkt sichtbare Entspannungsreaktionen zeigen. Manchmal bleibt das Pferd stehen, verarbeitet den Vorgang und zeigt Entspannungsreaktionen, wenn es damit fertig ist. Manchmal zeigt das Pferd gar keine Reaktionen. Das hängt vom Pferd ab, davon wie viel Spannung es gehabt hat, wie viel davon es gelöst hat und ob es sich dabei wohlfühlt, Ihnen diese Reaktionen zu zeigen oder nicht. Bei der Technik *Lösung des Skapulabereiches* werden viele Endorphine freigesetzt. Beobachten Sie die Augen des Pferdes nach dieser Übung und Sie werden sehen, was das bedeutet.

Lösen und Bewegung

Es besteht ein Unterschied zwischen der aktiven Bewegung, wenn sich die Skapula – beispielsweise im Schritt – vor- und zurückbewegt und dem Lösen der Skapula:

- Wenn die Skapula sich während der normalen, aktiven Bewegung nach unten und zurück bewegt, so sind die in der Bewegung involvierten Muskeln aktiv.
- Wenn Sie Bewegungen über einen bestimmten Punkt hinaus in entspanntem Zustand fordern, so löst das Pferd Spannungen in den involvierten Muskeln.

Dies unterscheidet sich also von einer passiven Dehnung: Bei einer passiven Dehnungsübung tun Sie die Arbeit. Bei diesen Lösungsübungen geben Sie dem Pferd Gelegenheit, Spannungen „loszulassen".

Fallstudie

Einmal arbeitete ich mit einem Pferd in einer Box. Das Pferd wollte mir einfach keine Entspannungsreaktionen zeigen. Ich wusste, dass es gähnen wollte. Wenn ich jedoch nach etwas Arbeit einen Schritt zurücktrat, um zu sehen, was es zu sagen hatte, biss es immer die Zähne zusammen und guckte in die andere Richtung. Ich merkte, dass es funktionierte, weil ich die Lösung unter meinen Händen spürte.

Schließlich ging das Pferd hinüber zu seiner Decke, die ich über die Boxentür gehängt hatte. Er steckte seinen Kopf darunter und gähnte sechs oder sieben Mal hintereinander. Daran kann man sehen, wie bedeutungsvoll Körpersprache in der Herde ist!

Die Moral: Treten Sie zurück und geben Sie dem Pferd genügend Freiraum.

Bei der Technik „Lösen des Skapulabereiches" werden viele Endorphine freigesetzt.

8. Warten Sie ab, was das Pferd zu sagen hat

Wenn Sie mit der Technik fertig sind, treten Sie einen Schritt zurück, um zu sehen, was das Pferd zu sagen hat. Sie müssen ihm Gelegenheit geben zu spüren, was passiert ist. Achten Sie auf die Entspannungsreaktionen. Es wird Sie vielleicht überraschen, welche Reaktionen Sie bekommen, auch wenn das Pferd die Skapula scheinbar nur ganz wenig hat fallen lassen.

9. Geben Sie dem Pferd Platz

Wenn Sie zurücktreten, treten Sie *deutlich* zurück. Man ist oft versucht, nah am Pferd zu stehen und es zu klopfen. Manche Pferde brauchen jedoch mehr Platz als andere, um Ihnen eine Entspannungsreaktion zu zeigen. Sie sind „schüchterner", während andere vielleicht einfach nicht vor Ihnen Entspannung zeigen wollen. Entspannungsreaktionen – z. B. Abkauen – sind Zeichen der Unterordnung in der Herde und manche Pferde wollen das einfach nicht zeigen.

Denken Sie daran: Bei dieser und allen anderen Techniken ist Ihr Ziel einfach nur, ein wenig Verbesserung zu erreichen.

Es ist sowohl gefahrloser als auch leichter für das Pferd, diese Verbesserungen langsam herbeizuführen. So schützt es sich vor neuen Verletzungen oder davor, bestehende Verletzungen zu verschlimmern. Hüten Sie sich vor der Einstellung, dass Bewegungseinschränkung ein Problem darstellt, das Sie „beheben" werden. Dadurch entsteht Widerstand beim Pferd, wodurch ein Lösen verhindert wird. Sie vermeiden es, das Pferd zu verletzen, indem Sie in kleinen Schritten vorgehen und jedes Mal eine Verbesserung erreichen.

Hinweis: *Wenn es die Lösung des Skapulabereiches verarbeitet, so wird das Pferd manchmal ein paar Sekunden bis sogar ein paar Minuten in der „Lösungsposition" bleiben. Dies geschieht nicht nur, weil es sich* *gut anfühlt, wenn es Verspannungen gelöst hat, sondern auch, weil sein Nervensystem möglicherweise die Lösung der Spannungen verarbeitet. Dann scheint es so, dass das Pferd entweder in die Ferne starrt oder fast schläft. Im Unterschied hierzu jedoch zucken seine Lippen, seine Augen blinzeln, werden weit und schließen sich dann wieder halb und ab und zu zuckt sein ganzer Körper zusammen, als hätte es gerade einen kleinen elektrischen Schlag bekommen.*

Bleiben Sie ruhig! Es ist gut, dem Nervensystem des Pferdes Gelegenheit zu geben, den Prozess ein wenig zu verarbeiten. Wenn das Nervensystem dem Gehirn mitteilt, dass die Bewegungseinschränkungen oder Muskelschmerzen, die es blockiert hat, in dem Körperteil nun gelöst wurden, feuern Synapsen im Gehirn und die Kommunikation zwischen dem entsprechenden Körperteil und dem Gehirn wird wieder hergestellt.

Haben Sie Geduld und nehmen Sie sich Zeit. Sie werden staunen, wie viel Verbesserung Sie in ein paar Sekunden erzielen können. Wenn Sie später diese Übung noch einmal ausführen, werden Sie vielleicht bemerken, dass es sich leichter anfühlt, das Bein nun zu manipulieren, als beim ersten Mal.

Was ist, wenn …?

- **Was ist, wenn das Pferd sich weigert, mich das Bein hochheben zu lassen oder das Bein immer wieder wegzieht?**

Falls das Pferd sich absolut weigert, mit angelegten Ohren, dann gibt es wahrscheinlich einen Grund dafür. Vielleicht schützt es etwas in diesem Bein oder es besteht Schmerz oder eine Verletzung in diesem oder dem gegenüberliegenden Bein, was es ihm somit schwer macht, das Bein hochzuhalten, mit dem Sie gerade arbeiten. In diesem Fall fahren Sie mit der nächsten Technik fort. Sie können immer wieder zu dieser Technik zurückkehren, nachdem Sie sehen, wie das Pferd sich bei den anderen Techniken verhält. Falls es sich immer noch weigert und Sie vermuten, dass eine Verletzung besteht, bitten Sie einen Tierarzt, sich das Pferd anzuschauen. Es ist eine gute Idee festzustellen, ob es sich um ein „Sturheitsproblem" handelt oder nicht – d. h. festzustellen, ob es sich um ein Problem für den Tierarzt handelt.

- **Was ist, wenn mein Pferd das Bein nicht entspannen will, wenn ich es hochgehoben habe?**

Dies ist ein Zeichen dafür, dass irgendwo im Hals, den Schultern oder im Widerrist Schmerzen oder Bewegungseinschränkungen bestehen und das Pferd diese nicht durch Entspannung lösen will.

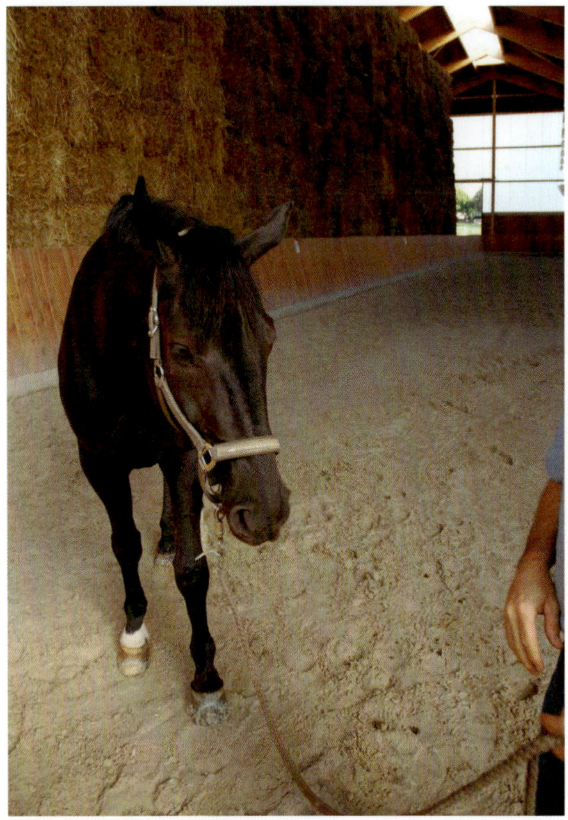

Treten Sie zurück und geben Sie dem Pferd Gelegenheit, den Prozess zu verarbeiten. Zucken, Blinzeln und ein „abwesender" Ausdruck sind Zeichen dafür, dass es die Entspannung verarbeitet.

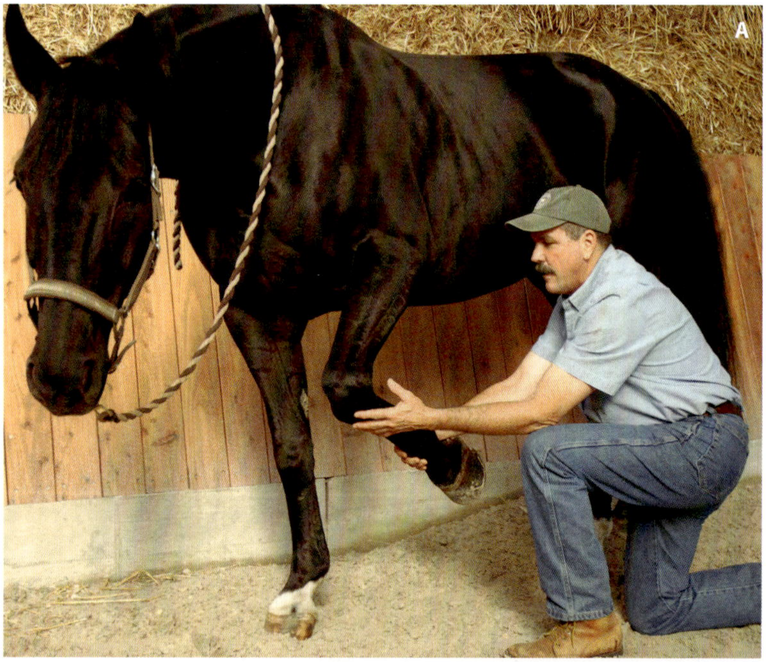

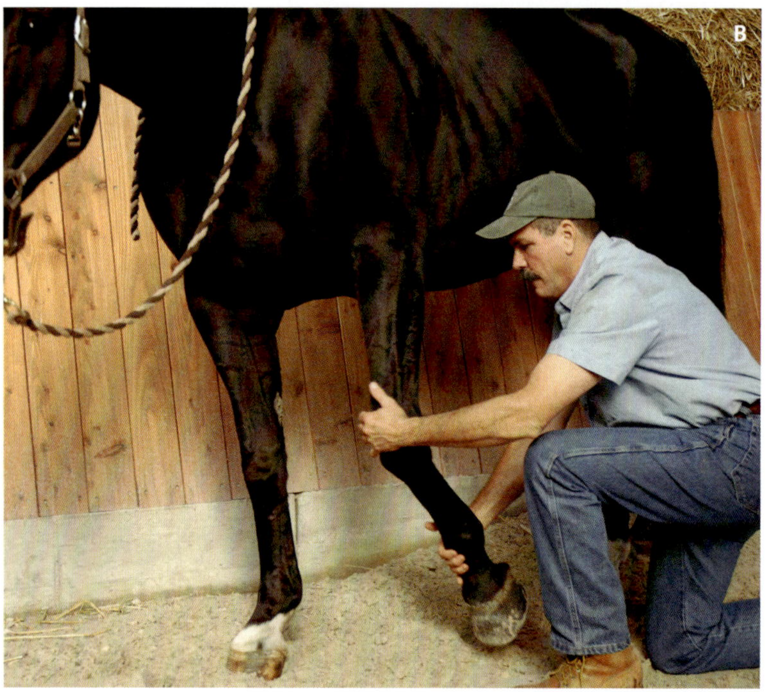

***A & B** Wenn das Pferd das Bein hochzieht, gehen Sie mit der Bewegung mit (A). Wenn es dann das Bein entspannt, führen Sie es nach unten (B).*

Wenn Sie das Gewicht des Beins mehr unterstützen oder sogar das Bein ein wenig anheben, wird es für das Pferd leichter, es zu entspannen.

Haben Sie hierbei keine Eile, warten Sie geduldig darauf, dass sich das Pferd ein wenig entspannt. Dann richten Sie das Bein langsam gerade und führen es auf die Stelle, die Sie vorher für den Fuß ausgesucht haben. Je mehr Zeit es bequem in der Bein-zurück-Position verbringen kann, desto besser wird es sich entspannen. Dies bedeutet jedoch nicht, dass Sie etwas falsch gemacht haben, wenn es nicht in dieser Position bleibt.

Falls Sie in einer der Bewegungen, zu der Sie das Pferd auffordern, auf Widerstand stoßen, ist dies ein Zeichen dafür, dass dort Schmerzen oder Bewegungseinschränkungen bestehen. Sie müssen nun dem Pferd helfen, diese loszulassen. Im Allgemeinen gilt: Wenn Sie auf Widerstand stoßen, werden Sie ein wenig weicher, um dem Pferd Gelegenheit zu geben, den Widerstand ein wenig aufzugeben. Dann fahren Sie mit der Bewegung fort. Bei der Technik *Lösen des Skapulabereiches* bedeutet „weicher werden", dass Sie nicht nur nicht am Bein ziehen, sondern das Bein sogar leicht anheben, um dem Pferd Gelegenheit zu geben, das Bein zu entspannen, bevor Sie weitermachen. Fühlt das Pferd, dass Sie das Bein zu weit nach hinten führen wollen, kann das ebenfalls zu Widerstand führen. Es wird leichter für das Pferd, wenn Sie einen Punkt auswählen, der ein wenig weiter vorn ist (siehe nächste Frage).

- **Was ist, wenn mein Pferd anfängt, das Bein nach unten zu entspannen und es dann wieder hochzieht?**

Es ist normal und wahrscheinlich, dass das Pferd an irgendeinem Punkt das Bein hochzieht.

Wenn dies passiert, lassen Sie Ihre Hände auf dem Karpalgelenk und dem Fesselgelenk liegen und gehen Sie mit dem Bein mit. Auf diese Weise halten

Sie es „in der Nähe", bis es sich wieder in Ihrer Hand entspannt.

Leistet das Pferd Widerstand und Sie geben nach, wird es meist aufhören zu ziehen: Sie nehmen den Widerstand weg und so hört das Pferd normalerweise damit auf, sich zu wehren. Dann können Sie weitermachen und sich darauf vorbereiten, das Bein herunter auf die „Landestelle" zu führen, sobald das Pferd sein Bein in Ihrer Hand entspannt.

Wenn das Pferd Widerstand leistet, so hat es sich bis zu dem Punkt entspannt, an dem Schmerzen oder Bewegungseinschränkungen an einer Stelle dieses Übergangs vorkommen, durch die es sich normalerweise in einem unentspannten Zustand bewegt. Diese Schmerzen führen dazu, dass das Pferd Widerstand leistet und das Bein nach oben zieht.

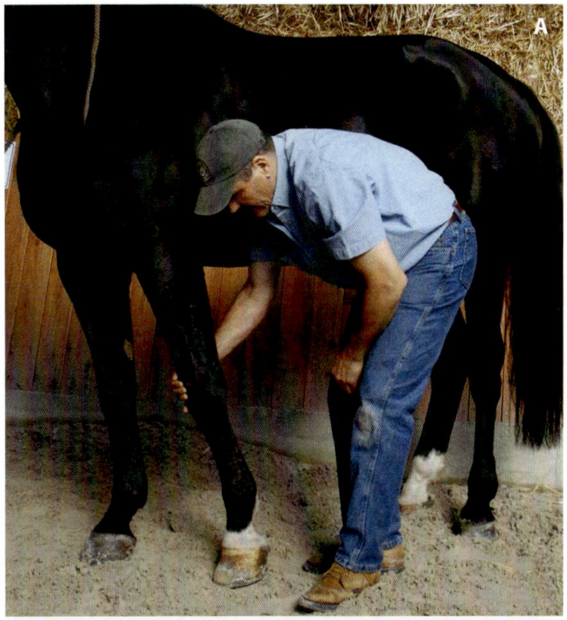

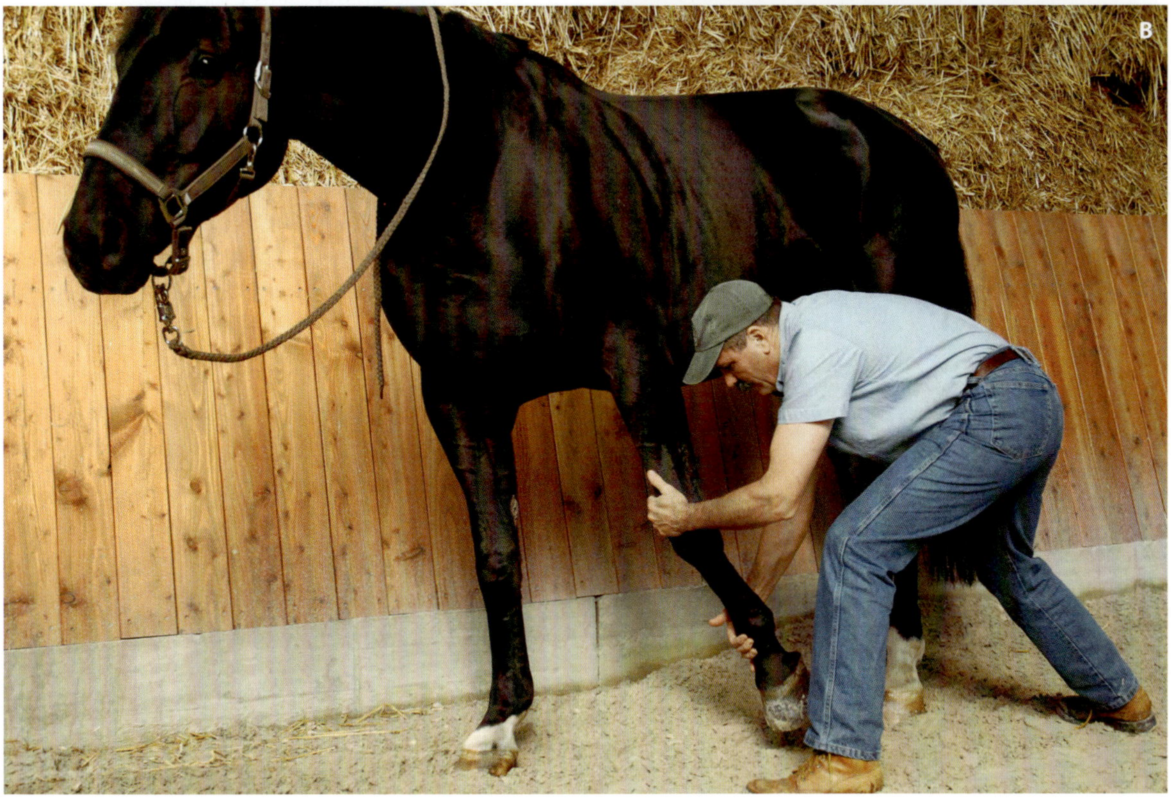

A & B *Setzen Sie das Bein entspannt auf einem Punkt ab, der sich nicht zu weit hinten befindet (A). Beim zweiten Mal können Sie den Fuß etwas weiter hinten absetzen (B).*

Manchmal ist es auch so, dass das Pferd jedes Mal, wenn es das Bein nach oben zieht, Spannungen oder Bewegungseinschränkungen löst. Dies kann mehrmals hintereinander geschehen, je nachdem wie viel Spannung dort besteht. Jedes Mal werden Sie fühlen, wie viel entspannter das Bein ist.

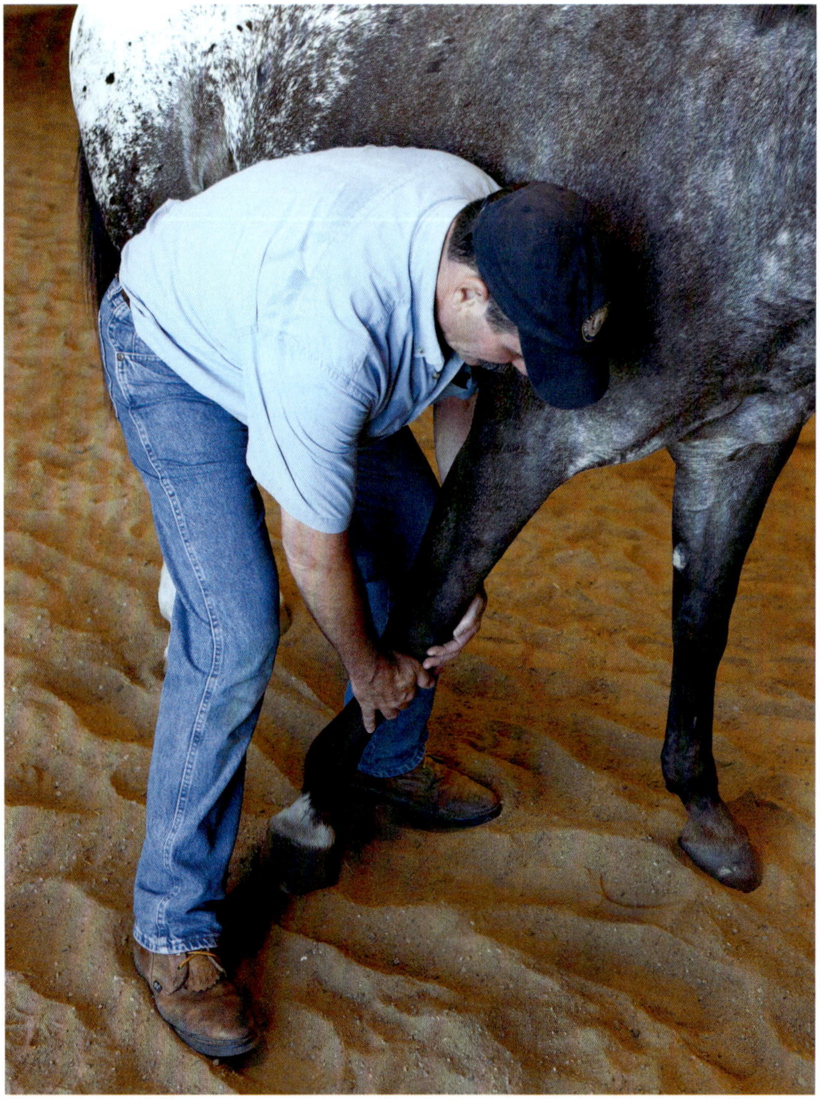

Verwenden Sie Ihren Körper, um das Gewicht des Pferdes auf der gegenüberliegenden Seite zu halten.

Falls das Pferd weiterhin das Bein hochzieht oder Sie spüren, dass es das Bein nicht jedes Mal entspannt, so kann es sein, dass Sie es auffordern, das Bein zu weit hinten abzusetzen. Wählen Sie in diesem Fall eine Stelle aus, die weiter vorne liegt. Sobald es das Bein entspannt auf diese leichtere Stelle gesetzt hat, so können Sie es auffordern, das Bein das zweite Mal weiter zurück abzusetzen.

Hinweis: *Dem Widerstand nachgeben. Versuchen Sie das zu Hause! Stehen Sie einem Freund gegenüber. Halten Sie mit einer Hand sein Handgelenk fest. Ziehen Sie jetzt sanft an seinem Arm und bitten Sie ihn, den Arm dabei zurückzuziehen. Sobald Sie fühlen, dass er zieht, drücken Sie den Arm in seine Richtung und Sie werden spüren, dass er aufhört zu ziehen. Genau das Gleiche passiert auch mit dem Pferd, wenn Sie schnell genug nachgeben. Das kann Ihnen eine Menge Ärger ersparen, wenn Sie das Pferd auffordern, sich über eine Unbehaglichkeitsschwelle hinauszubewegen.*

Warnung! Wenn man auf Widerstand beim Pferd mit Nachgeben reagiert, so ist es wichtig, dass Sie Ihre Hand nie vom Pferd wegnehmen, wenn es das Bein wegzieht oder Widerstand leistet. Falls Sie das tun, wird das Pferd (sofort) lernen, das Gleiche immer wieder zu tun. ES wird IHNEN beibringen, Ihre Hände wegzunehmen und mit der Übung aufzuhören!

- **Was ist, wenn mein Pferd schnell nach hinten tritt und sein ganzes Gewicht auf das Bein stützt, ohne es zu entspannen?**

Manchmal denkt das Pferd einfach, dass Sie genau das von ihm verlangt haben. Führen Sie den Vorgang langsamer durch, wie wenn Sie das Pferd bitten würden, den Fuß langsam abzusetzen. Wenn es Ihnen gelingt, sein Körpergewicht nur ein wenig länger auf dem gegenüberliegenden Bein zu halten, während es dieses Bein absetzt, so geben Sie ihm ein wenig mehr Gelegenheit, das Bein dabei zu entspannen.

Jedes Mal wird es ein wenig leichter für das Pferd. Sie wollen ja bei jedem Schritt nur eine *Verbesserung* erzielen: Versuchen Sie nicht, alles auf einmal zu erreichen.

Stellen Sie sicher, dass das Pferd gleichmäßig auf allen vier Beinen steht, bevor Sie das Bein hochheben und dass Sie nicht von ihm verlangen, zu weit zurückzutreten oder ihm das Gleichgewicht nehmen. Wenn Sie das Pferd auffordern, ein Bein in eine bestimmte Position zu bringen, so muss es dabei in der Lage sein, sich auf den anderen drei Beinen auszubalancieren.

Wenn das Pferd das Bein sofort heruntersetzt, weil es sich unangenehm anfühlt, es entspannt abzusetzen, so können Sie Ihr Körpergewicht verwenden, um es zu ermutigen, sein Gewicht nur einen Moment länger auf dem gegenüberliegenden Bein zu lassen. Stellen Sie sich ganz nah an das Pferd, wenn Sie das Pferd auffordern, das Bein zu heben. Es ist nicht nötig, dass Sie den Fuß hochheben, sondern verlagern Sie einfach sein Gewicht auf das gegenüberliegende Bein und schieben Sie den Fuß zurück. Verwenden Sie Ihre Schulter, um das Pferd lange genug auf dem gegenüberliegenden Bein zu lassen, sodass es das Schulterblatt fallen lassen kann. Dadurch entsteht eine kurze Verzögerung (ein kleiner Trick), während der es das Bein fallen lassen kann, bevor es das Bein wieder belastet. Dies wird ihm dabei helfen, es zu entspannen.

- **Was ist, wenn mein Pferd sein Bein nicht in dieser Position lassen will, sobald der Fuß auf dem Boden ist? Bedeutet das, dass mein Pferd sich nicht entspannt hat?**

Ein möglicher Grund dafür, dass es nicht in dieser Position bleiben will ist, dass dort eventuell noch Verspannungen bestehen und es sich nicht bequem entspannen kann. Da gibt es vielleicht noch „Zwiebelhäute zu pellen". Fordern Sie das Pferd in diesem Fall erneut auf und benutzen Sie Ihr Gewicht, um sein Gewicht nur noch ein bisschen länger auf dem anderen Bein zu lassen.

Denken Sie daran, Sie brauchen die Bewegungseinschränkungen nicht alle auf einmal zu lösen. Sie können die „Zwiebelhäute nacheinander abpellen".

Es kann auch sein, dass das Pferd sich nicht vollständig damit wohlfühlt, dass sich ein Mensch in seiner Box befindet, der all diese merkwürdigen Dinge mit seinem Bein macht. Jedes Pferd ist anders. Ein Pferd mag es bereitwillig akzeptieren, dass jemand in seine Box kommt, mit seinen Beinen herumwirtschaftet und alle schmerzhaften Punkte findet. Ein anderes Pferd ist vielleicht defensiver und vorsichtiger und möchte die Entspannungsreaktionen und Anzeichen der Verarbeitung nicht vor anderen *zeigen*, nachdem Sie Entspannung erzielt haben.

Wenn Sie jedoch die Techniken durchführen, während sich das Pferd in dem für ihn optimalen Entspannungszustand befindet, so *wird* es Verspannungen lösen, auch wenn es Ihnen das nicht zeigt.

Viele dieser Dinge werden offensichtlicher, wenn Sie dies erst einmal mehrere Male gemacht haben. Lassen Sie sich also nicht entmutigen. Führen Sie diese Techniken selbst ungefähr so aus, wie sie in diesem Buch beschrieben sind, so wird das Pferd sich entspannen.

- **Wie oft soll ich diese Übung innerhalb einer Sitzung wiederholen?**

Fällt es dem Pferd leicht, das zu tun, was Sie verlangen und es setzt sein Bein beim ersten Versuch entspannt, so ist einmal genug.

Hat das Pferd Schwierigkeiten damit, so können Sie die Übung mehrmals durchführen, wobei Sie jedes Mal eine Verbesserung spüren wollen. Gehen Sie in diesem Fall beim zweiten Mal langsamer vor und geben Sie so dem Pferd Gelegenheit, sich beim Lösen zu entspannen.

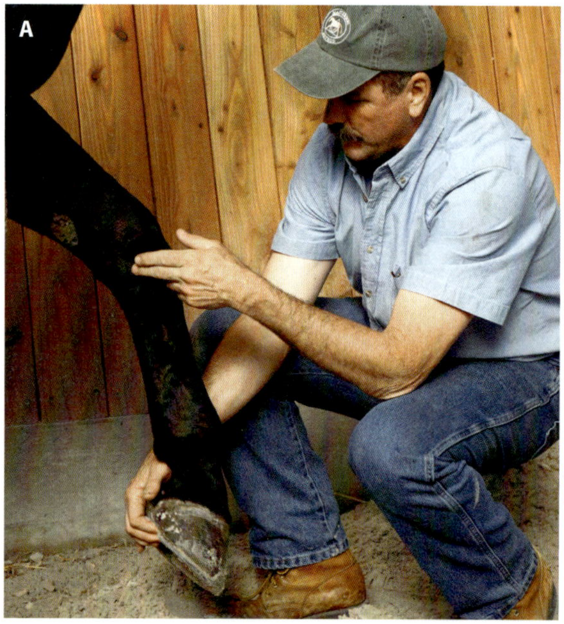

- **Was ist, wenn das Pferd Schwierigkeiten hat, sich zu entspannen?**

Wie bei der vorherigen Frage auch, ist eine Sitzung oft nicht genug. Jedes Pferd ist anders in Bezug auf seine Probleme, das Ausmaß der Verspannung, den Körperbau, usw. Manche Pferde halten Verspannungen stärker fest als andere. Oft spiegelt sich das auch in der Persönlichkeit des Pferdes wider, wie Ihnen vielleicht auffallen wird.

Solange Sie jedes Mal ein wenig Verbesserung erzielen, machen Sie Fortschritte.

TIPPS

- Sie müssen die Lösung bei dieser Übung nicht auf einen Schlag erzielen. Dies gilt für die meisten dieser Techniken. Erzielen Sie eine kleine Lösung,

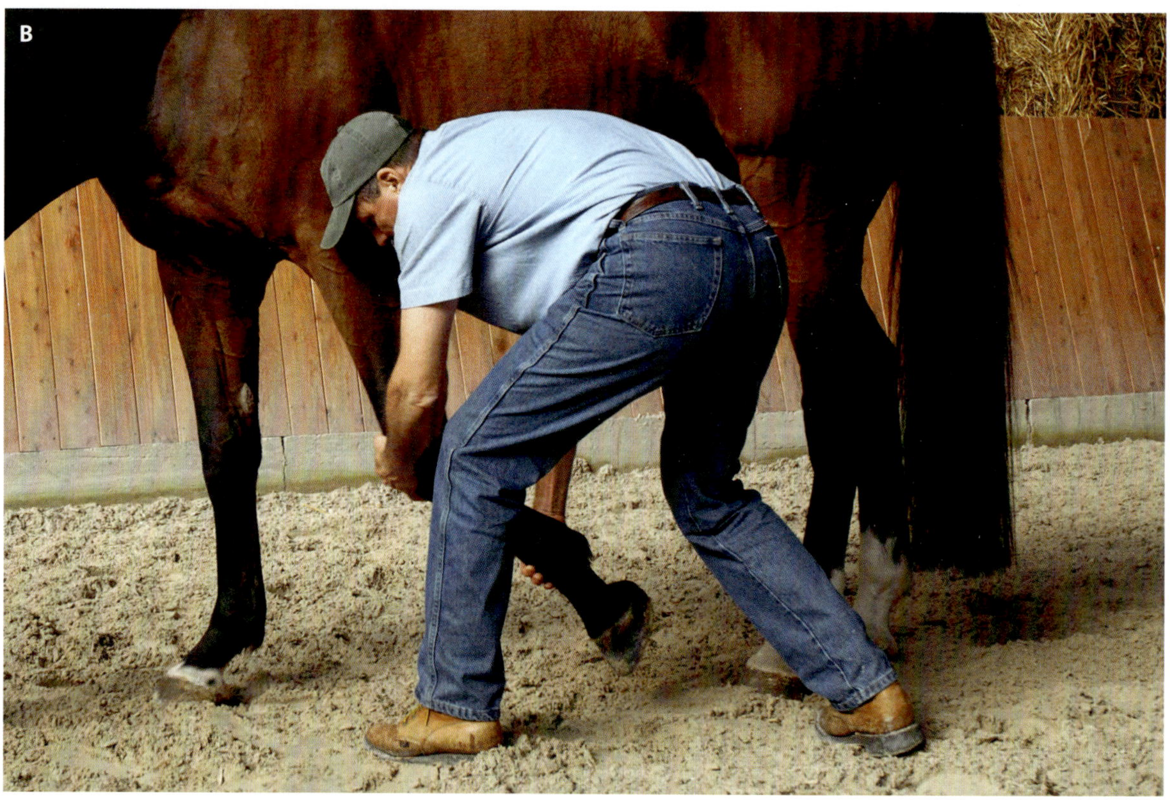

Hier befindet sich der „Zauberpunkt" auf der Innenseite des Karpalgelenkes (A). Fällt es dem Pferd schwer, sein Bein zu entspannen, so klopfen Sie auf diesen Punkt (B).

dann noch eine. Sie werden bemerken, dass die Bewegung jedes Mal ein wenig entspannter ist und es dem Pferd immer leichter fallen wird, die Übung durchzuführen. Sie „pellen die Zwiebelhäute".

- Ein bisschen Abwechslung hilft ebenfalls. Gehen Sie von einer Seite zur anderen oder führen Sie eine andere Technik durch und kommen dann auf diese zurück. Fokussieren Sie sich nicht zu stark darauf, es immer und immer wieder zu tun, bis es richtig läuft. Wenn Sie zwei- oder dreimal hintereinander das Gleiche tun, so findet das Pferd schnell heraus, dass es die Übung einfach durchführen kann, ohne sich zu entspannen, oder einfach der Übung aus dem Weg gehen kann. In den meisten Fällen werden Sie nicht die gesamte Verspannung in einer Sitzung lösen. Dies gilt insbesondere dann, wenn das Pferd aktiv arbeitet oder die Ursache der Verspannung weiterhin besteht. Aber Sie werden jedes Mal eine Verbesserung herbeiführen. Versuchen Sie, jedes Mal, wenn Sie eine Technik oder eine Sitzung mit Ihrem Pferd wiederholen, die Verbesserung zu beobachten oder zu erspüren.
- Noch ein Trick: Bei manchen Pferden gibt es einen „Zauberpunkt" auf der Innenseite des Karpalgelenks, auf den Sie klopfen können. Er befindet sich genau unter dem hervorstehenden Knochen auf der Innenseite des Gelenks. Wenn Sie das Gelenk beugen, befindet er sich im „Scharnier", dort wo sich das Gelenk beugt. Wenn es dem Pferd nicht ganz gelingt loszulassen, so klopfen Sie sanft mit einer Fingerspitze Ihrer „Karpalgelenkhand", die sich bereits an der richtigen Stelle befinden sollte, auf den Punkt. Ich habe oft erlebt, dass das Klopfen auf diesen Punkt einen Reflex beim Pferd auslöst, das Bein zu entspannen.

Was man nach einer Körperarbeitssitzung tut

Nachdem man mit einem Pferd gearbeitet hat, sollte man ihm am besten eine Weile freie Bewegung gönnen, um sein „Muskelgedächtnis" zurückzusetzen und ihm zu ermöglichen, seine Koordination wiederzufinden. Bewegung auf der Weide oder im Paddock ist ideal. Das Pferd bewegt auf natürliche und korrekte Weise die Muskeln und Körperstellen, die bewegt werden müssen. Vielleicht rollt es sogar herum und „renkt sich selbst ein". Stehen Weide oder Paddock nicht zur Verfügung, so kann man das Pferd auch führen. Falls Sie es vorziehen zu reiten, so empfiehlt sich ein entspannter Ritt am langen Zügel.

Im Allgemeinen ist es am besten, wenn man die Muskeln des Pferdes nicht genau das tun lässt, was die Verspannungsmuster ursprünglich hat entstehen lassen, bevor das Pferd nicht Gelegenheit hatte, eine kleine Pause einzulegen. Wie lange diese Pause ist, hängt davon ab, wie viel man mit dem Pferd gearbeitet hat. Falls Sie nur wenig getan haben, so ist ein freier Nachmittag vielleicht genug. Falls Sie viel getan haben und das Pferd hatte viele Spannungen zu lösen, so wäre ein freier Tag oder sogar zwei besser. Es gibt jedoch Pferde, die einen Trainingsplan haben, mit dem geritten werden muss: In diesem Fall reiten Sie so leicht wie möglich. Viele der Pferde, mit denen ich regelmäßig auf Turnieren arbeite, werden am gleichen Tag geritten oder treten sogar an dem Tag im Turnier an, an dem ich mit dem Pferd arbeite. Auf der anderen Seite bekommen diese Pferde oft regelmäßig Körperarbeit.

TECHNIK 2: LÖSEN DES SKAPULABEREICHES – *NACH VORNE/UNTEN*

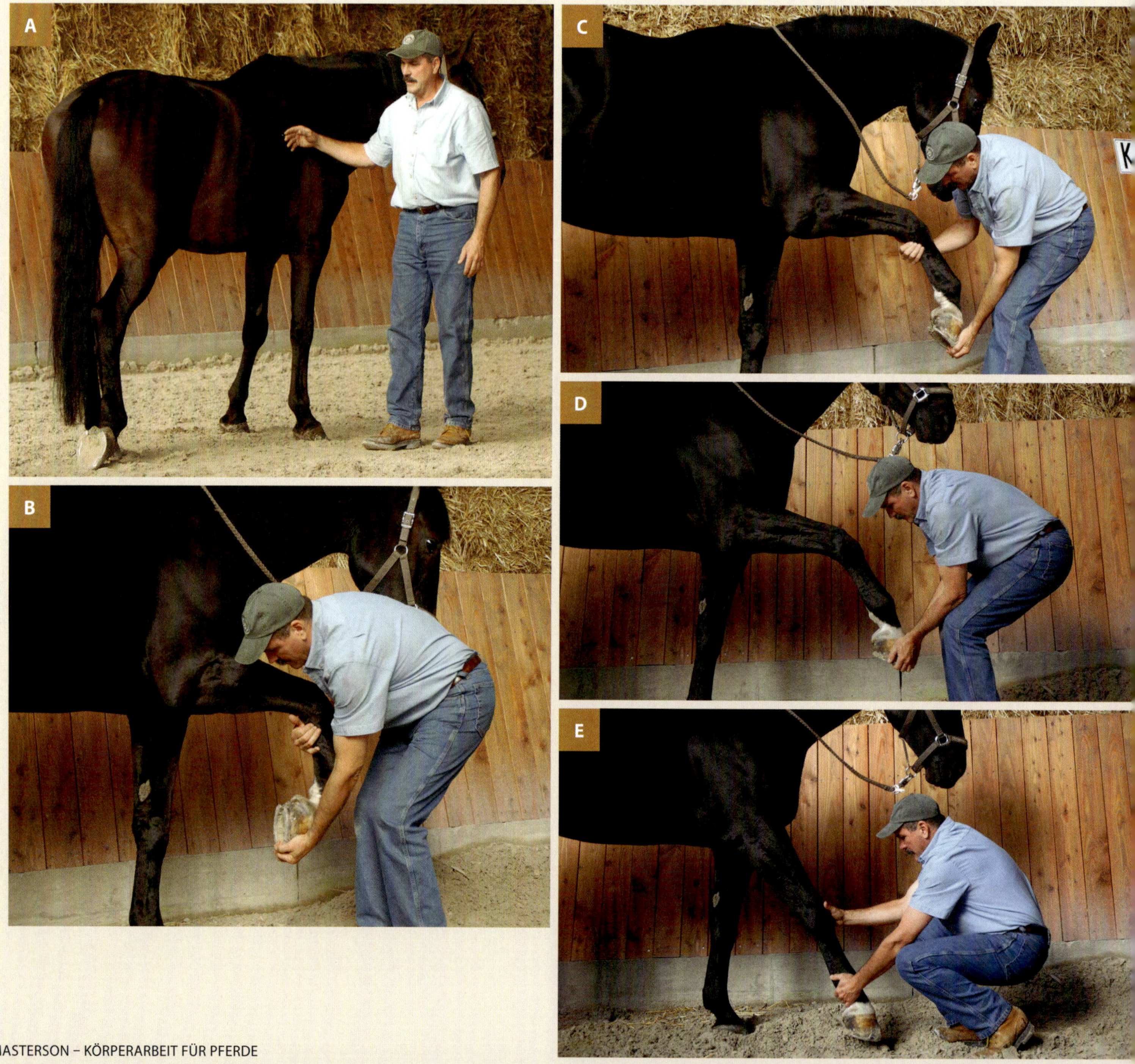

KURZÜBERSICHT: Schritt-für-Schritt-Anleitung

TECHNIK 2: LÖSEN DES SKAPULABEREICHES – *NACH VORNE/UNTEN*

F

G

Schritt 1. Stehen Sie vor der Schulter des Pferdes und schauen Sie nach hinten (A).

Schritt 2. Heben Sie den Fuß hoch und bringen Sie das Bein nach vorne (B).

Schritt 3. Treten Sie einen kleinen Schritt zurück und stützen Sie das Bein. Dabei halten Sie das Bein entweder am Zeh fest oder mit Ihrer Hand unter dem Krongelenk (C).

Schritt 4. Stützen Sie Ihr Gewicht erforderlichenfalls auf Ihren Knien ab, um Ihren Rücken zu schonen, während Sie dem Pferd Gelegenheit geben, sein Bein zu entspannen. Während Sie warten, wählen Sie den „Landepunkt" aus (D).

Schritt 5. Schieben Sie Ihre Hand unter das Krongelenk und setzen Sie den Fuß dort ab, wo eine gerade Linie vom Karpalgenk aus verlaufen würde (E).

Schritt 6. Halten Sie Ihre Hand auf dem Fuß des Pferdes, um es zu ermuntern, sich möglichst in dieser Position zu entspannen (F).

Schritt 7. Treten Sie einen Schritt zurück und sehen Sie, was das Pferd zu sagen hat (G).

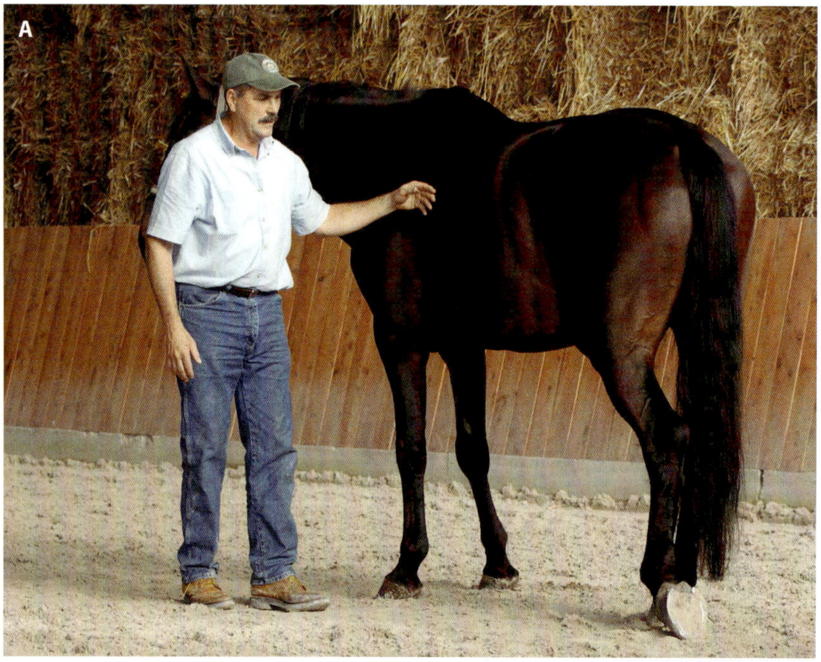

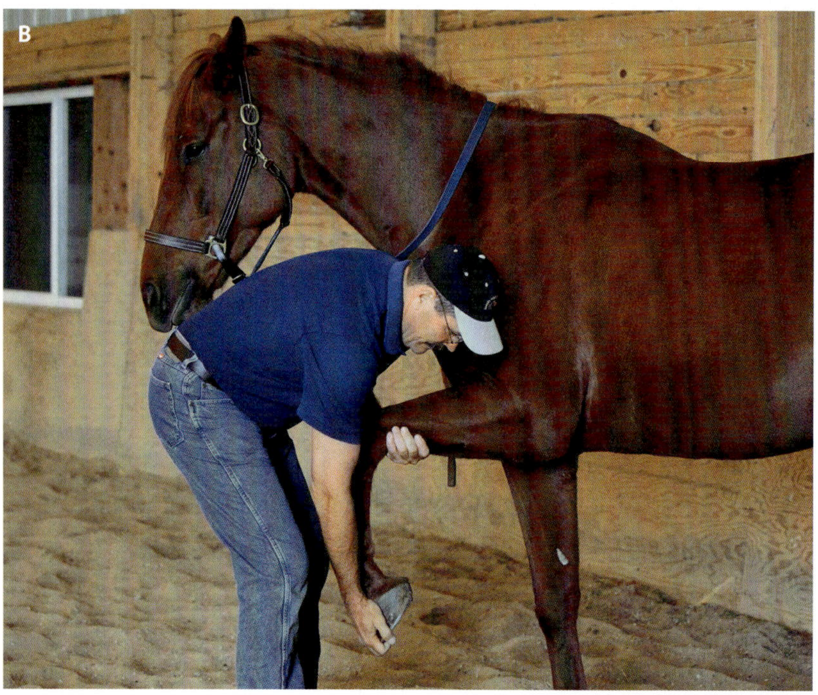

***A & B** Stehen Sie etwas vor der Schulter, wenn Sie das Bein hochheben (A). Dann gehen Sie einen Schritt zurück und führen das Bein nach vorne (B).*

Technik 2 im Detail

1. Bringen Sie Ihr Pferd in die richtige Position

Bringen Sie Ihr Pferd in eine Position, die Ihnen beiden genug Platz bei der Arbeit bietet, um das Bein nach vorne zu bringen. Auch hier ist die beste Position diagonal mittig in der Box, jedoch mit seinem Hinterteil mehr in der Nähe der Ecke. Und auch hier gilt: In der Mitte der Box hat das Pferd mehr Platz, sich von Ihnen *weg*zubewegen, falls es sich bewegen will.

Es ist immer hilfreich, das Pferd um Bewegung zu bitten, bevor Sie mit der Arbeit beginnen. Wenn Sie das Pferd in die von Ihnen gewünschte Position bringen, so gewöhnt es sich daran, Ihnen von Anfang an nachzugeben.

Stellen Sie sicher, dass das Pferd einigermaßen gleichmäßig auf allen vier Beinen steht, wenn Sie sein Bein hochheben. Wenn Sie es darum bitten, sein Bein nach vorne/unten zu entspannen, wollen Sie *nicht*, dass es nach vorne *fällt*.

2. Bringen Sie sich selbst in die richtige Position

Nehmen Sie eine Position ein, in der es Ihnen leichtfällt, das Bein nach vorne zu führen. Wenn Sie das Bein hochheben, um es entspannt nach vorne zu führen, so stehen Sie *seitlich vor* der Schulter, mit Blick nach *hinten*.

3. Führen Sie das Bein nach vorne

Wenn Sie den Fuß hochheben, so wird es leichter sein, ihn nach vorne zu führen, wenn Sie bereits vor der Schulter stehen. Bitten Sie das Pferd, den Fuß wie beim Hufeauskratzen zu heben. Sobald es den Fuß hebt, legen Sie eine Hand unter das Karpalgelenk und führen das Bein nach vorne. Hierzu werden Sie ein paar Schritte nach hinten gehen müssen. Während Sie nach hinten treten, müssen Sie bereit sein, das Gewicht des Beines abzustützen.

4. Stützen Sie das Gewicht des Beines ab

Zu diesem Zweck gewöhnen Sie sich am besten an, den Fuß am Zeh festzuhalten. Das ist am besten und sichersten. Dafür gibt es gute Gründe:

a) An der Zehe können Sie den Huf am besten anfassen. Das macht es Ihnen leichter, das Gewicht des Beines abzustützen.

b) Da Sie die Zehe fest im Griff haben, fällt es dem Pferd leichter, das Bein in Ihrer Hand zu entspannen.

c) Das Pferd neigt von Natur aus dazu, das Bein zu biegen oder zurückzuziehen, wenn Sie es nicht unter dem Fessel- oder Krongelenk anfassen. Es ist für das Pferd schwieriger, das Bein zurückzuziehen, wenn Sie den Fuß an der Zehe halten. Kann es erst einmal sein Fesselgelenk biegen, so fällt es ihm durch die Hebelwirkung leicht, das Bein wegzuziehen. Wenn Sie das Pferd davon abhalten können, fällt es ihm leichter, das Bein in Ihrer Hand zu entspannen.

5. Stützen Sie sich selbst ab

Sobald Sie das Bein unter der Zehe abgestützt haben, stützen Sie Ihre Ellenbogen auf Ihre Knie, um so Ihren Rücken zu entlasten. Die meisten Pferde können bequem in dieser Position bleiben, aber manche Pferde fallen nach vorne und drücken ihr Gewicht in Ihre Hand. Andere halten das Bein in dieser Position mit nur wenig Unterstützung. Dadurch, dass Sie die Zehe festhalten und Ihren Rücken anspannen, sind Sie auf jeden Fall in der Lage, das Bein zu stützen.

6. Geben Sie dem Pferd Gelegenheit, sich zu entspannen

Halten Sie das Bein lange genug hoch, um dem Pferd zu erlauben, sich in dieser Position zu entspannen. Das kann 5 oder 25 Sekunden dauern. Sobald Sie spüren, dass das Pferd sich entspannt hat, sind Sie bereit, den Fuß auf den Boden zu senken.

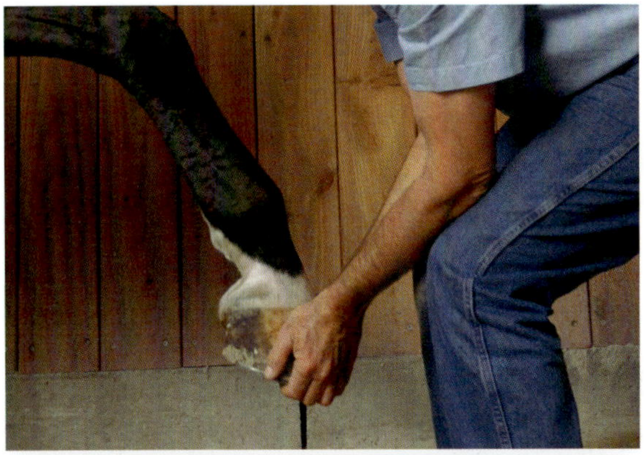

Dadurch, dass Sie den Huf an der Zehe festhalten, geben Sie dem Pferd Unterstützung und bringen die Hebelkraft auf Ihre Seite.

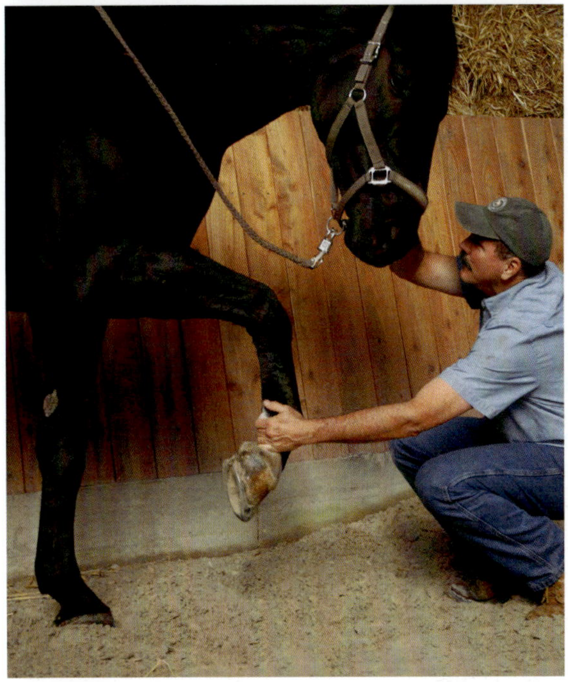

Greift man das Fesselgelenk oder Röhrbein, so ist es nicht nur unmöglich, das Bein abzustützen, sondern man gibt dem Pferd außerdem Gelegenheit, das Bein wegzuziehen.

7. Wählen Sie auf dem Boden einen „Landepunkt" aus

Wählen Sie einen Punkt auf dem Boden, auf dem Sie den Fuß niedersetzen. Dabei ist es wichtig, das Bein nicht zu weit nach vorne zu strecken. Als Faustregel gilt: Setzen Sie den Fuß dort ab, wo eine lotrechte Linie vom Karpalgelenk aus auf den Boden treffen würde.

Stellen Sie sicher, dass das Pferd nicht nach vorne fällt oder sich überstreckt.

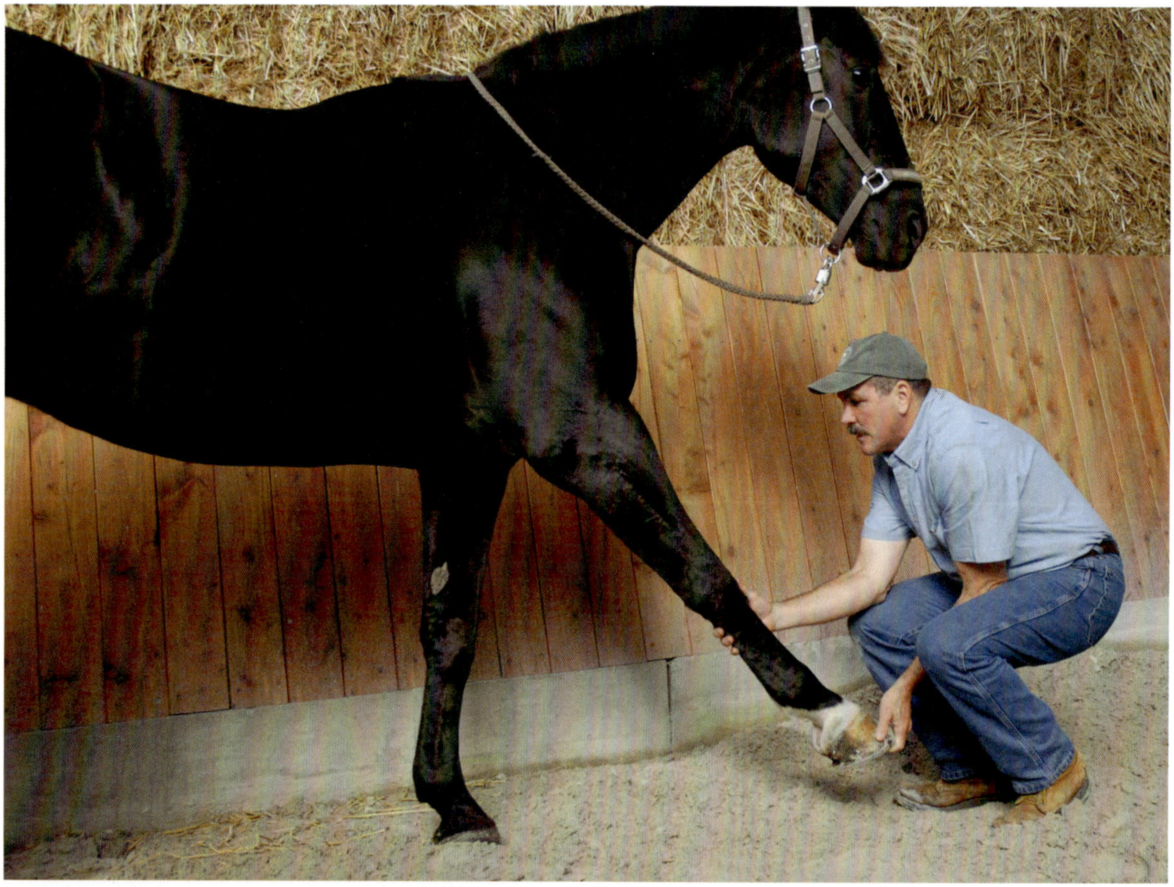

A & B *Greifen Sie unter das Fesselgelenk und nehmen Sie Ihre Finger unter der Zehe weg, bevor Sie den Fuß absetzen (A). Sie können Ihre Hand unter die Ballen schieben, während Sie den Fuß absetzen (B).*

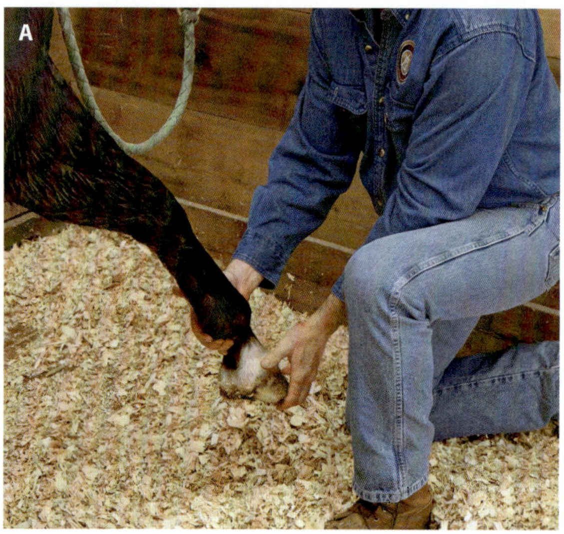

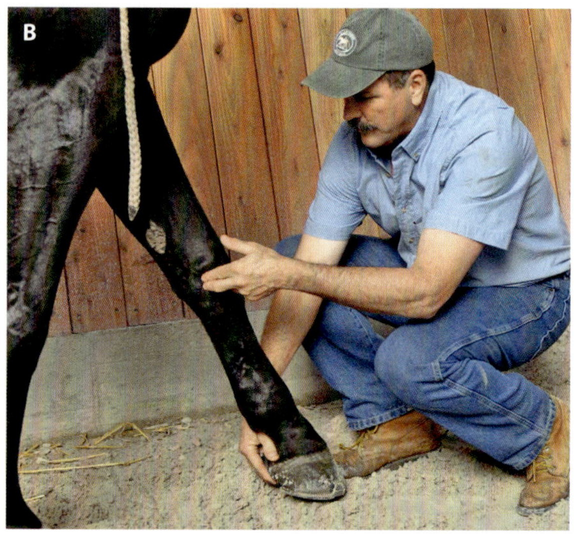

Wenn Sie den Fuß immer weiter nach vorne bringen, während das Pferd das Bein loslässt, so wird es entweder: a) sein Bein wegziehen, wenn ihm klar wird, dass es zu weit ausgestreckt ist und wird damit der *Entspannung*, die ja Teil dieser Technik ist, ein Ende bereiten oder b) nach vorne fallen.

Hinweis: *Es ist wichtig zu verhindern, dass das Pferd nach vorne fällt. Wenn man mit der Technik „Lösung des Skapulabereiches – nach vorne/unten" beginnt, so neigt man dazu, den Fuß so weit nach vorne und weg vom Pferd zu bringen, bis es entweder nach vorne fällt oder zurückziehen muss. Falls das Pferd nach vorne fällt und Sie sein Gewicht nicht unterstützen können, so müssen Sie den Fuß absetzen, bevor das Pferd sich überstreckt. Vermeiden Sie dies, indem Sie den Fuß absetzen, wenn Sie merken, dass das Pferd das Gleichgewicht verliert.*

8. Stützen Sie weiter das Gewicht des Beines ab, während Sie es auf dem Boden absetzen

Es handelt sich hier nicht um eine Dehnübung: Sie ziehen nicht am Bein oder dehnen das Bein. Stattdessen stützen Sie das Bein, bis sich das Pferd entspannt, und führen es dann nach unten. Ziel ist es, der Skapula zu ermöglichen, sich ein wenig weiter zu senken, als sie es normalerweise tun würde – und zwar in *entspanntem Zustand.*

9. Nehmen Sie Ihre Hand unter der Zehe weg und schieben Sie sie hinter die Fessel oder hinter das Fesselgelenk

Wenn Sie einige Zeit den Fuß in entspannter Haltung hatten und soweit sind, den Fuß abzusetzen, stützen Sie die Zehe weiter mit einer Hand ab, während Sie die andere hinter die Fessel schieben. Stützen Sie das Bein leicht an der Fessel ab, bevor Sie die Finger unter der Zehe wegnehmen.

10. Gehen Sie dorthin, wo es für das Pferd am bequemsten ist

Erspüren Sie, was für das Pferd bequem ist, während Sie das Bein herunterlassen. Dadurch bleibt das Pferd entspannt. Falls es Schwierigkeiten hat, den von Ihnen ausgewählten Punkt zu erreichen, so führen Sie seinen Fuß zu einem Punkt, der ein wenig näher am Pferd liegt.

Manche Pferde finden es bequemer, gerade nach vorne zu gehen, andere gehen lieber ein wenig zur Seite.

11. Warten Sie auf die Entspannung, erspüren und beobachten Sie sie

Genau wie bei der Technik „Nach hinten/unten", gilt auch hier: Um Verspannungen zu lösen, muss die

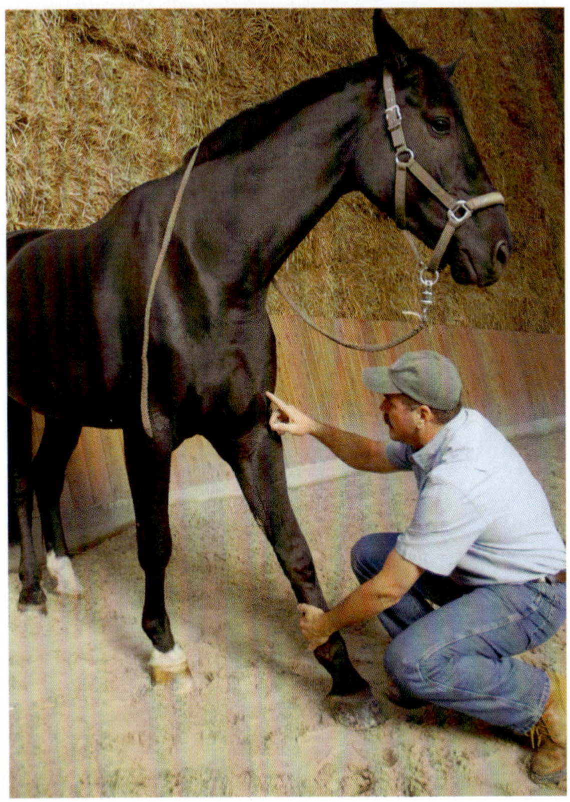

Ein Zeichen dafür, dass es richtig ist: Das Buggelenk senkt sich ein wenig.

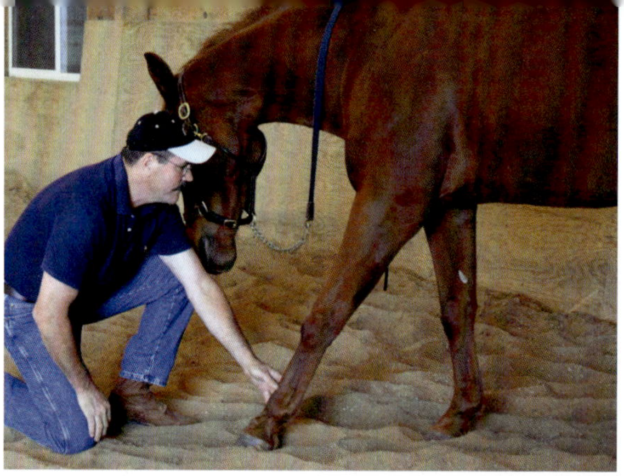

Lassen Sie Ihre Hand auf dem Fuß oder dem Bein liegen, um das Pferd zu ermuntern, in dieser Position zu bleiben.

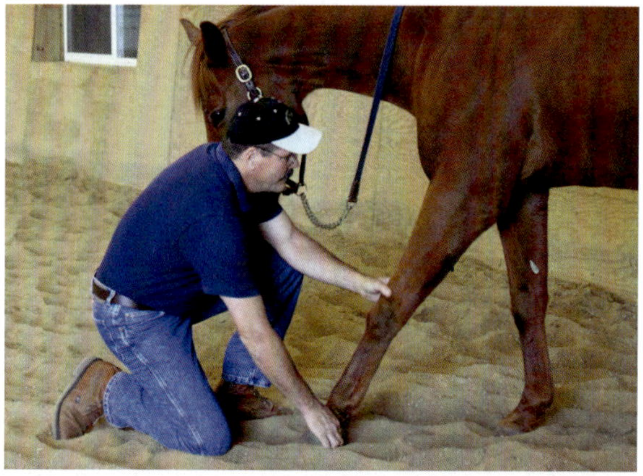

Falls das Pferd dabei entspannt bleibt, können Sie sanft am Bein wackeln.

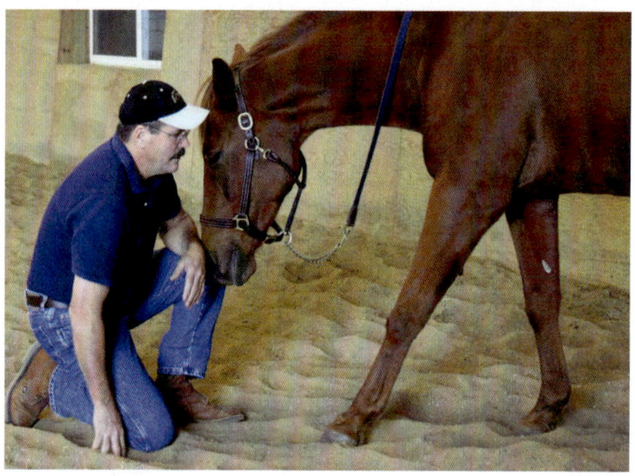

Erlauben Sie dem Pferd, so lange in dieser Position zu bleiben, wie es möchte.

Skapula sich nur ein paar Zentimeter senken, bevor der Fuß abgesetzt wird. Gewöhnen Sie sich an, auf das Buggelenk zu schauen, während Sie darauf warten zu spüren, dass sich die Skapula senkt (Foto S. 91). Sobald sie sich auch nur ein wenig senkt, werden Sie dies beobachten und spüren können. Denken Sie daran, dass Sie lediglich geringe Entspannung spüren müssen, während der Fuß abgesetzt wird, um eine Lösung zu bewirken. Ruht der Fuß dann auf dem Boden, so lassen Sie Ihre Hand auf dem Fuß oder dem Bein liegen, um das Pferd zu ermuntern, in dieser Position zu bleiben. Die meisten Pferde ziehen ihr Bein zurück, sobald Sie Ihre Hand von Fuß oder Bein entfernen.

11. Wackeln Sie sanft am Bein

Wenn das Pferd das Bein nur wenig belastet, so können Sie sanft am Bein wackeln, um das Pferd anzuhalten, sich noch mehr zu entspannen.

Hören Sie auf am Bein zu wackeln, falls sich das Pferd dabei anspannt. Belastet es das Bein und Sie können nicht daran wackeln, warten Sie, bis sich das Pferd in dieser Position entspannt hat.

Das Ziel besteht darin, dass das Pferd den *gegenüberliegenden Fuß belastet und den diesseitigen Fuß entspannt auf dem Boden ruhen lässt und in dieser Position stehen bleibt*. Je länger das Pferd sich in dieser Position entspannen kann, desto mehr Verspannungen wird es lösen. Deshalb ist es wichtig, ihm eine bequeme Position anzubieten, anstatt eine gedehntere Position, bei der es ihm schwerfällt, sich zu entspannen. Lässt das Pferd das Bein in dieser Position, so erlauben Sie ihm, das Lösen von Spannungen zu verarbeiten, bis es die Position von alleine aufgibt.

12. Treten Sie einen Schritt zurück und sehen Sie, was das Pferd zu sagen hat

Geben Sie beim ersten Mal dem Pferd mindestens 20 oder 30 Sekunden Zeit, um zu spüren, was passiert. Geben Sie ihm genügend Freiraum: Manche Pferde brauchen mehr Platz als andere, um sich wirklich zu entspannen. Beobachten Sie die Augen des Pferdes und achten Sie auf Anzeichen dafür, dass es Lösung „verarbeitet". Die Technik *Lösung des Skapulabereiches – nach vorne/unten* lässt sich schwer vom Pferd ignorieren …

Hinweis: *Diese Lösungsübungen für den Skapulabereich können auch in kniender Position neben dem Pferd durchgeführt werden, falls Sie sich in dieser Position wohlfühlen. Das ist möglicherweise ein wenig rückenschonender. Achten Sie dabei jedoch darauf, dass das Pferd Platz braucht, um sich wegbewegen zu können, falls es das möchte.*

TIPPS

- Sie können den gleichen „Zauberpunkt“ auf der Innenseite des Karpalgelenkes verwenden, der bereits in den Tipps für die *Technik 1: Lösung des Skapulabereiches – nach hinten/unten* (S. 72) erwähnt wurde. In dem Moment, in dem das Pferd bereit ist, den Fuß abzusetzen, kann es manchmal noch zu Widerstand kommen. Leichtes Klopfen auf diesen Punkt löst einen Reflex aus, der es dem Pferd erleichtert, das Bein bis zum Schluss zu entspannen (siehe Fotos A & B, S. 84).
- Sorgen Sie für Abwechslung: Machen Sie nicht das Gleiche mehr als zwei- oder dreimal hintereinander, da das Pferd ansonsten schnell herausfindet, was Sie wollen und dann einfach die Bewegungen ausführt. Sorgen Sie für Abwechslung im Ablauf, indem Sie von einer Seite zur anderen gehen oder zwischendurch noch einmal zur leichteren Technik *Lateraler Beugung des Halses* zurückgehen.
- Es sei noch einmal erwähnt: Sie müssen das Bein nicht stark nach vorne bringen, um ein Lösen zu bewirken. Falls es für das Pferd zu unbequem ist, so wählen Sie einen Punkt aus, der ein wenig näher am Pferd ist. Je länger das Pferd bequem in der Position bleiben kann, desto mehr wird es Verspannungen lösen. Beim zweiten Mal können Sie es bitten, den Fuß ein wenig weiter hinten abzusetzen.
- Und denken Sie daran: Ihr Ziel besteht allein darin, ein wenig *Verbesserung* zu erzielen.

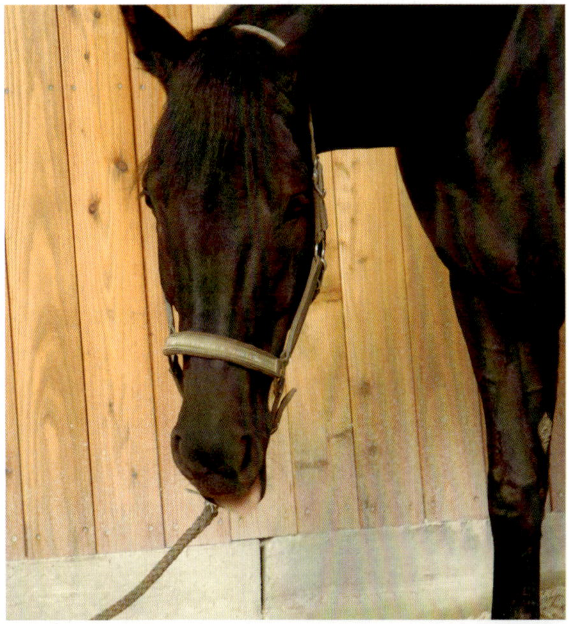

Diese Technik kann auch dazu dienen, eine erhebliche Ausschüttung von Endorphinen auszulösen.

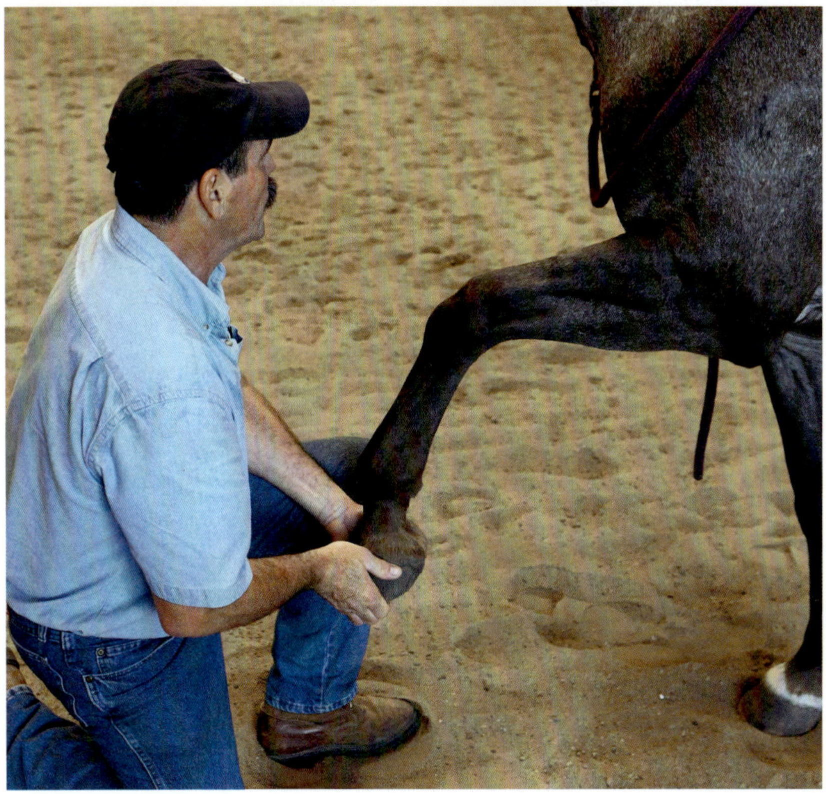

Die kniende Position

Was ist, wenn …?

Viele Fragen bezüglich *Lösen des Skapulabereiches – nach vorne/unten* wurden bereits im Abschnitt „Was ist, wenn…?" unter *Lösen des Skapulabereiches – nach hinten/unten* beantwortet (S. 79). Es gibt jedoch unterschiedliche Arten, wie man diese Probleme handhabt, wenn das Bein *nach vorne* gebracht wird:

- **Was ist, wenn mein Pferd beginnt, das Bein entspannt herunterzulassen und es dann aber wieder hochzieht?**

Das wird hier und da passieren. Während Sie das Pferd auffordern, das Bein entspannt nach unten zu führen, wird es in den meisten Fällen das Bein wieder hochziehen, bevor der Fuß den Boden berührt. Darin äußert sich der Punkt, an dem Verspannungen bestehen, die Ihr Pferd ja mit Ihrer Hilfe überwinden soll. Sie müssen ihm jedoch helfen, dies in einem entspannten Zustand (für das Pferd, nicht für Sie!) zu tun. Am besten halten Sie hierzu den Fuß an der Zehe fest, sodass Sie

a) nachgeben und auch mit dem Bein mitgehen können, ohne die Kontrolle über das Bein zu verlieren,

b) in einer Position sein können, in der Sie in der Lage sind, sein Gewicht zu stützen, wenn es aufhört zu ziehen und das Bein in Ihrer Hand entspannt.

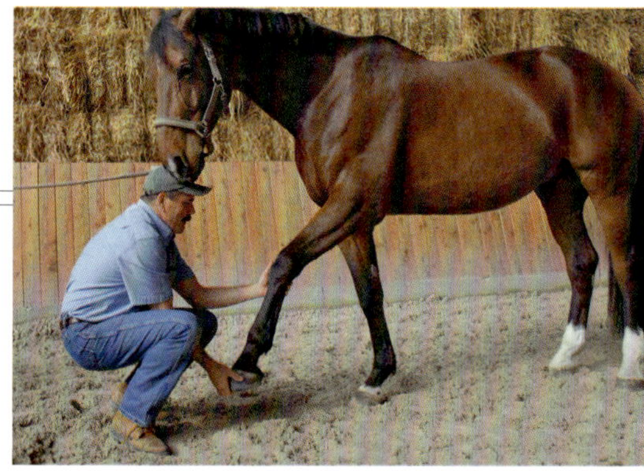

Den Fuß des Pferdes an der Zehe festhalten

Bei den meisten Pferden ist es am besten, den Fuß an der Zehe festzuhalten. Es ist jedoch wichtig, dass Sie sich immer bewusst bleiben, wann der richtige Moment zum Loslassen gekommen ist. Halten Sie den Fuß immer ein gutes Stück vom Boden entfernt und stellen sie sich einen „unsichtbaren Boden" vor, bei dem Sie die Zehe loslassen. Das könnte ca. 30 cm vom Boden entfernt sein. Falls das Pferd sich auf Ihre Hand lehnt und Sie die Hand unter diesen unsichtbaren Boden senken, so lassen Sie die Finger los, die die Zehe festhalten und führen Sie das Bein mit der anderen Hand herunter.

Lassen Sie die Hand, während Sie den Fuß nach unten führen, von unter der Zehe zu hinter der Fessel gleiten.

Wenn Sie spüren, dass das Pferd beginnt, auch nur leicht zurückzuziehen oder das Bein hochzuheben, stützen Sie das Bein ab und drücken Sie nach oben in Richtung Schulter, um dem Pferd Gelegenheit zu geben, die Schulter zu entspannen. Sobald Sie wieder das ganze Gewicht in der Hand haben, können Sie erneut damit beginnen, das Bein herunterzuführen. So wird es dem Pferd möglich, sich durch diesen Punkt der Verspannung zu entspannen und es wird sich dabei wohler fühlen, die Skapula fallen zu lassen. Dies kann mehrere Male geschehen, bevor das Pferd in der Lage ist, das Bein vollständig nach unten loszulassen.

Wenn Sie mit Versteifung rechnen oder diese spüren, stützen Sie das Bein und drücken in Richtung Schulter, um das Bein zu entspannen und lassen es dann nach unten. Auf Ihrem Weg nach unten müssen Sie dies vielleicht mehrmals tun. Wird das Bein schwerer oder fängt Ihr Rücken an wehzutun, können Sie das Bein absetzen, sich ausruhen und noch einmal dort anfangen, wo Sie aufgehört haben. Jede dieser Techniken kann erfolgreich in kleinen Schritten ausgeführt werden.

Wie bereits erwähnt, macht es dem Pferd die Übung leichter, wenn man es bittet, den Fuß nur in kurzem Abstand nach vorne abzusetzen, anstatt in großem Abstand. Denken Sie daran, einen Startpunkt zu wählen, der sich direkt unter dem Karpalgelenk befindet.

- **Was ist, wenn mein Pferd schnell nach vorne tritt und sein ganzes Gewicht auf das Bein legt, ohne es zu entspannen?**

Stellen Sie erstens sicher, dass das Pferd gleichmäßig auf allen vier Beinen steht, bevor Sie das Bein anheben und dass Sie nicht vom Pferd verlangen, zu weit nach vorne zu treten, wodurch es aus dem Gleichgewicht gerät. Egal welches Bein Sie anheben, Sie müssen dem Pferd gestatten, seine anderen drei Beine zu benutzen, um das Gleichgewicht zu bewahren.

Zweitens können Sie bis zu einem gewissen Grad ein Vorfallen verhindern, indem Sie mit festem Griff seine Zehe halten, näher an das Pferd herantreten und das Bein nach oben drücken, um das Gewicht des Pferdes auf den anderen drei Beinen zu halten. Hören Sie damit auf, den Fuß nach vorne zu bringen und lassen Sie es nicht zu, dass das Pferd sich überdehnt. Falls das Pferd einfach zu schwer ist, so setzen Sie den Fuß sofort ab und fangen Sie neu an. Dieses Mal bitten Sie nur um einen kurzen Abstand nach vorne.

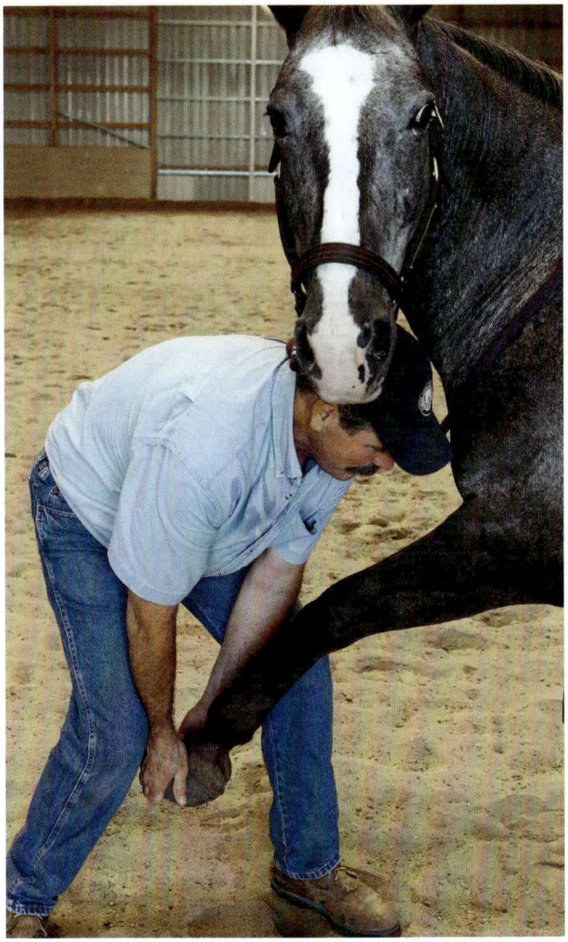

Drücken Sie das Bein nach oben, um zu verhindern, dass das Pferd nach vorne fällt und sich überdehnt.

__Hinweis:__ Genauso wie bei der Technik „Nach hinten/unten" können Sie auch hier Ihren Körper verwenden, um das Pferd nur ein bisschen länger auf dem gegenüberliegenden Bein zu halten. So bekommt das Pferd Gelegenheit, seine Schulter loszulassen, bevor es sie mit seinem ganzen Gewicht belastet. Bei dieser Position „Nach vorne/unten" geht das jedoch ein wenig anders. Wenn Sie die linke Seite lösen, stellen Sie sich nah an das Pferd, Blick nach hinten, wobei Ihre linke Schulter sich gegen das Buggelenk der rechten Schulter des Pferdes lehnt. Platzieren Sie Ihr linkes Bein vor und über die Mittellinie des Pferdes. Lehnen Sie mit Ihrer Schulter gegen die Schulter des Pferdes und bitten Sie es sanft, sein Gewicht zu verlagern, während Sie es gleichzeitig auffordern, das Bein zu heben. Es ist eigentlich nicht nötig, seinen Fuß anzuheben. Stattdessen können Sie sein Bein ca. 30 cm nach vorne schieben, während Sie Ihre Schulter verwenden, um sein Gewicht nur eine Sekunde lang auf dem gegenüberliegenden Bein zu lassen. So erhält das Pferd Gelegenheit, die Schulter nach unten zu entspannen, und zwar auf eine viel angenehmere Art, besonders wenn das Pferd diesen Übergang schützen will oder sich dort viel Verspannungen oder Schmerzen befinden.

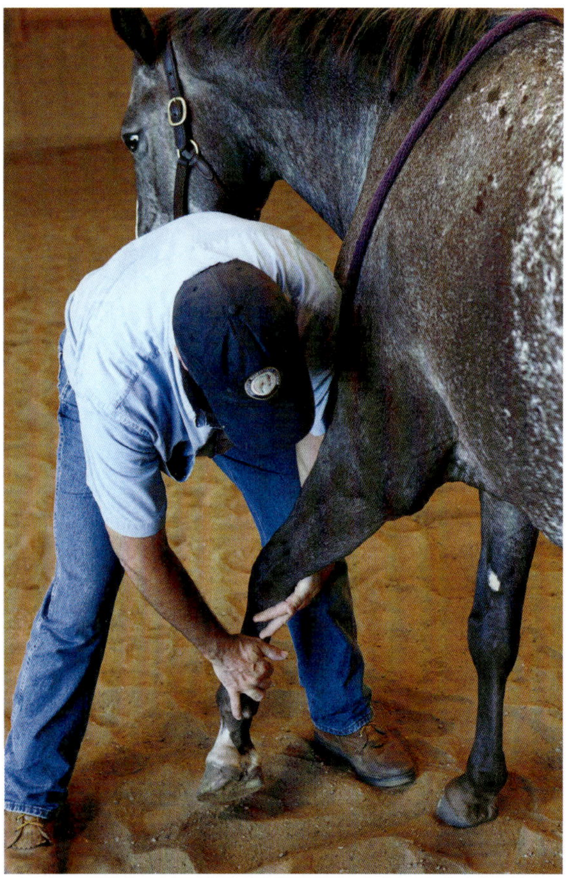

Verwenden Sie Ihre Schulter, um das Gewicht des Pferdes auf dem gegenüberliegenden Bein zu halten.

Es ist in Ordnung, wenn das Pferd seine Vorderbeine hierbei kreuzt.

Sie können die Zehe nach außen bringen, um laterale Verspannungen zu lösen.

- **Was ist, wenn mein Pferd mit dem Fuß scharrt oder den Fuß ständig aus meiner Hand zieht?**

Wie bereits erwähnt, ist es das Beste, den Fuß an der Zehe festzuhalten. Der nächste Schritt ist, dem Widerstand in dem Moment nachzugeben, sobald Sie ihn spüren. Üben Sie noch einmal mit einem Freund, wie man dem Widerstand nachgibt. Beim Scharren ist das jedoch ein wenig schwieriger. Hat ein Pferd erst einmal mit dem Scharren angefangen, so kann es schwierig werden, es zum Aufhören zu bewegen, da es ja für das Pferd die gewünschte Wirkung hat. Falls es gefährlich wird, kann es nötig werden, das Pferd zu disziplinieren oder ihm beizubringen, nicht zu scharren. Alternativ kann man mit einer anderen Technik weitermachen. Falls es scharrt, um ein Schmerzproblem zu schützen, dann bringt Fortfahren mit der Körperarbeit oft Erleichterung.

- **Was ist, wenn das Pferd die Beine vorne kreuzt?**

Setzen Sie den Fuß des Pferdes dort ab, wo es für das Pferd am bequemsten ist. Aufgrund von Gebäudefaktoren oder Muskelverkrampfungen findet jedes Pferd eine andere Position bequem, wenn es darum geht, den Fuß ruhen zu lassen. Bei jeder Technik ist es am besten, dort anzufangen, wo sich das Pferd am wohlsten fühlt. Von da aus kann man dann in einem entspannten Zustand fortfahren. Es ist gut für das Pferd, wenn es das Bein über Kreuz über die Mittellinie bringt.

- **Kann ich das Bein seitlich nach außen bewegen?**

Ja. Ist das Bein entspannt, so können Sie die Zehe (lateral) zur Seite bringen, um in dieser Position Spannungen zu lösen. Hierbei ist es jedoch wichtig, dass Sie nicht am Bein ziehen oder es in die Position zwingen. Das gilt insbesondere dann, wenn das Pferd zurückzieht. Wenn das Pferd entspannt ist, dann können Sie Spannungen im Brustbein, den Brustmuskeln und anderen Muskeln der Schulter lösen, indem Sie das Bein entspannt nach hinten, zur Seite und über Kreuz nach vorne bewegen. Denken Sie nur daran, dies nicht zu erzwingen. Pferde müssen sich in diese Position hinein entspannen.

Hinweis: *Seien Sie sich jeglicher Schmerzen oder Verletzungen weiter oben im Hals, den Schultern, im Widerrist oder im gegenüberliegenden Bein des Pferdes bewusst, wodurch es möglicherweise schwierig für das Pferd wird, das Bein hoch oder in der Position zu halten, die Sie von ihm verlangen. Falls Zweifel bestehen, ist es immer besser, etwas konservativer vorzugehen.*

Technik 3:

UNTER DER SKAPULA – LÖSEN DES HALS-SCHULTER-ÜBERGANGS

Bevor Sie beginnen

ZIEL: Bis unter die Skapula herankommen und Bewegung dort verursachen, wo sich der letzte Halswirbel mit dem Körper verbindet – der Hals-Schulter-Übergang – um so Verspannungen in den wichtigsten Muskeln dieses Übergangs zu lösen.

RESULTAT: Ein Lösen von Verspannungen in den tieferen Muskeln, die eine Auswirkung auf die Bewegung beider Vordergliedmaßen, des Halses, des Rückens und der Hinterhand haben, indem man für Bewegung in diesem Übergang sorgt. Dadurch wird auch die „Stoßdämperfunktion" der Vorhand verbessert, Verspannung im Genick gelöst und die Kooperation zwischen Vor- und Hinterhand gefördert.

WO SIE ARBEITEN – DIE ANATOMIE

Zuerst lösen Sie Verspannungen in den Halswirbeln durch die Technik *Laterale Beugung der Halswirbel* (S. 39). Dann verwenden Sie die drei Skapulaübunge, die in diesem Kapital beschrieben werden, an den Gliedmaßen, um das Pferd dazu aufzufordern, Verspannungen in den großen Muskeln zu lösen, die die Gliedmaßen am Körper befestigen. Dieses Lösen im *Hals-Widerrist-Übergang* ist quasi eine Fortsetzung der Übung *Laterales Beugen der Halswirbel*. Da Sie jetzt jedoch Verspannungen im *Skapulabereich* gelöst haben, können Sie unter dem Schulterblatt im Bereich der letzten Halswirbel arbeiten.

C7 ist der letzte Halswirbel und T1 der erste Brustwirbel. Der Übergang C7/T1 ist die Stelle, an der sich die beiden Wirbel zusammenfügen. Wie Sie bereits im letzten Kapital gesehen haben, ist der Widerrist Teil der Brustwirbel von T4 bis T8. Die Brustwirbel T1 bis T3 sind „versteckte Widerristwirbel", die in den Muskeln unter dem Schulterblatt des Pferdes begraben sind.

Das untere Ende dieser Brustwirbel – T1 bis T8 – sind mit dem Brustbein verbunden. Diese Gesamtstruktur bildet den Hauptteil des Rumpfes (Thorax) des Pferdes.

Diese Technik hat eine Wirkung auf alle Muskeln, an denen Sie während der Skapulaübungen gearbeitet haben sowie die Muskeln in Hals und Genick. Dazu gehören die *langen Rückenmuskeln*, der *Arm-Kopf-Muskel*, der *Schulter-Wirbelquerfortsatzmuskel, der Schulter-Zungenbein-Muskel* und der

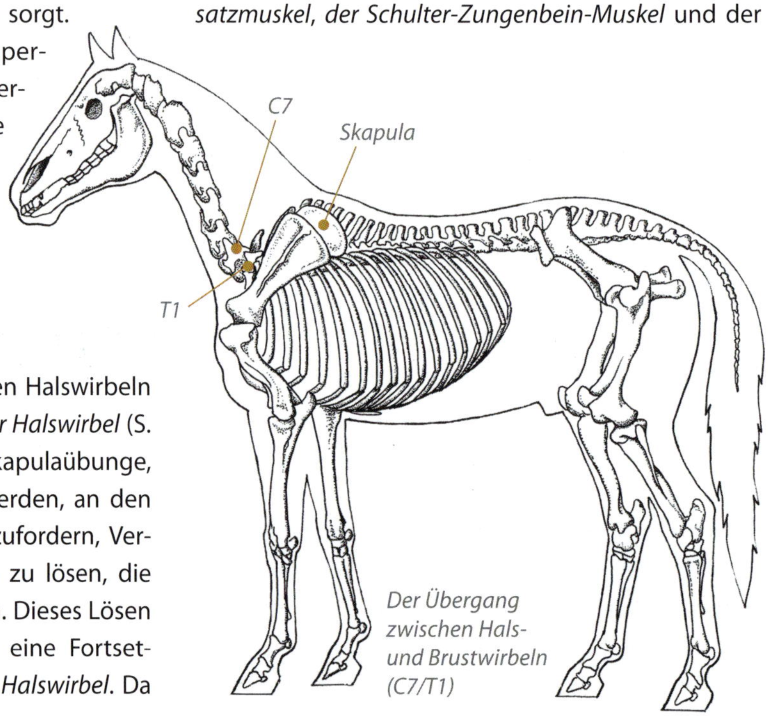

Der Übergang zwischen Hals- und Brustwirbeln (C7/T1)

Brustbein-Kopfmuskel (siehe Seiten 69 und 70). Bei dieser Technik werden Spannungen in wichtigen Muskeln gelöst, die zur Bewegung und Stabilisierung der Vordergliedmaßen beitragen. Es wird ebenfalls eine Lösung von Verspannungen in wichtigen Muskeln erzielt, die mit dem Brustbein in Verbindung stehen. Hierzu gehören die *oberflächlichen* und *tiefen Brustmuskeln*.

Kurz gesagt, mit dieser Technik gehen Sie tiefer in diesen Übergang hinein.

SPANNUNGEN LÖSEN: DIE AUSWIRKUNGEN

Werden Spannungen in diesem Körperteil gelöst, so hat das auch einen neurologischen Effekt auf den Körper. Sie werden bereits beobachtet haben, dass das Pferd oft nach den Skapulaübungen etwas „verarbeitet". Sorgt man für Bewegung im C7/T1-Übergang, nachdem der Skapulabereich, der Hals und das Genick gelöst wurden, so entsteht ein noch tiefer gehender Entspannungseffekt, der oft bei langwierigen Vorhandproblemen hilft.

Wie Sie bereits gesehen haben, setzen auch die *langen Rückenmuskeln* in diesem Bereich an. Diese Technik löst also auch Verspannungen in der Hinterhand.

Technik 3 im Detail

Durch die Übungen zur Spannungslösung in *Genick, Hals* und *Skapulabereich* haben Sie bereits erste Schritte unternommen, um auch Verspannungen im *C7/T1-Übergang* zu lösen. Eines der fühlbaren Anzeichen dafür, dass die Technik erfolgreich ausgeführt wurde, ist ein Entspannen des Arm-Kopf-Muskels an der Stelle, an der er in diesen Übergang einfließt. Das ist ein Grund dafür, dass es hilft, das andere Ende dieses Muskels so viel wie möglich zu lösen (und zwar am Genick), bevor man sich dieser Übung zuwendet. Also besteht der erste Ratschlag für diese Technik darin, zunächst die anderen Vorhandübungen durchzuführen.

Sie sollten außerdem wissen, dass Sie hier vielleicht ein wenig mehr Kraft und Druck ausüben müssen als bei den vorherigen Techniken. Hier kommen die ganze Sensibilität, Kraft und Fertigkeit ins Spiel, die Sie bisher durch die Übungen entwickelt haben.

1. Bringen Sie das Pferd in die richtige Position

Stellen Sie sicher, dass Sie beide genug Platz haben. Auch hier ist der beste Ort diagonal mittig in der Box. Sie werden das Pferd bitten, Ihnen seinen Hals entgegenzubiegen, aber Sie werden das Pferd auch bitten, einen oder zwei Schritte zur Seite zu treten. Somit ist es keine gute Idee, das Pferd direkt gegen die Wand zu stellen.

Bei einem Pferd, das ein wenig störrisch, zögerlich oder nervös ist, hilft es auch hier, das Pferd zu bitten, seine Füße zu bewegen, bevor Sie mit der Arbeit beginnen. Das wird dadurch erreicht, dass Sie das Pferd *vor Beginn* der Übung dorthin positionieren, wo Sie es haben wollen.

2. Beginnen Sie mit *Lateraler Beugung der Halswirbel*

Sie haben ja bereits die Technik *Laterale Beugung der Halswirbel* ausgeführt sowie den *Skapulabereich gelöst* (Seiten 39 und 68). Sie können den Hals vor Beginn dieser Übung lockern und entspannen, indem sie ein wenig laterale Beugung der Halswirbel machen und dabei sanft an den Halswirbeln entlang in den Skapulabereich hineinarbeiten.

3. Bringen Sie sich in die richtige Position

Stehen Sie so, wie in Foto A (S. 100) gezeigt, mit einer Hand leicht auf der Nase und dem Handrücken der anderen Hand gegen den Hals vor der Skapula.

KURZÜBERSICHT: Schritt-für-Schritt-Anleitung

TECHNIK 3: UNTER DER SKAPULA – LÖSEN DES HALS-SCHULTER-ÜBERGANGS

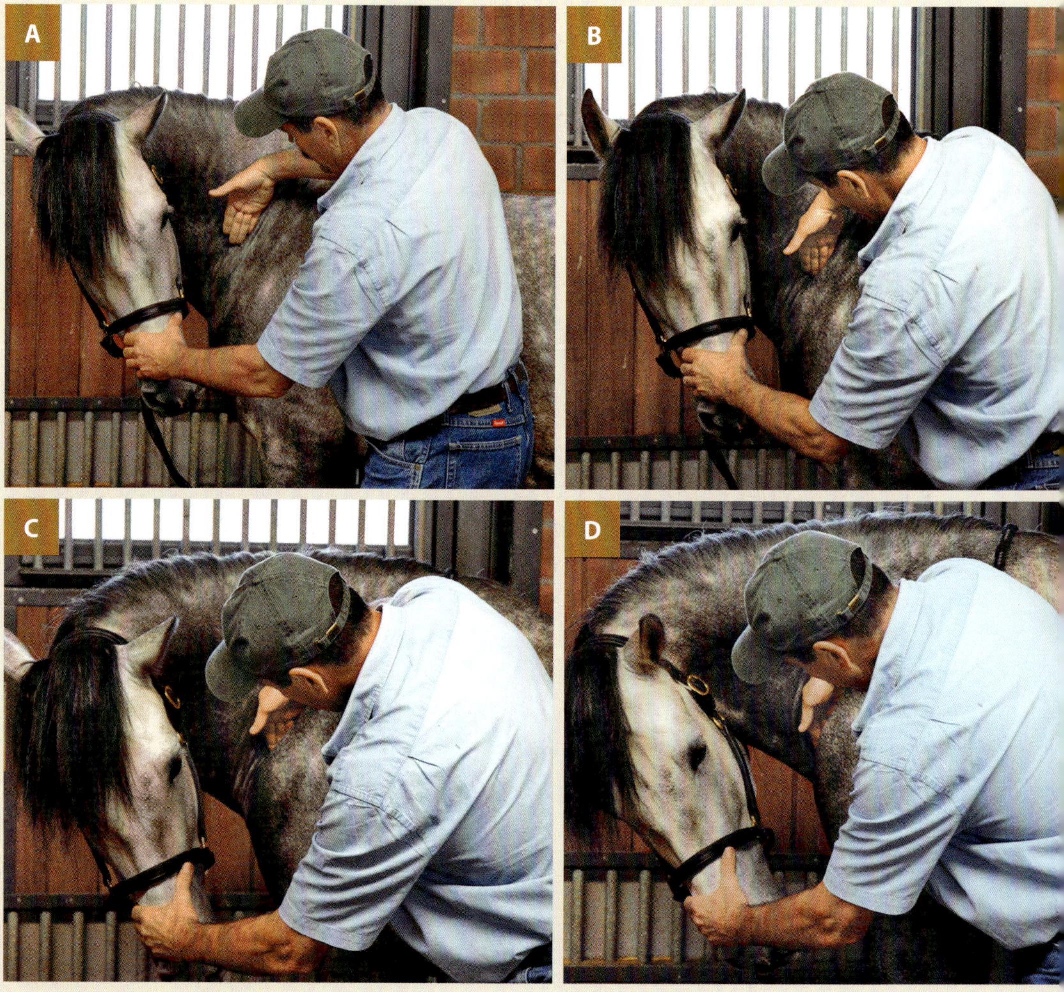

Schritt 1. Stellen Sie sich neben die linke Schulter des Pferdes und geben Sie dabei dem Pferd genug Platz, um seine Nase herumzubiegen. Stellen Sie Ihr linkes Bein ein wenig hinter sich.

Schritt 2. Legen Sie Ihre linke Hand sanft auf seine Nase und den Rücken der rechten Hand gegen seinen unteren Hals, ein wenig weiter oben in Richtung Widerrist. Die Finger zeigen dabei nach unten (A).

Schritt 3. Versteifen sie Ihre rechte Hand und lassen Sie den Druck Ihres Handrückens gegen den Hals des Pferdes vorsichtig stärker werden. Finden Sie die Muskelfalte vor der Skapula (B).

Schritt 4. Lassen Sie Ihre Hand *sehr langsam* an der Unterseite des Muskels entlanggleiten. Beobachten Sie dabei das Auge des Pferdes und spüren Sie, ob das Pferd sich versteift (C).

Schritt 5 Fordern Sie das Pferd sanft auf, sein Gewicht auf das gegenüberliegende Bein zu verlagern, sobald Sie den Bereich der unteren Wirbel im *Hals-Brustwirbel-Übergang* erreicht haben oder wenn Sie spüren, wie sich der *Arm-Kopf-Muskel* entspannt. Verwenden Sie Ihr Gewicht, um das Pferd dazu zu bringen, das Ihnen zugewendete Bein etwas zu entspannen (D).

Schritt 6. Fahren Sie damit fort, Ihre Hand am Muskel entlang nach unten bis zum „Ausgang" zu schieben.

Schritt 7. Treten Sie einen Schritt zurück und sehen Sie, was das Pferd zu sagen hat.

Beginnen Sie mit Ihrer Hand ein wenig höher in Richtung Widerrist des Pferdes, um Ihnen genug Platz zu geben, die Muskelfalte zu finden. Lassen Sie Ihren Handrücken am Hals des Pferdes liegen. Ihre Finger müssen dabei nach unten zeigen und Ihr Ellbogen zeigt etwas in die Luft, so wie im Foto zu sehen ist.

Stellen Sie sich weit genug in Richtung Schulter zurück, um sich selbst Platz zu geben, den Kopf des Pferdes herumzubringen. Es hilft dabei auch, wenn Ihr linkes Bein ein wenig hinter Ihnen steht. So können Sie besser mit der rechten (diagonalen) Hand gegen den Pferdehals drücken.

4. Finden Sie eine bequeme Position für die Nase des Pferdes

Bringen Sie die Nase des Pferdes sanft in Ihre Richtung, um den Hals zu entspannen. Lassen Sie dabei Ihre Nasenhand weich, sodass das Pferd weich bleibt und bringen Sie die Nase bis zu einem Punkt, der dem Pferd angenehm ist. Beobachten Sie dabei die Augen des Pferdes. Normalerweise werden seine Augen weicher oder es wird blinzeln, wenn sein Kopf die bequeme Position erreicht hat. Manche Pferde fühlen sich wohler, wenn ihr Kopf mehr nach vorne zeigt, andere brauchen mehr Biegung. Erspüren Sie, wo das Pferd am entspanntesten ist, bevor Sie beginnen.

5. Beginnen Sie, die Hand unter den Vorderrand der Skapula zu drücken

Üben Sie mit Ihrem Handrücken vorsichtig Druck auf den Hals des Pferdes aus, um es zu entspannen und drücken Sie sanft nach unten, unter den Muskel, in Richtung Boden. Halten Sie den Handrücken gegen den Hals gedrückt und lassen Sie dabei Ihre Finger so steif wie möglich. Verwenden Sie genug Druck – *Zitrone* – sodass Sie Ihre Fingerspitzen unter die Muskelfalte vor der Skapula schieben können. Dazu müssen Sie vielleicht ein wenig herumsuchen, um die richtige Muskelfalte zu finden: Sie ist ein wenig tiefer als Sie denken.

Vermeiden Sie es, mit Ihren Fingern zuzugreifen. Stattdessen lassen Sie Ihre Hand zu einem „steifen Brett" werden und versuchen Sie, die Hand unter die Muskelkante gleiten zu lassen, während Sie sie nach unten schieben.

Gehen Sie sehr langsam vor und gehen Sie dabei in die Tiefe. Wenn Sie dabei auch nur spüren, dass sich der Pferdekopf anfängt zu heben oder sich seine Muskeln versteifen, hören Sie mit Ihrer Handbewegung auf und bleiben ein paar Sekunden lang in der *derzeitigen Stellung*, dann erst machen Sie weiter. Beobachten Sie das Auge des Pferdes, während sich Ihre Hand nach unten bewegt: Wenn es blinzelt, halten Sie eine Sekunde lang an, um ihm Zeit zur Entspannung zu geben, dann machen Sie weiter. Lassen Sie Ihre Nasenhand so weich wie möglich (Foto S. 102 oben). Falls Sie die Nase fest anfassen, so wird das Pferd sich versteifen. Sie wollen ja unter der Versteifungsgrenze des Pferdes bleiben und zugleich Fortschritte machen.

Der Trick besteht darin, Ihre Hand flach gegen den Hals des Pferdes zu halten, wobei Ihre Finger „steif wie ein Brett" sind. Gehen Sie langsam vor, sodass das Pferd dabei seine Muskeln entspannen kann.

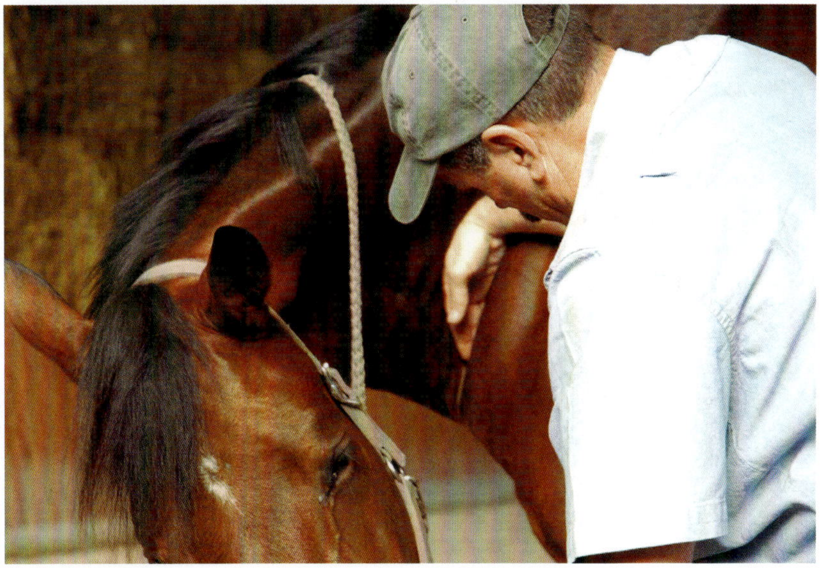

Falls das Pferd beginnt, seinen Kopf zu heben oder ihn wegzuziehen, geben Sie leicht nach, um es „in der Nähe" zu halten. Sie können eine definitive Grenze ziehen. Denken Sie jedoch daran, weicher zu werden und nachzugeben, sobald das Pferd weich wird und nachgibt. Leisten Sie dem Pferd Widerstand, so funktioniert die Technik nicht.

Lassen Sie die Hand, die sich auf der Nase befindet, so weich wie möglich.

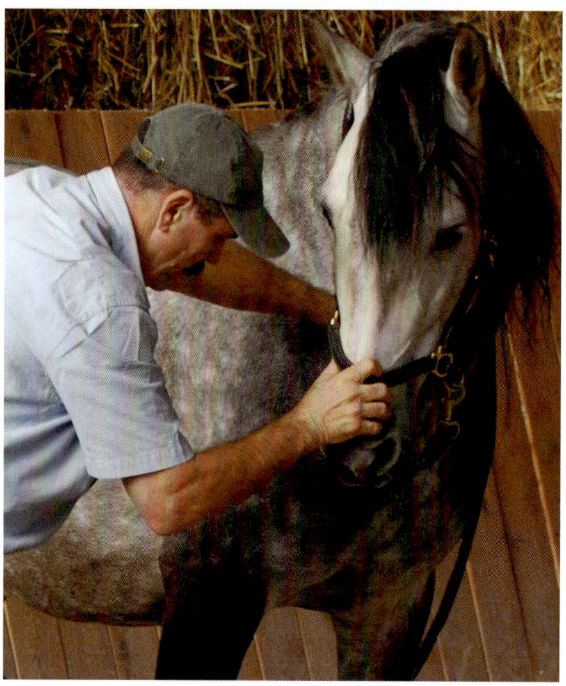

Lehnen Sie sich leicht gegen das Pferd, um es zu bitten, sein Gewicht zu verlagern.

6. Schieben Sie die Hand weiter nach unten

Lassen Sie Ihre Hand unter die Muskeln vor der Schulter gleiten. Hören Sie auf, wenn Sie am Ende des Pferdekörpers angelangt sind, d.h. wenn Ihre Hand unten herauskommt. Oft können Sie spüren, wie sich der Muskel dort entspannt – das ist das untere Ende des Arm-Kopf-Muskels. Diese Stelle ist nah an der Stelle, wo der Muskel am Oberarm des Pferdes ansetzt. Wenn Sie spüren, wie dieser Muskel „loslässt", dann hat das Pferd dort erhebliche Spannungen gelöst.

7. Bitten Sie das Pferd, sein Gewicht leicht auf das gegenüberliegende Bein zu verlagern

Während Sie Ihre Hand unter den Muskel schieben und Ihre Hand weiter nach unten gleitet, sodass Ihr Handrücken an den unteren Wirbeln anliegt, lehnen Sie sich mit Ihrem Körper leicht gegen das Pferd und bitten es, sein Gewicht auf das gegenüberliegende Bein zu verlagern. Der Grund dafür ist, dass das Pferd Spannungen in diesem Gelenk nur dann löst, wenn es das Ihnen zugewandte Bein entspannt, was ihm durch das verlagerte Gewicht leichter fällt.

TIPPS

- Denken Sie daran, Ihre Hand am Pferdehals steif zu lassen und vorsichtig vorzugehen. Bleiben Sie unter dem „Radarschirm" des Pferdes.
- Lassen Sie Ihre Nasenhand weich, solange das Pferd weich ist.
- Sehen Sie voraus, wenn das Pferd beginnt, sich zu versteifen und hören Sie dann auf, die Hand nach unten zu drücken. Bleiben Sie einfach, wo Sie sind, bis sich das Pferd etwas entspannt hat, dann machen Sie weiter.
- Verwenden Sie Ihr Körpergewicht, um das Pferd zu bitten, sein Gewicht leicht auf das gegenüberliegende Bein zu verlagern.

Hinweis: *Bei all diesen Techniken gilt: Wenn Sie selbst im geringsten Maße Versteifung oder Widerstand beim Pferd spüren, bevor sie tatsächlich eintreten, so geben Sie ganz leicht nach und machen dann unmittelbar weiter. Das Pferd wird den Widerstand aufgeben. Selbst wenn Sie etwas Widerstand spüren und sich nicht sicher sind, ob er tatsächlich besteht, werden Sie trotzdem etwas weicher und fahren erst dann fort. Beobachten Sie während des Vorgangs das Auge des Pferdes aufmerksam und halten Sie bewusst bei der Arbeit die Hände so weich wie möglich. Falls Sie Versteifung spüren oder erwarten, so werden Sie weich, bevor sich das Pferd versteift. Dann machen Sie sanft weiter. Sie werden körperlich spüren, wie das Pferd den Widerstand aufgibt, während es die Übung ausführt. Wenn Sie das Pferd später noch einmal um die gleiche Bewegung bitten, so wird der Widerstand nicht mehr bestehen und Sie werden eine Verbesserung feststellen. Wenn Sie hierauf achten, wird es Ihnen viel leichter fallen, vielen Schwierigkeiten mit dem Pferd angemessen zu begegnen.*

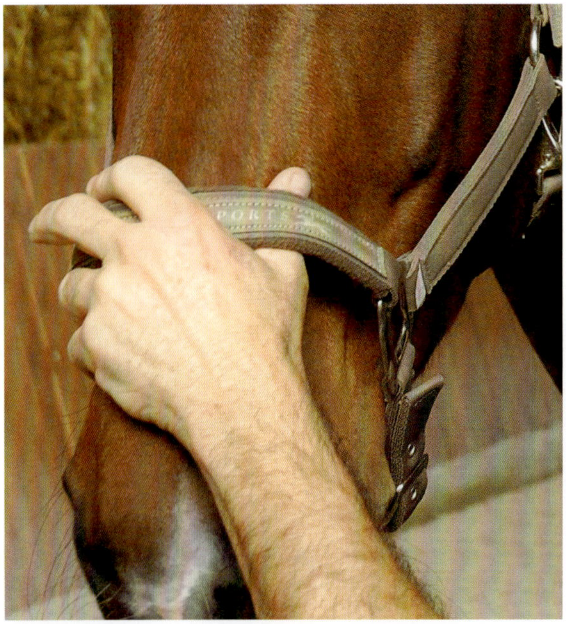

Stecken Sie Ihren Daumen unter und den Zeigefinger über das Nasenstück.

Was ist, wenn …?

- **Was ist, wenn das Pferd den Kopf herumwirft?**

Dafür gibt es verschiedene Gründe: Der eine ist, dass es in dem Bereich, wo Sie Ihre Hände platzieren (Widerrist und unterer Hals), Schmerzen verspürt. Als Erstes lassen Sie beide Hände weicher werden, nehmen die Hände jedoch nicht weg. Das Pferd wird dies herausfinden.

Ein anderer Grund ist möglicherweise der, dass das Pferd dominant ist und keine Hand auf seiner Nase wünscht. Dies passiert oft bei jungen Pferden und insbesondere bei Hengsten. Sie können standhaft bleiben und versuchen, das Pferd davon abzuhalten, Ihre Hand abzuschütteln. Denken Sie jedoch daran, dass Sie sofort nachgeben, wenn das Pferd auf Ihre Aufforderung hin nachgibt. Das sind die Regeln!

Falls das Pferd nicht aufhört, den Kopf herumzuwerfen, so können Sie ihm entweder beibringen, das zu lassen (obwohl das in den meisten Fällen eher negative Auswirkungen hat) oder mit Ihrer Hand stattdessen das Nasenstück des Halfters festhalten. Das funktioniert normalerweise. Diese Pferde wollen einfach meist, dass Sie Ihre Hand von der Nase wegnehmen (und werden das Nasenstück tolerieren).

Manchmal können Sie auch dem Pferd einfach erlauben, den Kopf ein paar Mal herumzuwerfen, sodass es das Gefühl bekommt, etwas geschafft zu haben. Dann machen Sie weiter.

Lassen Sie Ihre Hand leicht auf dem Nasenstück liegen. Stecken Sie dabei Ihren Daumen unter und den Zeigefinger über das Nasenstück (so wie Sie bei der Technik *Laterale Beugung der Halswirbel* bereits gelernt haben). Das hilft Ihnen, Ihren Griff leicht zu halten, ohne sich zu versteifen. In jedem Fall gilt: Wenn Sie feststellen, dass Sie sich versteifen, funktioniert die Technik nicht.

- **Was ist, wenn das Pferd seine Hinterhand von mir wegbewegt und wir uns im Kreis drehen?**

In dieser Situation wird das Bein, das Sie hinter sich gestellt haben, von Nutzen sein. So können Sie Ihr Gewicht verwenden, um das Pferd jedes Mal, wenn es einen Schritt macht, zu bitten, mit den Vorderbeinen zur Seite zu treten.

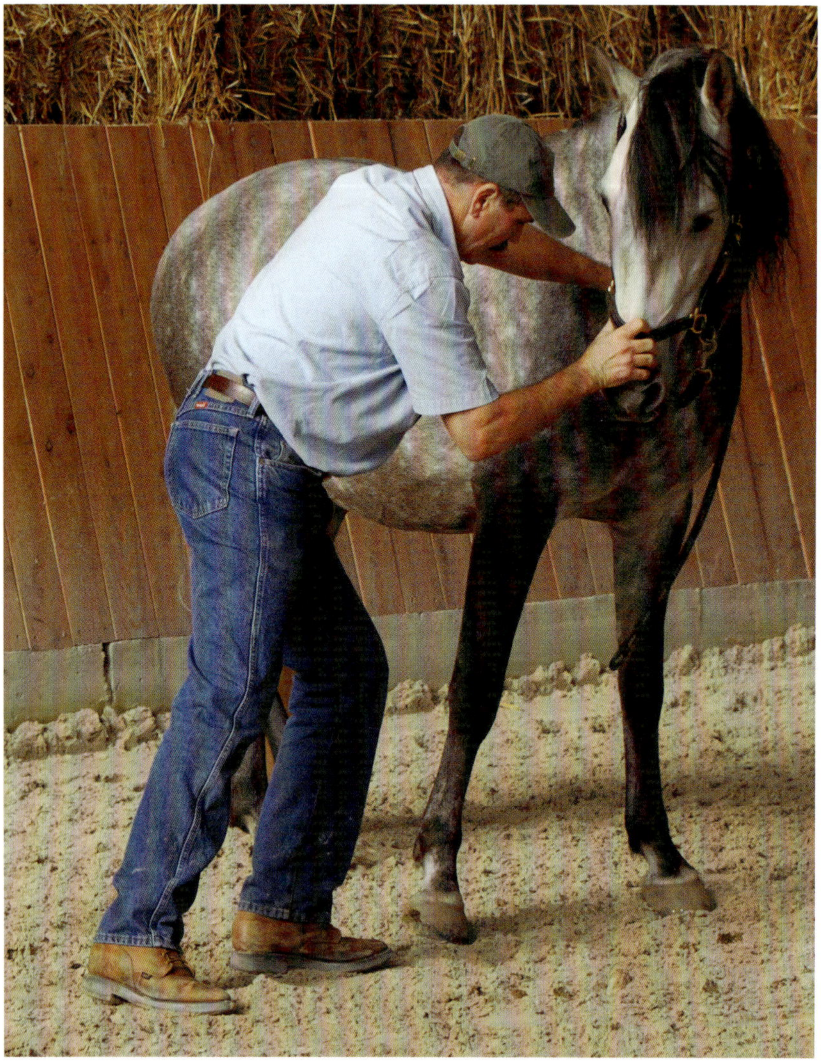

Nehmen Sie Ihr Gewicht zur Hilfe, um das Pferd zu bitten, sein Gewicht leicht auf das gegenüberliegende Bein zu verlagern.

Dadurch erreicht man zwei Dinge:

1. Jedes Mal, wenn das Pferd zur Seite tritt, wenn Sie Druck auf den unteren Hals ausüben, wird es diesen Übergang bewegen und so darin bestehende Verspannungen lösen. Sie nutzen also die Tatsache, dass das Pferd von Ihnen wegtritt, zu Ihrem Vorteil – und dem Vorteil des Pferdes. Jedes Mal, wenn es einen Schritt tut, drücken Sie fest – Berührungsstufe *Limone* – gegen seinen Hals, um es aufzufordern, seitlich zu treten. Sie können dabei auch mit der Nasenhand etwas drücken. Denken Sie aber daran, bei jedem Schritt wieder nachzugeben, wenn das Pferd das Ihnen zugewandte Bein wieder in Ihre Richtung bewegt, um dem Pferd Gelegenheit zu geben, sich zu entspannen und während jedes Schrittes Spannungen zu lösen. Bei perfektem Timing Ihrerseits kann das fast ein Tanz werden.
2. Jedes Mal, wenn das Pferd wegtritt, tritt es auch näher an die Wand heran. Falls Sie also nicht tanzen wollen, so hat das Pferd bald keinen Platz mehr und wird Sie dann Ihre Hand unter dem Muskel entlanggleiten lassen.

- **Was ist, wenn meine Hand einfach nicht unter den Muskel geht oder an einem bestimmten Punkt immer wieder „herausflutscht"?**

Drücken Sie weiter Ihre Hand gegen den unteren Hals und die Außenseite des Muskels, um das Pferd zu bitten, sein Gewicht auf das gegenüberliegende Bein zu verlagern und das Ihnen zugewandte Bein so weit wie möglich zu entspannen. Das wird dazu beitragen, Verspannungen in diesem Übergang zu lösen. Dies ist eine Art Balanceakt und es kann ein paar Minuten dauern, bis sich *Ihre* Muskeln auf das einstellen, was Sie hier tun.

Manche Pferde sind an dieser Stelle zu verspannt, um Sie in einer Sitzung – oder überhaupt – unter den Muskel zu lassen. Besonders ältere Pferde können hier so fest sein, dass es schwierig wird, vollständig unter den Muskel zu gelangen. Wenn Sie jedoch nur mit jedem Schritt Verbesserung anstreben und die Technik durchführen, ohne unter den Muskel zu gelangen und dann zurücktreten, um zu sehen, was das Pferd zu sagen hat, so wird es Ihnen normalerweise sagen „Das fühlt sich gut an!".

Falls Ihnen diese Technik Schwierigkeiten bereitet, so führen Sie die Technik zur *Lösung des Skapulabereiches* durch und wechseln diese Techniken ein wenig ab. Jedes Mal werden Sie eine kleine Verbesserung feststellen.

- **Was ist, wenn das Pferd den Kopf auf den Boden senkt?**

Meist ist das ein gutes Zeichen, da das Pferd dabei diesen Muskel entspannt und dies die Arbeit für Sie und das Pferd leichter macht. Lassen Sie es den Kopf dorthin bewegen, wo es am bequemsten ist. Falls es den Kopf senkt, um Ihrer Arbeit aus dem Weg zu gehen, so bitten Sie es, den Kopf wieder nach oben zu nehmen.

- **Was ist, wenn es seinen Kopf ganz herum nimmt, um seine Flanke zu berühren?**

Entweder will das Pferd der Technik aus dem Weg gehen oder denkt, dass dies genau das ist, was Sie von ihm erwarten. Wie dem auch sei, drücken Sie seinen Kopf sanft wieder etwas nach vorne, warten Sie, bis sich das Pferd entspannt und fangen Sie dann von vorne an.

TIPP

Bei all diesen Techniken gilt: Bezweifeln Sie nicht Ihren Erfolg oder die Wirkung, die Sie auf das Pferd haben. Falls Sie das Gefühl haben, es passiert nichts, so kommen Sie am nächsten Tag wieder und versuchen Sie es noch einmal. Dabei werden Sie in den meisten Fällen feststellen, dass das Pferd sich besser bewegen und die Technik besser ausführen kann. Oftmals werden Sie auch eine Verbesserung bezüglich Entspannung und Einstellung des Pferdes feststellen. Das kommt daher, dass sich das Pferd oft von Natur aus nicht dabei wohlfühlt, Entspannungsreaktionen zu zeigen. Vielleicht braucht das Pferd auch einfach nur ein wenig Zeit, um zu spüren, dass sich etwas gelöst hat. Ich sage meinen Schülern immer: „Falls Sie etwas bezweifeln möchten, zweifeln Sie am Zweifel!"

Verlagern Sie das Gewicht des Pferdes auf das gegenüberliegende Bein. Dabei liegt Ihre Hand am unteren Hals am Muskel an, wie auf diesem Foto zu erkennen ist.

Technik 4:

LÖSEN DES WIDERRIST-BEREICHES

Bevor Sie beginnen

ZIEL: Durch sanfte Bewegung (in entspanntem Zustand) der Dornfortsätze des Widerrists, die an den unter der Skapula liegenden Brustwirbeln befestigt sind, Mikrobewegungen in diesen Brustwirbeln zu erzeugen (siehe Anatomie unten).

RESULTAT: Diese subtile Technik löst tief sitzende Verspannungen in größtenteils unerreichbaren Muskeln, die die Brustwirbel unter der Skapula umgeben. Lösen dieser Verspannungen trägt zur Verbesserung der Schwebephase, des Raumgriffs und Bewegungsflusses der Vorhand bei und führt zu Wohlbefinden und Mobilität im Widerrist selbst und in dahinter liegenden Bereichen.

WO SIE ARBEITEN – ANATOMIE

Betrachten Sie den Widerrist als Verlängerung (die Dornfortsätze) der Brustwirbel. Allgemein sind es – je nach Pferd – die vierten oder fünften (T4, T5) bis zu den achten oder neunten (T8, T9), die Sie fühlen können. Sie können diese Verlängerungen nutzen, um kleine Bewegungen in den Wirbeln zu verursachen, die tief in der Brust des Pferdes verborgen sind und auf die Sie ansonsten keinen Zugriff haben.

SPANNUNGEN LÖSEN: DIE AUSWIRKUNGEN

Ich vergleiche die Auswirkung, die Verspannungen in diesem Bereich auf die Bewegungsfähigkeit des Pferdes haben damit, wie wir uns als Menschen fühlen, wenn wir Verkrampfungen oder Verspannungen tief zwischen unseren Schulterblättern haben. Der Unterschied zum Pferd besteht darin, dass diese beim Pferd *sehr tief* liegen.

Anhand der Entspannungsreaktionen werden Sie beobachten können, wie tief greifend diese einfache, doch wirkungsvolle Technik bei manchen Pferden sein kann. Oftmals wird die Beeinträchtigung der Leistung, die von Spannungen in diesem Bereich herrührt, nicht bemerkt, bis diese Verspannungen gelöst sind.

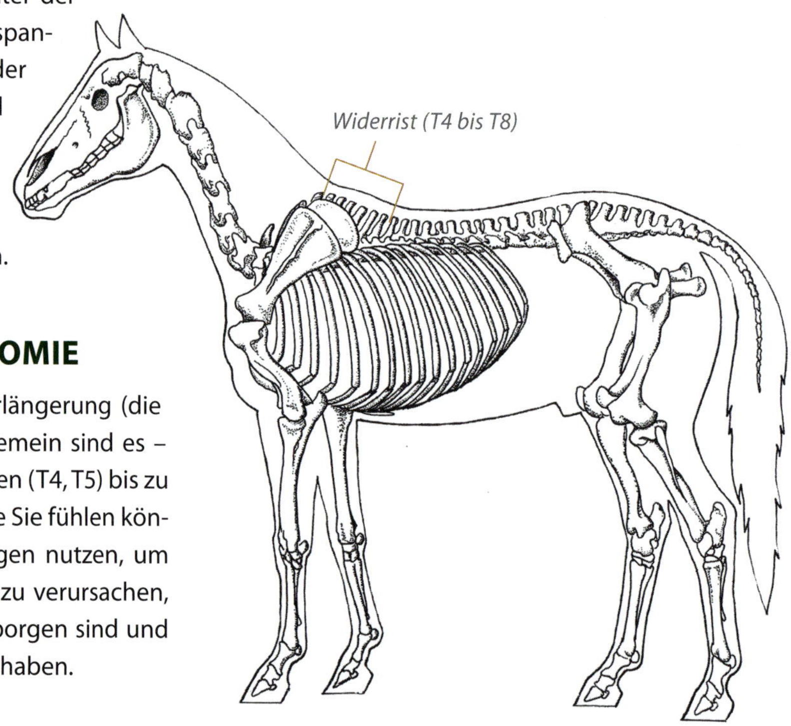

Der Widerrist besteht aus den Dornfortsätzen der Brustwirbel T4 bis T8.

KURZÜBERSICHT: Schritt-für-Schritt-Anleitung

TECHNIK 4: LÖSEN DES WIDERRIST-BEREICHES

Schritt 1. Ergreifen Sie sanft einen Dornfortsatz am Widerrist mit Ihren Fingern und beobachten Sie dabei das Auge des Pferdes (A).

Schritt 2. Bewegen Sie ihn hin und her.

Schritt 3. Machen Sie eine Pause.

Schritt 4. Warten Sie auf ein Blinzeln.

Schritt 5. Machen Sie mit dem nächsten Dornfortsatz weiter (B).

Schritt 6. Wackeln, wackeln, wackeln.

Schritt 7. Machen Sie eine Pause.

Schritt 8. Warten Sie auf ein Blinzeln.

Schritt 9. Fahren Sie mit dem nächsten Dornfortsatz fort (C).

Schritt 10. Und so weiter …

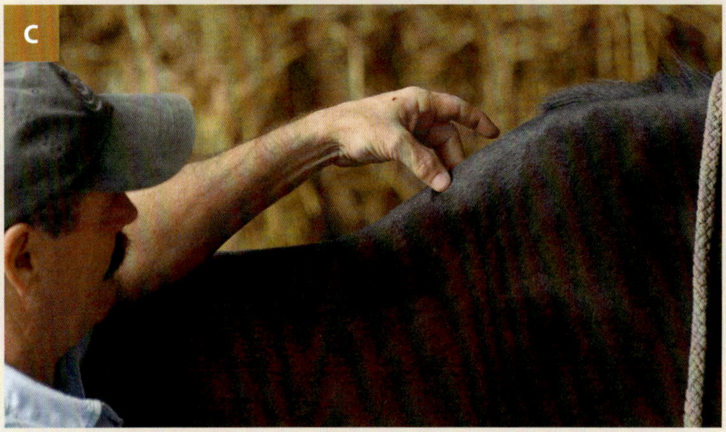

Technik 4 im Detail

Dies ist eine sehr einfache Technik. Dabei gilt jedoch, dass Sie sie wahrscheinlich noch leichter ausführen können, egal wie leicht Sie denken, dass Sie sie ausführen. Dadurch erzielen Sie noch bessere Resultate:

1. Bringen Sie sich in die richtige Position

Stellen Sie sich so vor den Widerrist, dass Sie das Auge des Pferdes beobachten können und ergreifen Sie sanft den ersten Höcker (Dornfortsatz), den Sie fühlen können. Wackeln Sie mit dem Dornfortsatz (Widerrist) sehr sanft (Berührungsstärke *Eigelb* oder *Traube*) hin und her (von links nach rechts und umgekehrt) und beobachten Sie dabei aufmerksam das Auge des Pferdes, wobei Sie auf das leichteste Blinzeln achten. Besteht Spannung in diesem Wirbel, so wird das Auge zucken. Wenn das Auge blinzelt, wackeln Sie noch einmal. Fahren Sie damit fort und schließlich wird das Pferd beginnen, mehr Spannungen zu lösen und Sie werden größere Entspannungsreaktionen beobachten. Diese reichen vom Abkauen bis zu wiederholtem Gähnen. Sie werden vielleicht staunen, wie viel Spannung das Pferd mit dieser einfachen Übung lösen kann.

Sie achten dabei auf subtile Reaktionen auf jedes Wackeln, die anzeigen, wo sich die Verspannung befindet und wann sie gelöst wurde.

2. Arbeiten Sie mit leichtestem Druck

Sanfte Bewegung eines Gelenks oder Übergangs in entspanntem Zustand löst Spannungen in diesem Gelenk oder Übergang. Um diese Wirbel herum befinden sich so viele Muskeln und Strukturen, dass das Pferd leicht jeden Versuch blockieren kann, diese vom Widerrist aus zu bewegen. Sie gehen jedoch mit so leichtem Druck vor, dass sich das Pferd nicht dagegen wehren kann. Selbst die leichteste Bewegung eines Wirbels in entspanntem Zustand wird Spannungen dort lösen. Falls Sie mir nicht glauben, versuchen Sie es und fragen Sie das Pferd.

3. Wackeln, wackeln, Pause

Da es dem Pferd leichtfällt, hier jegliche Bewegung zu blockieren, ist es sehr effektiv, den Widerrist in kleinen Schritten zu bewegen: wackeln, wackeln, Pause (auf Blinzeln achten); wackeln, wackeln, Pause (auf Blinzeln achten). Dadurch, dass Sie oft Pausen machen, erhält der Körper des Pferdes keine Gelegenheit, sich an das Wackeln zu gewöhnen und es zu blockieren.

Wenn Sie mehr als einen Finger in Kombination mit Ihrer Handfläche verwenden, so können Sie auch mehr als einen Dornfortsatz auf einmal wackeln. Die Regel bezüglich Berührungsstärke bleibt jedoch die gleiche: *Traube bis Eigelb*.

TIPP

Betrachten Sie dies nicht so sehr als Bewegung oder Wackeln, sondern eher als eine Art Signal zur Spannungslösung, das Sie über die Dornfortsätze, die den Widerrist bilden, an die entsprechenden Brustwirbel senden. So einfach ist diese Technik.

Was ist, wenn ...?

- **Was ist, wenn nichts passiert?**

Es kann sein, dass es hier nichts zu lösen gibt. In diesem Fall zeigt Ihnen das Pferd keine Reaktion. Es ist es jedoch wert, ca. eine halbe Minute zu experimentieren, und zwar anfangs mit weniger Druck. Tun Sie dies ca. 30 Sekunden lang: wackeln, wackeln, Pause (auf ein Blinzeln achten); wackeln, wackeln, Pause (auf ein Blinzeln achten). Pferde sind sehr gut darin, uns auszublenden. Wenn Sie jedoch lange genug und weich genug dabeibleiben, so werden Sie staunen, was Ihnen das Pferd gibt. Sie wollen es vielleicht mit ein wenig mehr Druck versuchen. Bleiben Sie eine halbe Minute dabei. Das Pferd wird vielleicht darauf reagieren. Letztendlich bestimmt das Pferd, welche Berührungsstärke angewendet wird. Lassen Sie sich von seinen Reaktionen leiten.

Wenn Sie nach einer halben Minute gar keine Reaktion bekommen, so fahren Sie mit der nächsten Technik fort.

***Hinweis**: Oft wird das Pferd keine Entspannungsreaktion zeigen, bis Sie einen Schritt zurücktreten oder weggegangen sind. So sind manche Pferde einfach programmiert.*

Wie oft sollte ich dies tun?

Sie können mit dieser Technik keinen Schaden anrichten. Tun Sie es jedoch jeden Tag, so wird das Pferd bald aufhören zu reagieren. Entweder wird es keine Verspannungen mehr geben, die gelöst werden müssen, oder das Pferd gewöhnt sich an die Übung.

Ich führe diese Übung oft aus, wenn ich am Pferd stehe und mit dem Besitzer spreche, einfach um den Widerrist zu prüfen und um etwas zu tun zu haben. Das heißt nicht, dass ich dem Besitzer nicht zuhöre, aber ich achte trotzdem auch auf das Pferd.

Prüfen Sie den Widerrist des Pferdes gelegentlich oder solange das Pferd darauf reagiert.

Wie lange sollte ich an einem Dornfortsatz wackeln, bevor ich zum nächsten übergehe?

Es ist eine gute Idee, ein paar Mal an jedem Dornfortsatz des Widerrists zu wackeln und zu schauen, bei welchem das Pferd reagiert. Dann gehen Sie zurück und arbeiten noch einmal ein wenig an jedem Dornfortsatz. Falls Sie das Gleiche zu oft wiederholen oder zu lange ausführen, so gewöhnt sich der Körper des Pferdes daran und hört manchmal auf zu reagieren.

7

KAPITEL 7

Die Hinterhand

Techniken 1 & 2:
ARBEITEN MIT DER HINTERHAND – *VON OBEN*

ARBEITEN MIT DER HINTERHAND – *VON UNTEN*

Bevor Sie beginnen

Dieses Kapitel ist ein bisschen so, wie die Muskeln und Strukturen der Hinterhand selbst: groß und manchmal ein wenig furchterregend. Zuerst finden Sie hier eine detaillierte Beschreibung der Anatomie und eine Erklärung, wie Verspannungen in diesem Bereich die Leistung beeinträchtigen können. Aber so groß und kompliziert wie das alles erscheinen mag: Alles, was Sie *wirklich* brauchen, um an der Hinterhand zu arbeiten, ist ein einfaches Verständnis der Techniken und die Bereitschaft, langsam vorzugehen und den Reaktionen des Pferdes zu folgen. Es kommen zwei grundsätzliche *Hinterhandtechniken* zum Einsatz:

Die erste Technik *Arbeiten mit der Hinterhand von oben* verwendet Lösungspunkte, die sich höher oben am Körper befinden und dazu dienen, Entspannung von Muskeln um diesen wichtigen Übergang herum zu fördern.

Bei der zweiten Technik *Arbeiten mit der Hinterhand von unten* werden die Hintergliedmaßen eingesetzt, um Spannungen in diesem wichtigen Übergang zu lösen. Die Lösungstechniken ähneln denen, die bei der Vorhand eingesetzt wurden. Diese Technik wird in zwei Teile aufgeteilt: a) *Lösen des Hinterbeins – nach vorne/unten* und b) *Lösen des Hinterbeins – nach hinten/unten*. Beide Techniken werden im Folgenden detailliert beschrieben.

Wie bereits erwähnt, sind die Muskeln und Strukturen der Hinterhand viel größer als die, mit denen Sie bei der Vorhand gearbeitet haben. Die Hinterhand ist der „Motor" des Pferdes und die Kräfte, die von den kraftvollen Hinterbeinen durch die komplexe Struktur von Becken, Kreuzdarmbein und Iliosakralgelenk auf den Körper übertragen werden, sind

Wichtiger Übergang 3: Der Iliosakral-Übergang

enorm. Die Spannung, die sich hier aufbaut, kann tief verwurzelt sein und hat sich vielleicht bereits über einen längeren Zeitraum hinweg angestaut.

Viele Leistungsprobleme haben ihren Ursprung in der Hinterhand. Hier ist es wichtig, langsam vorzugehen und dem Pferd Zeit zu geben, Verspannungen in der Hinterhand zu lösen. Das macht daher Sinn, da die Muskeln größer sind und weniger Bewegungsspielraum und Artikulation haben als die Muskeln der Vorhand. Sie werden jedoch auch sehen, dass die Entspannungsreaktionen, die Sie mit relativ wenig Kraftaufwand bekommen, und die Reaktionen, die Ihnen das Pferd zeigt, wenn sich Spannungen lösen, ebenfalls groß und sogar tief greifend sind.

Fangen wir also an, indem wir uns die entsprechende Anatomie ansehen.

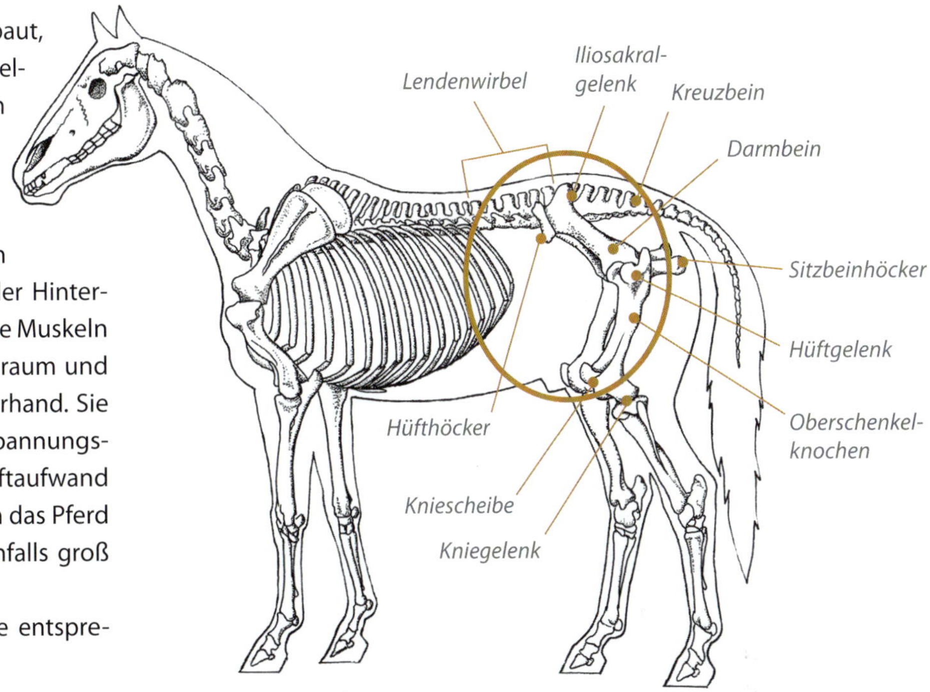

Der Iliosakral-Bereich

WO SIE ARBEITEN – DIE ANATOMIE

Skelettale Struktur der Hinterhand

Der Iliosakral-Bereich

Becken: Das Becken ist ein großes Gerüst, das die Wirbelbrücke der Hinterhand umschließt. An ihm sind Muskeln verankert, die für die Bewegung und die Kraftübertragung der Hintergliedmaßen auf den Körper von grundlegender Bedeutung sind. Es schützt auch Organe in der Bauchhöhle (siehe Zeichnungen auf S. 114/115).

Darmbein: Das Darmbein ist der größte Teil des Beckens und bildet die beiden Oberteile auf jeder Seite (siehe Zeichnung rechts). Um die Spitzen des Darmbeins zu finden, stehen Sie am Schweif (eines relativ kleinen Pferdes) und schauen Sie nach vorne. Heben Sie Ihre Arme vor Ihren Körper und legen Sie Ihre Fingerspitzen auf die beiden Knochen am *höchsten Punkt* oder dem „Gipfel" der Kruppe. Sie können die Oberseiten seiner beiden „Flügel" spüren, wenn

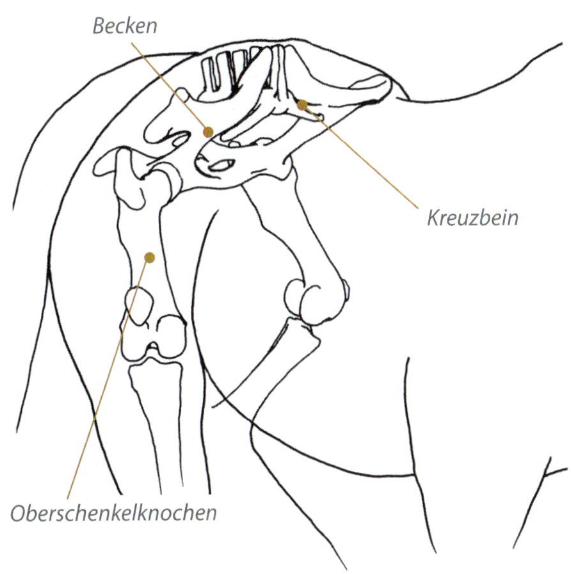

Die Knochen im Beckenbereich

Sie Ihre Fingerspitzen von links nach rechts über den *höchsten* Punkt der Hinterhand gleiten lassen.

Diese werden Kreuzbeinhöcker genannt (siehe Zeichnung S. 115).

Hüfthöcker: Dies sind die beiden Punkte, an denen das Becken am breitesten ist. Um diese Punkte zu finden, stellen Sie sich an den Schweif (eines relativ dünnen Pferdes) und schauen Sie nach vorne. Strecken Sie Ihre Arme vor Ihrem Körper aus und legen Sie Ihre Fingerspitzen auf die beiden Knochen, die den *breitesten* Punkt der Hüfte markieren.

Kreuzbein: Das Kreuzbein ist ein fester Knochen, der aus den letzten fünf Wirbeln der Wirbelbrücke vor dem Schweif besteht. Diese sind fest zu einem dreieckigen Knochen verbunden, der zum Schweif hin zeigt.

Iliosakralgelenk: Dies ist die Stelle, wo sich das Kreuzbein mit dem Darmbein verbindet (Kreuzdarmbeingelenk). Die beiden Oberflächen des Darmbeins liegen oben flach auf jedem Flügel des Kreuzbeins auf. Dazwischen befindet sich das iliosakrale Band, ein großes, flaches Band, das die beiden Strukturen verbindet und so das Iliosakralgelenk bildet.

Hüftgelenk und Oberschenkelknochen: Das Hüftgelenk bildet die Fassung, in der der Oberschenkelknochen sich mit dem Becken verbindet (Abb. S. 111 und

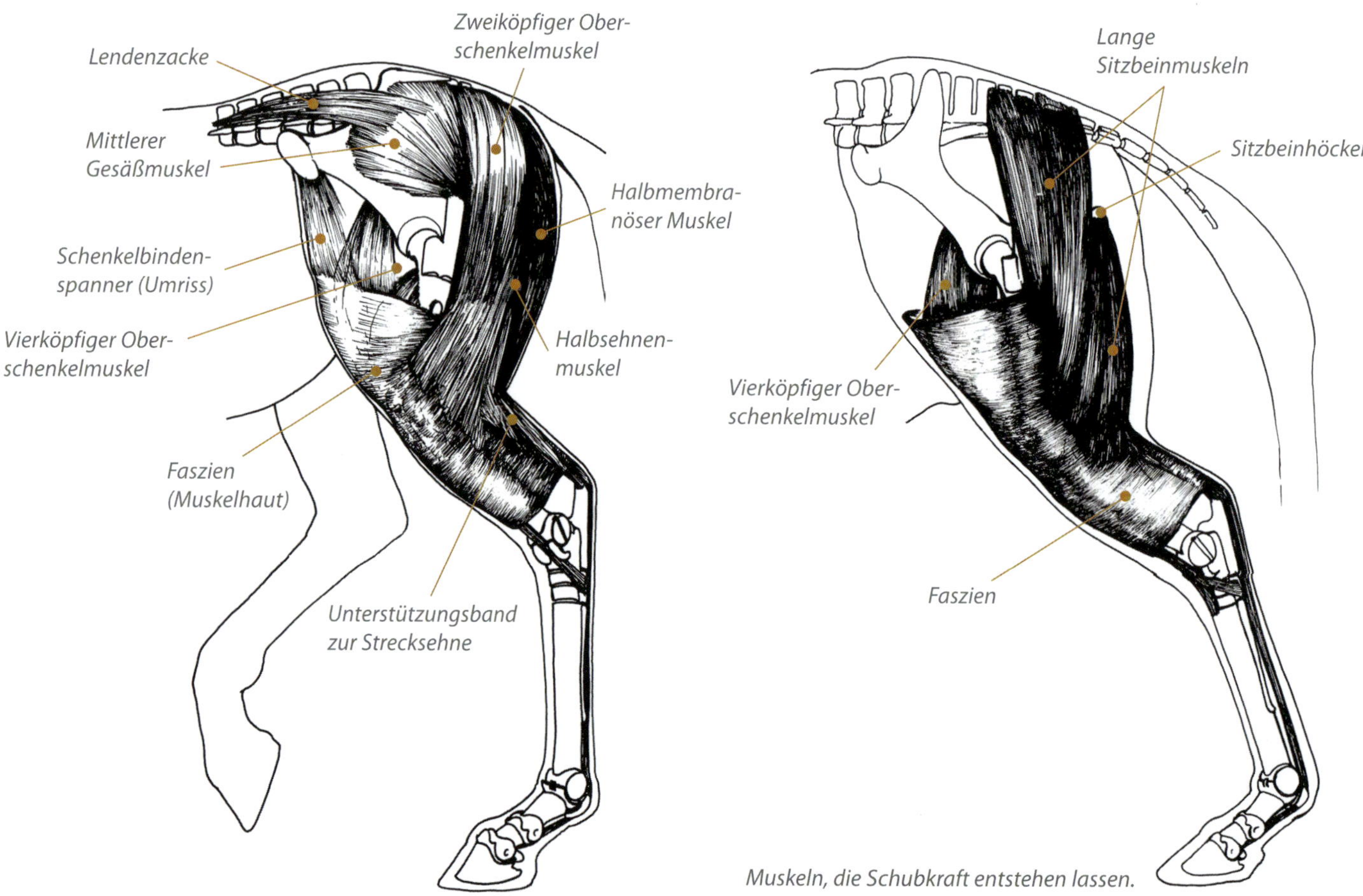

Muskeln, die Schubkraft entstehen lassen.

S. 115). Hier kann sich in Form von Muskelkrämpfen Stress ansammeln. Die Verkrampfungen sind ein Zeichen dafür, dass ein Übermaß an Spannung im mittleren Gesäßmuskel besteht.

Das Hüftgelenk ist ebenso ein *Lösungspunkt* für Spannungen im Lendenbereich, dem Ursprung des mittleren Gesäßmuskels (Abb. S. 110).

Wichtige Muskeln der Hinterhand

Mittlerer Gesäßmuskel: Der größte der Gesäßmuskeln – der mittlere Gesäßmuskel – ist einer der wichtigsten Schubkraftmuskeln des Pferdes. Er beginnt im Lendenbereich (siehe Lendenzacke, linke Zeichnung S. 112) und endet am Hüftgelenk auf dem *großen Rollhügel* des Oberschenkelknochens. Das Lösen von Spannungen in diesem Muskel hilft ebenfalls dabei, Spannungen um die Lendenwirbel herum zu lösen.

Rückseitige Oberschenkelmuskulatur: Diese Gruppe wichtiger Schubkraftmuskeln (*Zweiköpfiger Oberschenkelmuskel, Halbsehnenmuskel, Halbmembranöser Muskel*) sind am Kreuzbein (bestehend aus den letzten 5 Wirbeln vor dem Schweif; s. Zeichnung S. 112) verankert und schieben den Körper nach vorne. Sammeln sich dort Verspannungen an und verlieren die Muskeln ihre Bewegungsfreiheit, so können sie übermäßige und ungleichmäßige Spannung auf das Kreuzbein und den *Iliosakral-Übergang* ausüben, was für das Pferd äußert schmerzhaft sein kann.

Lendenmuskeln: Diese äußerlich unsichtbaren Muskeln sind wichtige Stabilisatoren im Lenden- und Beckenbereich des Pferdes. Sie kippen auch die Hüfte und sind bei der Kraftübertragung von den Hintergliedmaßen auf den Rumpf beteiligt.

Leistenmuskeln: Leistenmuskeln sind deshalb von großer Bedeutung, da sie geraume Zeit brauchen, um zu heilen, wenn sie erst einmal verletzt sind. Ich habe festgestellt, dass sie ein Rolle bei Verspannungen um das Knie herum spielen.

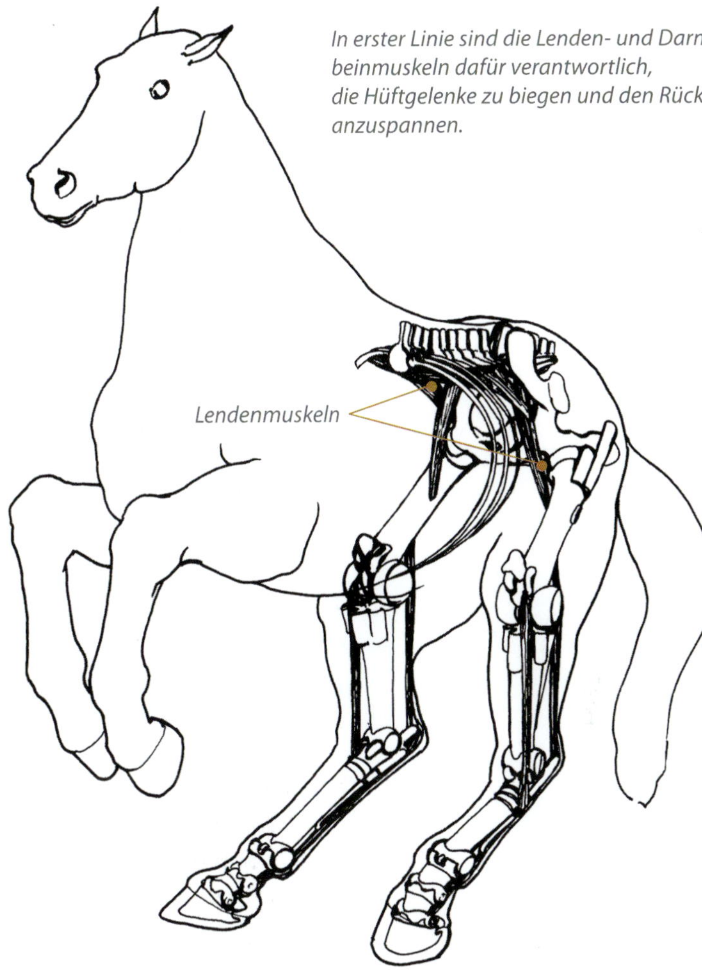

In erster Linie sind die Lenden- und Darmbeinmuskeln dafür verantwortlich, die Hüftgelenke zu biegen und den Rücken anzuspannen.

Wichtige Bänder der Hinterhand

Iliosakral-Bänder: Diese breiten Bänder bestehen aus faserigem Bindegewebe und halten das *Kreuzbein* und das *Darmbein* zusammen. Das innere Iliosakral-Band liegt im flachen, engen Zwischenraum zwischen Darmbein und Kreuzbein, während das rückseitig gelegene Iliosakral-Band dahinter oben aufliegt (siehe Zeichnung S. 115).

Wie die meisten anderen Bänder auch, sind sie nicht sehr dehnbar oder flexibel. Sie sind dazu geschaffen, Gelenke zu stabilisieren und zu verbinden. Das Iliosakralgelenk ist kein Gelenk, das man als bewegliches Gelenk bezeichnen würde. Es ist jedoch sehr groß und wenn sich dort Spannung ansammelt, so beeinträchtigt das den gesamten Bereich.

Hinweis: *Wenn man Spannung im Iliosakralgelenk mithilfe der Iliosakralbänder löst, so lösen sich ebenfalls Spannungen in den Muskeln der Hinterhand.*

Kreuzbein-Sitzbeinhöckerband: Dies ist ein breites, flaches Band, das oben unter dem Schweif am Kreuzbein und unten am Becken (am Sitzbein) ansetzt. Spannung in diesem Band übt Spannung auf das Kreuzbein oder Iliosakralgelenk aus und löst dort ein „Verdrehen" aus.

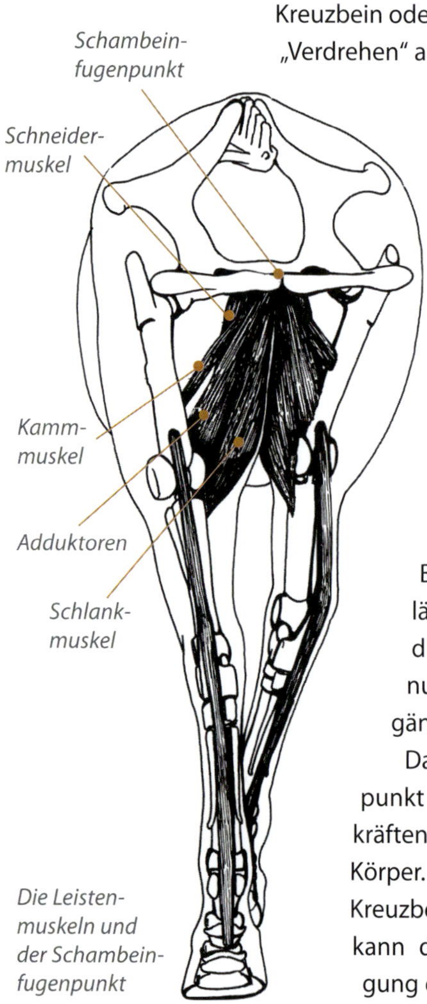

DIE BEDEUTUNG DES KREUZBEINS UND DES ILIOSAKRALGELENKS

Spannungen in jedem der drei wichtigen Übergänge Genick-Atlas, Hals-Schulter-Widerrist und Iliosakral-Übergang (Kreuzbein – Darmbein) können zur Folge haben, dass sich übermäßige Spannung in den entsprechenden, wichtigsten Muskeln und Bindegeweben ansammelt. Zudem lässt übermäßige, einseitige Benutzung dieser Muskeln ein einseitiges Spannungsungleichgewicht in diesen Übergängen entstehen.

Das Kreuzbein ist ein wichtiger Ankerpunkt bei der Übertragung von Schubkräften von den Hintergliedmaßen auf den Körper. Falls sich in den Muskeln, die am Kreuzbein ziehen, Spannung ansammelt, so kann das Iliosakralgelenk in seiner Bewegung eingeschränkt werden.

Diese Spannung oder Bewegungseinschränkung kann eine negative Auswirkung auf die Muskeln der Hinterhand haben, denen es somit schwerfallen wird, sich zu lösen. Die Gründe dafür, dass sich im Kreuzbeinbereich Spannungen ansammeln, sind u. a. folgende:

1. *Normales Arbeiten und Konditionieren.* Wenn man sich die Größe der Muskeln und den Kraftaufwand vorstellt, der über diese Muskeln von den Hintergliedmaßen auf den Körper übertragen wird, so ist es nicht erstaunlich, dass sich hier Spannung ansammelt.
2. *Übermäßiges Konditionieren und Training.* Wenn eine Muskelgruppe ständig gefordert ist, übermäßig zu arbeiten, bevor andere Muskeln mit Unterstützungsfunktion fit genug sind, diese Arbeit zu unterstützen, so wird die Spannung, die zwischen diesen voneinander abhängigen Gruppen entsteht, nicht ausgewogen oder gleichmäßig verteilt sein.
3. *Die natürliche Neigung des Pferdes, bevorzugt eine Seite zu benutzen.* Wie auch wir Menschen, so hat auch das Pferd eine stärkere oder vorherrschende Seite und mag es angenehmer finden, eine bestimmte Seite oder Diagonale zu verwenden. Dies kann natürlich zu einseitiger Ausübung von Spannung auf Muskeln führen, die Zug auf wichtige Komponenten der Hinterhand, wie z. B. das Kreuzbein oder den Iliosakral-Übergang, sowie die Lendenwirbelbrücke ausüben.

   Wenn die Auswirkungen übermäßigen Konditionierens oder Trainings hinzukommen, kann dies noch weiter zum Ungleichgewicht beitragen.
4. *Kompensieren für Schmerzen oder Bewegungseinschränkungen in anderen Teilen des Körpers.* Während sich in einem Teil des Pferdes Schmerzen oder Bewegungseinschränkungen einstellen und dieser weniger effizient arbeitet, müssen andere Teile dies ausgleichen.

Dies kann beispielsweise von vorne nach hinten passieren: Wenn sich in Hinterhandkomponenten Schmerzen oder Bewegungseinschränkungen entwickeln und diese nicht länger optimal funktionieren, entwickelt das Pferd die Neigung, sich mehr auf die Vorhand zu stützen oder Muskeln der Vorhand zu verwenden, um sich vorwärts zu „ziehen".

Kompensation kann auch bereichsbezogen geschehen. Wenn zum Beispiel der *Iliosakral-Übergang* und der Lendenbereich des Pferdes in ihrer Bewegung eingeschränkt sind und nicht optimal funktionieren, so werden *die Muskeln, Sehnen und Bänder* der Hintergliedmaßen verstärkt belastet.

Dies wird näher in Kapitel 9 (S. 166) beschrieben.

5. *Bewegungen in unnatürlichen oder Stress verursachenden Haltungen, die es dem Körper nicht erlauben, als Ganzes zu arbeiten.* Dies kann zu übermäßigen und ungleichmäßigen Verspannungen in verschiedenen Bereichen des Pferdes führen.

SPANNUNGEN LÖSEN: DIE AUSWIRKUNGEN

Spannungen, die von der Hinterhand aus auf den Rücken wirken

Eine der häufigsten Beschwerden, die Pferdebesitzer oder Trainer vorbringen, sind Schmerzen oder Beschwerden im Rücken. Sie haben bereits gelernt, dass zwischen Verspannungen im Genick und Verspannungen im Rücken ein Zusammenhang besteht. Es besteht ebenfalls ein Zusammenhang zwischen Verspannungen in der *Hinterhand* und Verspannungen im Rücken.

Die Kräfte, die von der Hinterhand des Pferdes ausgehen, sind enorm. Bei einem gelösten Pferd übertragen sich diese Kräfte durch die Wirbelbrücke auf die Vorhand. Entwickeln Pferde Verspannungen im *Iliosakral-Übergang*, und zwar aufgrund beliebiger Faktoren, die eine reibungslose Übertragung der Kräfte durch den Körper nach vorne verhindern, so muss die Hauptlast vom Iliosakralgelenk, von den Lendenwirbeln und dem *Iliosakral-Übergang* getragen werden. Es entstehen Stress und Schmerzen im Kreuz, das Pferd kompensiert die Schmerzen und der Kreislauf von Rückenschmerzen und negativer Selbsthaltung beginnt.

Techniken zur Lösung von Spannung, die auf das Kreuzbein wirken, beginnen den Prozess, durch den dieser Kreislauf unterbrochen wird. Vorausgesetzt natürlich, dass die Probleme, die zum Hinterhand- oder Rückenproblem ursprünglich beigetragen haben, ebenfalls gelöst wurden.

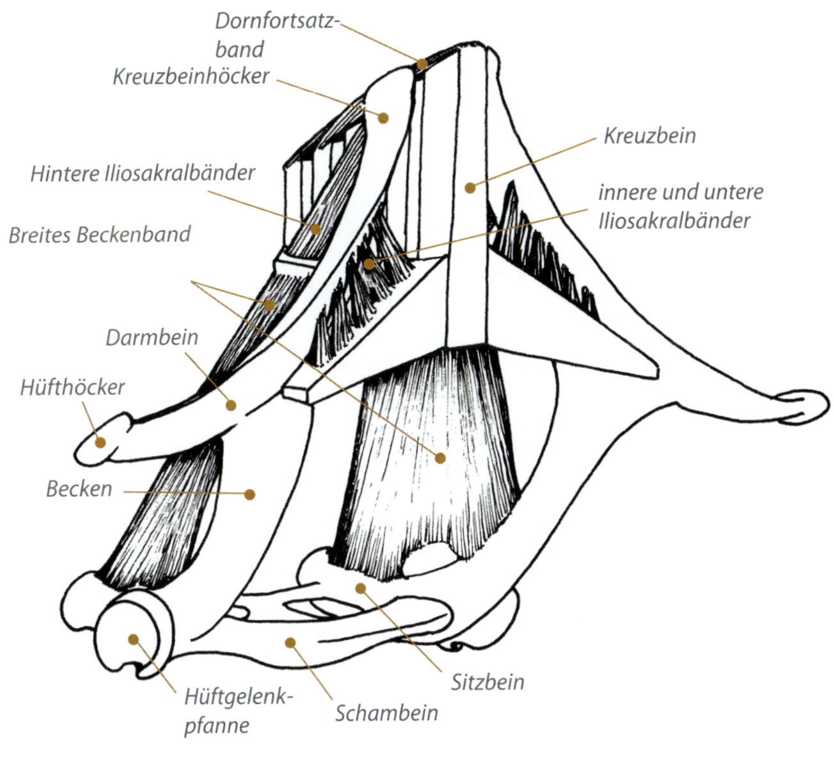

Das Iliosakralgelenk

SPANNUNGEN, DIE VON DER HINTERHAND AUF DIE VORHAND WIRKEN

Während Sie am Genick arbeiten, werden Sie feststellen, dass das Pferd oft in einem Hinterbein einknickt, das Bein entspannt, schwankt oder gar mit einem Hinterfuß stampft oder austritt.

Dies ist ein *direkter, beobachtbarer Zusammenhang* zwischen dem Lösen von Spannungen um den Atlaswirbel herum und dem Lösen von Spannungen in Muskeln im Kreuzbein- und Oberschenkelbereich.

Es besteht ebenfalls ein Zusammenhang zwischen dem Lösen von Spannungen im unteren Hals (*C7/T1-Übergang*) und Anzeichen von Entspannung in der Hinterhand. Die offensichtlichsten Zusammenhänge sind unten dargestellt:

- Einer der wichtigsten Bewegungsmuskeln des Pferdes ist der lange Rückenmuskel. Er ist an einem Ende am unteren Hals bei C5, C6 und C7 und am anderen Ende am Becken verankert.
- Das Nackenband-/Überdornfortsatzbandsystem bildet eine lange Verbindung von der Oberseite des Genicks über die Wirbelbrücke bis hin zum Kreuzbein.
- Eine Verbindung zwischen der Vorhand des Pferdes mit dem Becken über ein unteres Kontraktionssystem der Bauchmuskeln bildet ein Gegenstück zu den oben genannten Rückenverbindungen und spielt eine wichtige Rolle in Selbsthaltung und Vorwärtsbewegung des Pferdes.
- Und schließlich wird eine neurologische Verbindung klar, wenn Sie die Techniken zur Lösung von Spannungen im Atlasbereich anwenden und dabei beobachten, wie die Hinterhand anfängt zu schwanken und sich zu entspannen. Oft werden Sie feststellen, dass sich Krämpfe in den Gesäßmuskeln und am Hüftgelenk entspannen oder sogar ganz verschwinden, sobald der Atlaswirbel gelöst wurde!

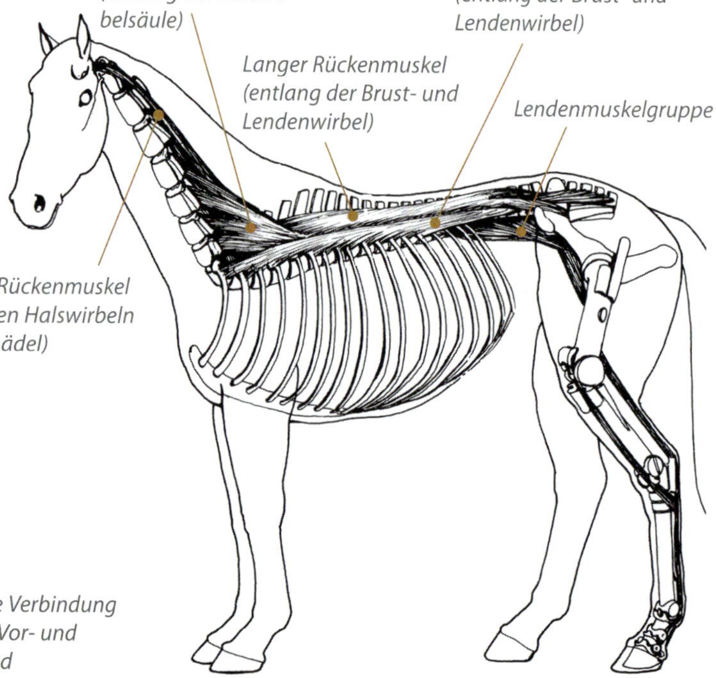

Muskuläre Verbindung zwischen Vor- und Hinterhand

Die Beispiele verdeutlichen, wie die verschiedenen Mechanismen im Körper miteinander verbunden und voneinander abhängig sind. Zudem zeigen sie, wie unnormale Spannung, die sich in einem beliebigen Körperteil entwickelt, andere Körperteile und deren Funktionen beeinträchtigen kann.

Hinweis: *Jedes Mal, wenn sich Schmerz im Körper bemerkbar macht, und zwar egal wo, kommt dies als Spannung im Genick- und Atlasbereich zum Ausdruck!*

Die Verbindung zwischen Atlas und Kreuzbein

Wenn Sie Spannungen im Genick lösen, so beginnen Sie den Lösungsprozess im Kreuzbein und in der Hinterhand. Und wenn Sie Spannungen im Kreuzbein lösen, so beginnen Sie den Prozess, Spannungen im Genick zu lösen. Fragen Sie mich nicht, wie das funktioniert: Es ist mir ein Rätsel. Aber es funktioniert!

Die Auswirkungen auf die allgemeine Leistungsfähigkeit

Einige der leichter zu beobachtenden Leistungsprobleme, die das Resultat von übermäßiger oder ungleichmäßiger Spannung in der Hinterhand sein können, sind:

- Ein Mangel an Schwung, d.h. die Schub- oder Beschleunigungskraft des Pferdes ist vermindert.
- Das Pferd ist nicht in der Lage, rund zu werden, unter den Körper zu treten oder eine positive Selbsthaltung zu entwickeln. (Hinweis: Flexibilität im Lendenbereich ist hierbei ausschlaggebend und ermöglicht es dem Pferd, sich zu drehen, das Becken abkippen und unter den Körper treten zu können.)

Leistungsprobleme werden noch offensichtlicher, wenn übermäßige Verspannungen unilateral entstehen, d.h. mehr auf einer als auf der anderen Seite. Einige Anzeichen hierfür sind:

- Das Pferd weigert sich, mehr Gewicht auf ein bestimmtes Hinterbein zu verlagern und zeigt Widerstand, wenn es auf dem Zirkel in eine bestimmte Richtung gehen soll.
- Das Pferd ist nicht in der Lage oder nicht gewillt, im Rechts- oder Linksgalopp zu gehen.
- Es weigert sich, den Fuß zum Auskratzen oder für den Schmied zu heben oder tut dies nur unwillig (neurologische Beschwerden, wie z.B. Hahnentritt ausschließen, siehe S. 142).
- Das Pferd mag lahm erscheinen, ohne dass dafür ein erkennbarer Grund besteht.
- Es mag in der Bewegung unregelmäßig erscheinen oder übermäßige Spannung, die zu lange nicht gelöst wurde, führt zu Lahmheitsproblemen in den Gelenken, Sehnen und Bändern der Hinterhand.

Hinweis: *Es ist wichtig, einen Veterinär hinzuziehen, um die Möglichkeit einer Verletzung auszuschließen, die zu dieser Art von Leistungsproblemen beiträgt. Sobald jedoch eine Verletzung oder Beschwerde, die tierärztlich behandelt werden muss, ausgeschlossen wurde, können Sie nachforschen, ob übermäßige oder ungleichmäßige Spannung zum Problem führt. Fangen Sie einfach an, Verspannungen in Ihrem Pferd zu lösen und beobachten Sie, ob sich eine Verbesserung einstellt.*

Technik 1: ARBEITEN MIT DER HINTERHAND – *VON OBEN*

Lassen Sie uns damit beginnen, Verspannungen in diesem Bereich mit Technik 1 zu lösen: Arbeiten mit der Hinterhand – von oben.

ZIEL: Die Hinterhand weicher werden zu lassen und zu entspannen und das Pferd zu ermuntern, jedes Bein zu entspannen und das Becken unter das normale, entspannte Bewegungsspektrum fallen zu lassen und dies durch die Anwendung leichter Berührungen auf bestimmten Punkten auf der Hinterhand zu erreichen.

RESULTAT: Ermöglicht dem Pferd, Verspannung im Iliosakralgelenk, Lendenbereich und Iliosakralübergang zu lösen. Je weiter das Bein und das Becken zur Seite fallen, desto stärker der entspannte „Dreh", den Sie im Lendenwirbelbereich herbeiführen. Dies hilft dabei, Verspannungen in den Kreuzmuskeln zu lösen.

SO FUNKTIONIERT DAS

Diese sanfte Technik besteht darin, verschiedene leichte Berührungsstufen auf bestimmten Lösungspunkten auf der Hinterhand zur Anwendung kommen zu lassen. Wenn wir die Aufmerksamkeit des Pferdes auf diese Punkte lenken, so sendet dies Signale an das Nervensystem des Pferdes, Verspannungen im Becken und Kreuzbein zu lösen. Wenn dies geschieht, so zeigt das Pferd normale Entspannungsreaktionen und lässt schließlich das Becken auf eine Seite, dann auf die andere Seite fallen.

Wenn Sie mit der Hinterhand *von oben* arbeiten, so folgen Sie den Reaktionen genau so, wie Sie es bei der *Blasenmeridian-Technik* taten. Anstatt Druck zu verwenden, senden Sie quasi neurologische Signale zum Körper des Pferdes, sich zu entspannen und Verspannungen zu lösen.

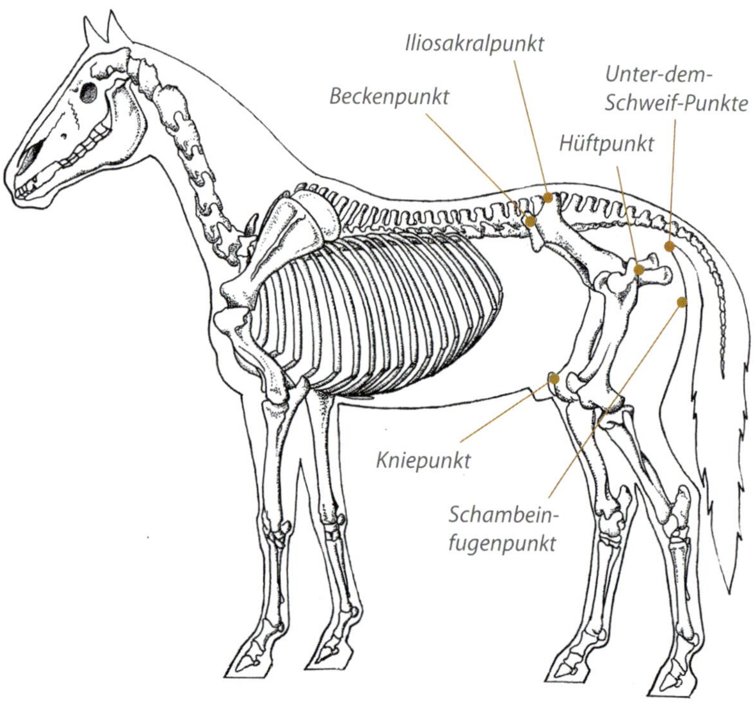

Die sechs Lösungspunkte

Die Berührungsstufen, die Sie auf diesen Punkten verwenden, reichen von sehr leicht, *Berührung mit Zwischenraum*, bis mittel, *Weintraube/Zitrone* (siehe S. 12 für Berührungsstufen).

Die wichtigsten Eigenschaften, die Sie benötigen, um hier Erfolg zu haben, sind Sanftheit, Geduld und die Fähigkeit, den Reaktionen des Pferdes auf Ihre Berührung aufmerksam zu folgen. Hört sich das einfach an? Das ist es auch. Tatsächlich ist es viel einfacher, simpler und effektiver als Sie vielleicht denken.

Lösungspunkte, die bei der Arbeit von oben verwendet werden

Es gibt sechs *Lösungspunkte*, die Sie verwenden werden, um das Nervensystem des Pferdes zu bitten, Verspannungen im Kreuzbein- und Beckenbereich zu lösen. Unten ist beschrieben, wo sich diese Punkte im Allgemeinen befinden. Die wirkungsvollste Art jedoch, den genauen Ort zu bestimmen, ist es, das Pferd direkt zu fragen. Hierzu suchen Sie mit Berührung mit Zwischenraum nach einer subtilen Reaktion, wie z. B. ein Blinzeln, ein Zucken oder eine Veränderung bei der Atmung, so ähnlich wie Sie es auch bei der *Blasenmeridian-Technik* tun.

Die sechs Lösungspunkte sind:

- die Unter-dem-Schweif-Punkte (davon gibt es zwei),
- der Iliosakralpunkt (1),
- die Hüftpunkte (2),
- die Kniepunkte (2),
- der Schambeinfugenpunkt (1).

SO VERWENDET MAN DIE LÖSUNGSPUNKTE

Im Gegensatz zu den anderen Techniken, die ich bisher vorgestellt habe, gibt es bei diesen Lösungspunkten eigentlich keine schrittweisen Anleitungen, außer einer:

Der *Unter-dem-Schweif-Punkt* ist immer der beste Anfangspunkt, wenn man *von oben* arbeitet. Danach brauchen Sie bei der Anwendung der Lösungspunkte keine bestimmte Reihenfolge einzuhalten. Achten Sie aufmerksam auf das Pferd und Ihre Intuition wird Sie zum nächsten Punkt führen, den Sie verwenden sollten.

Das ist quasi ein Experiment oder eine Forschungsreise, um zu entdecken, welche Lösungspunkte an einem bestimmten Pferd am besten funktionieren. Jedes Pferd ist anders und reagiert anders auf verschiedene Punkte, je nach Verspannungsmuster des jeweiligen Pferdes.

Denken Sie daran: Das Ziel bei der Anwendung dieser Punkte besteht darin, das Pferd zu entspannen und es dazu zu bringen, erst eine Seite des Beckens fallen zu lassen und dann die andere. Jedes Mal, wenn das passiert, machen Sie mit einem anderen Punkt weiter, um das Becken dazu zu bringen, sich noch etwas mehr fallen zu lassen.

Jedes Mal, wenn sich das Pferd entspannt und das Becken unter das vorherige, entspannte Bewegungsspektrum oder unter den Punkt, bei dem vorher Bewegungseinschränkungen bestanden, fallen lässt, so ermöglicht dies dem Iliosakralgelenk immer mehr Verspannungen zu lösen. Wenn Sie erst einmal damit beginnen, ist es eigentlich alles ganz einfach.

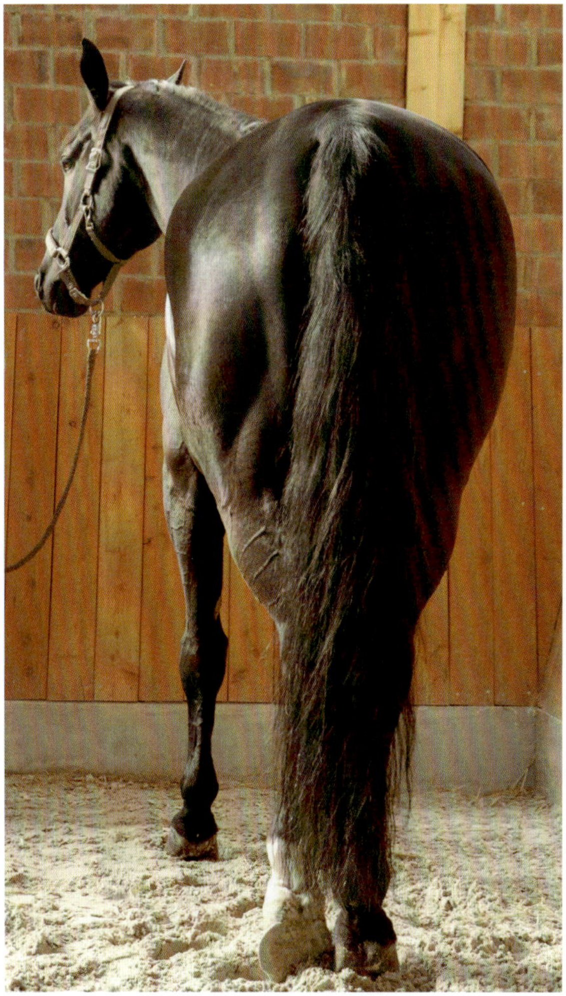

Wenn das Pferd eine Hüfte fallen lässt, während Sie sich auf einen Punkt konzentrieren, gehen Sie zu der Seite mit der „fallengelassenen" Hüfte und berühren Sie einen anderen Lösungspunkt, um dort ein stärkeres „Fallenlassen" zu ermutigen.

SO FÄNGT MAN AN

Als allgemeine Regel gilt: Wir fangen auf der rechten Seite der Hinterhand an, da in den meisten Fällen die linke Seite des Pferdes die verspanntere sein wird. Wo Sie hingehen, nachdem Sie die Unter-dem-Schweif-Punkte verwendet haben, hängt davon ab, was das Pferd Ihnen über seine Reaktionen mitgeteilt hat oder nicht.

Wenn das Pferd beispielsweise eine Hüfte fallen lässt, während Sie sich auf einen Punkt konzentrieren, so gehen Sie zu der „fallengelassenen" Seite und verwenden Sie die Punkte dort, um das Pferd zu ermutigen, die Hüfte noch mehr fallen zu lassen. Falls Ihre Berührung sehr leicht ist, so wird Ihnen das leichteste Blinzeln oder Zucken anzeigen, dass dies eine gute Stelle ist, an der Sie bleiben sollten. Bekommt das Pferd genug davon, auf diesem Bein zu stehen und wechselt zum anderen Bein, dann können Sie zu jedem der anderen Punkte auf der nun gesenkten Seite gehen und das Becken ermutigen, sich dort noch mehr zu entspannen.

Jedes Mal, wenn sich das Becken auf einer Seite senkt, werden Sie feststellen, dass es ein wenig niedriger ist als vorher. Es wird Ihnen auch auffallen, dass der Lendenbereich sich immer mehr entspannt dreht, je mehr das Pferd dort die Spannung loslässt. Früher oder später werden sie damit einhergehend auch größere Entspannungsreaktionen beobachten wie z. B. Gähnen oder Kopfschütteln.

DER SCHLÜSSEL ZUM ERFOLG

- Gehen Sie völlig ohne Erwartungen und Zielsetzungen an die Sache heran: Jedes Pferd reagiert anders auf die verschiedenen Lösungspunkte, je nachdem, wo es Verspannungen festhält sowie je nach Persönlichkeit und Körperbau.
- Werfen Sie die Uhr weg!
- Denken Sie nicht zu viel. Wenden Sie Ihre Intuition an, wenn es darum geht zu entscheiden, wie lange Sie auf einem Punkt bleiben wollen, um eine (größere) Entspannungsreaktion zu bekommen, oder ob Sie weitergehen sollen.
- Beobachten Sie mehr, analysieren Sie weniger. Sobald Sie nicht mehr „kopflastig" sind, werden Sie feststellen, dass Ihre Intuition bereitwilliger zum Zuge kommt und Sie nicht mehr so stark darüber nachdenken müssen, zu welchem Punkt Sie als Nächstes gehen sollten.

INTUITION

Was ist Intuition? Der Duden definiert Intuition wie folgt: „Das unmittelbare, nicht diskursive, nicht auf Reflexion beruhende Erkennen, Erfassen eines Sachverhalts oder eines komplizierten Vorgangs; Eingebung, (plötzlich) ahnendes Erfassen." Mit anderen Worten: Sie sehen subtile Anomalien – oder Veränderungen – im Pferd, die Sie nicht bewusst wahrnehmen, wenn Ihr analytischer Verstand im Weg steht.

Je mehr Sie sich beruhigen und beobachten, ohne zu analysieren, desto mehr wird Ihre Intuition zum Zug kommen, desto mehr subtile Veränderungen werden Sie beobachten und desto effektiver wird Ihre Körperarbeit sein. Das Achten und Warten auf die subtilen Reaktionen des Pferdes ist eine wirkungsvolle Art, sich zu beruhigen. Der Rest kommt von ganz alleine.

Sobald Sie zur Ruhe gekommen sind, schauen Sie einfach auf das Pferd und tun Sie das, was als nächstes natürlich erscheint. Und machen Sie sich nicht zu viele Gedanken darum. Ihre Intuition wird Sie zum nächsten Schritt führen. Und das Beste daran ist, dass Sie dem Pferd nicht wirklich wehtun oder hier etwas falsch machen können. Sie können Sie es nur gut machen, oder noch besser.

Sicherheitshinweis: *Bevor Sie mit der Körperarbeit anfangen, seien Sie sich der Tatsache bewusst, dass das Pferd an allen diesen Punkten möglicherweise sehr empfindlich oder schmerzempfindlich ist. Es wird bei dieser Methode wahrscheinlich nicht passieren, dass Sie so viel Druck ausüben, dass dem Pferd Schmerz entsteht. Trotzdem kann das Pferd überrascht sein, wenn Sie Ihren Finger auf einen sensiblen Bereich oder Punkt legen. Wenn Sie sich nicht sicher sind, stehen Sie so weit wie möglich seitlich neben dem Pferd und auch so weit vorne wie möglich. Und achten Sie immer darauf, ob das Pferd die Ohren anlegt, wenn Sie sich einem möglicherweise sensiblen Bereich nähern.*

Im Folgenden sind detaillierte Beschreibungen aufgeführt, wo sich diese sechs Lösungspunkte befinden, Tipps bezüglich der Berührungsstufen, die Sie anwenden sollten (oder nicht) sowie mögliche Reihenfolgen.

1. Kreuzbein-Sitzbeinhöckerband Unter-dem-Schweif-Punkte

Von diesen Punkten gibt es zwei: einen auf der linken und einen auf der rechten Seite (Fotos S. 121).

Diese Punkte lösen Spannungen auf den Kreuzbein-Sitzbeinhöckerbändern, und zwar dort, wo Sie im Schweif- und Kreuzbeinbereich ansetzen. Diese Punkte sind ideal, um die Arbeit mit der Hinterhand zu beginnen, wenn Sie mit den *Vorhand-Techniken* fertig sind. Hier beginnt der Prozess der Lösung von Spannungen um das Kreuzbein herum und im ganzen Pferd. Zudem beginnt hier der Prozess, Sie zu entspannen – nach all der Bewegung und manchmal anstrengenden Aktivität, die mit manchen der *Vorhand-Techniken* verbunden ist.

TIPPS

Wie bereits am Anfang dieses Buches erwähnt, fangen Sie Ihre Arbeit am Pferd in der Regel vorne links an. Dies ist oft die einfachere Seite für das Pferd. Dann fahren Sie mit der rechten Vorderseite fort, die normalerweise die verspanntere Seite ist, dann gehen Sie zur rechten Hinterseite, die hinten in der Regel die leichtere Seite ist, dann zur linken Hinterseite, die als Diagonale der rechten Vorderseite meist hinten die verspanntere Seite ist.

Als allgemeine Regel gilt: Sie beginnen mit dem *rechten Unter-dem-Schweif-Punkt*. Falls Sie feststellen, dass sich das Pferd damit nicht wohlfühlt, so gehen Sie zum linken Punkt.

Um auf den *rechten* Punkt zuzugreifen, nehmen Sie eine Position auf der *linken* Seite des Hinterteils des Pferdes ein, mit Blick nach vorne (Foto A auf S. 122). Legen Sie Ihren rechten Daumen *sanft* auf dem tiefsten Punkt unter dem Schweif auf, den Sie dort erfühlen können. Dieser befindet sich ca. auf der 1-Uhr-Position auf dem „Ziffernblatt".

Um auf den *linken* Punkt zuzugreifen, stellen Sie sich an die *rechte* Seite des Hinterteils des Pferdes, mit Blick nach vorne. Heben Sie sanft den Schweif hoch und legen Sie Ihre Hand auf das Hinterteil auf, wobei Sie Ihren rechten Daumen *sanft* auf die tiefste Stelle auflegen, die Sie unter dem Schweif erfühlen können. Diese befindet sich auf der linken Seite, ungefähr auf der 11-Uhr-Position des „Ziffernblattes".

- Es ist wichtig, an diesem Punkt mit sehr leichtem Druck zu beginnen – tatsächlich zwischen *Berührung mit Zwischenraum* und *Eigelb*.
- Für das Pferd macht es einen großen Unterschied, ob Sie eine leichte Berührung mit einer *weichen* Hand oder eine leichte Berührung mit einer *harten* Hand ausführen. *Halten Sie Ihre Hand bewusst weich, wenn Sie an diesen Punkten arbeiten.*

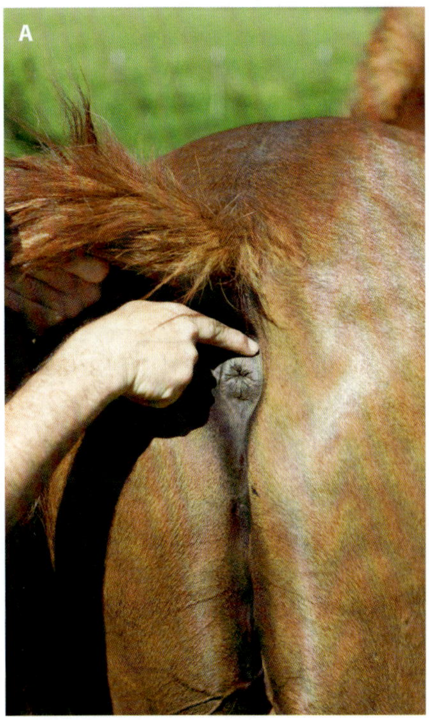

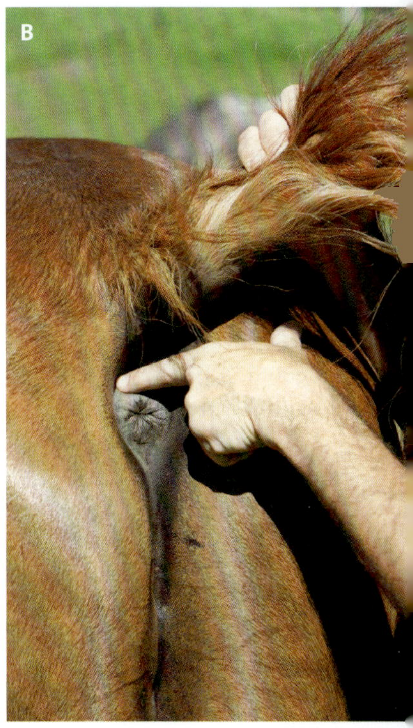

A & B *Der rechte Unter-dem-Schweif-Punkt befindet sich auf der 1-Uhr-Position auf dem „Ziffernblatt" (A). Der linke Unter-dem-Schweif-Punkt befindet sich auf der 11-Uhr-Position auf dem „Ziffernblatt" (B).*

Stellen Sie sich auf die linke Seite um auf den rechten Punkt zuzugreifen (A). Stellen Sie sich auf die rechte Seite, um auf den linken Punkt zuzugreifen (B).

Eine peinliche Situation!

Die Kreuzbein-Sitzbeinhöckerband-Technik ist unter Humanchiropraktikern als „Logantechnik" bekannt. Sie sollten froh sein, kein Humanchiropraktiker zu sein! Es ist schon merkwürdig genug, wenn jemand an der Box vorbeigeht, während man seinen Daumen irgendwo unter dem Pferdeschweif hat. Normalerweise kann man die Situation ein wenig auflockern, indem man so etwas wie „Es scheint, seine Mandeln sind in Ordnung!" oder „Jetzt mal husten!" sagt …

Einmal war ich bei einem Springturnier, als ein Trainer mich bat, mit einem Pferd einer seiner Klienten zu arbeiten. An einem bestimmten Punkt während der Arbeit an der Vorhand machte das Pferd ein Nickerchen, während es seinen Kopf auf meiner Schulter ausruhte, ich meine Arme um seinen Hals geschlungen hatte und dabei die Muskeln hinter dem Genick massierte. Die Dame, der das Pferd gehörte, kam zufällig in diesem Moment an der Box vorbei und sagte: „Meine Güte! Das sieht aber sonderbar aus!"

Ich schaute Sie über den Hals des Pferdes hinweg an und sagte: „Sie sollten sehen, was am anderen Ende passiert!"

- Hier ist es nicht der Druck, der dieses Band löst – stattdessen ist es die Tatsache, dass Sie ein „Signal" an das Nervensystem des Pferdes senden. Also warten Sie darauf, dass es reagiert. Beobachten Sie die Augen des Pferdes: Blinzeln wird Ihnen anzeigen, wenn sich Spannungen lösen.
- Es kann drei Sekunden, 30 Sekunden oder 60 Sekunden dauern. Jedes Pferd ist anders. Falls Sie nach 30 Sekunden keine Reaktion bekommen, ändern Sie Ihren (Nicht-)Druck oder bewegen Sie Ihren Daumen ein wenig auf eine andere Stelle.
- Bleiben Sie auf diesem Punkt, bis Sie eine Entspannungsreaktion erhalten. Falls Sie keine Reaktion beobachten, bleiben Sie weitere 60 bis 90 Sekunden dort, bevor Sie mit einem anderen Punkt fortfahren. Bekommen Sie keine Reaktion, so heißt das nicht, dass es nicht funktioniert: Es kann sein, dass das Pferd Ihnen gerade nicht mitteilen möchte, dass es Spannungen gelöst hat, oder dass es dort gar keine Spannungen gab. Wenn Sie jedoch lange genug – und sanft genug – an einem beliebigen Punkt bleiben, an dem es Spannungen gibt, so wird das Nervensystem des Pferdes diese lösen müssen.

Was Sie mit der anderen Hand tun sollen? Sie können sie, wenn Sie möchten, leicht auf dem Iliosakralgelenk ruhen lassen, während Sie an den Unter-dem-Schweif-Punkten arbeiten. Das wird diesen Bereich zusätzlich entspannen.

Falls das Pferd seinen Schweif einklemmt und sich mit diesem Punkt nicht wohlfühlt, dann ist das ein Zeichen dafür, dass möglicherweise Verspannungen im Kreuzbeinbereich, in den rückseitigen Oberschenkelmuskeln oder in beiden Bereichen bestehen. Versuchen Sie in diesem Fall, Ihre Hand weiter den Schweif heruntergleiten zu lassen und ihn von da aus sanft anzuheben. Dann warten Sie darauf, dass das Pferd ihn entspannt. Danach ist es vielleicht leichter, an den Unter-dem-Schweif-Punkt zu gelangen.

Es ist nicht nötig, dass Sie beide Unter-dem-Schweif-Punkte nacheinander behandeln. Beginnen Sie mit einem Punkt und folgen Sie dabei den Entspannungsreaktionen. Kommen Sie jederzeit während der Sitzung zu dem anderen Punkt zurück, wann auch immer Sie das Gefühl haben, dass jetzt die richtige Zeit ist, auf der anderen Seite zu arbeiten.

Sicherheitshinweis: *Achten Sie genau auf das Pferd, wenn Sie sich anfangs den Punkten nähern. Bleiben Sie sanft und beobachten Sie die Ohren! Hören Sie auf, falls das Pferd die Ohren anlegt! Pferde mit extremen Verspannungen im Kreuzbeinbereich, in den rückseitigen Oberschenkelmuskeln oder den Leisten können hier SEHR empfindlich sein.*

Falls Sie sich nicht sicher sind, überspringen Sie diesen Lösungspunkt bis zu einem späteren Zeitpunkt. Das Pferd hat sich dann vielleicht bereits genug entspannt, um Sie dort arbeiten zu lassen, nachdem es Verspannungen im Beckenbereich oder anderen Punkten gelöst hat. Im Zweifelsfall lassen Sie lieber diesen Punkt aus. Und als zusätzliche Vorsichtsmaßnahme können Sie auch ein paar Heuballen zwischen sich und der Hinterhand des Pferdes platzieren.

Diese beiden „Höcker" sind die obersten Punkte des Iliosakralgelenks. Suchen Sie hier nach einem Blinzeln des Pferdes.

2. Iliosakralpunkt

Dieser Punkt befindet sich im Bereich der beiden Kreuzbeinhöcker oben auf der Kruppe, dem höchsten Punkt der Hinterhand. Dieser wichtige Punkt wirkt auf das große *Iliosakralgelenk*, der wichtigsten Verbindung zwischen Becken und Kreuzbein. Bei der Arbeit mit diesem Punkt werden Signale an das Nervensystem geschickt, die dem Iliosakralgelenk dabei helfen, Spannungen zu lösen.

TIPPS

- Allgemein fängt man am besten damit an, durch *Berührung mit Zwischenraum* nach dem Blinzeln zu suchen und es dem Pferd zu überlassen, den *genauen* Anfangspunkt zu bestimmen.
- Nachdem das Pferd die Hüfte auf einer Seite hat fallen lassen, können Sie mit der Berührungsstufe *Eigelb* weitermachen, um das Pferd zu ermuntern, die Hüfte noch mehr fallen zu lassen. Falls Sie jedoch zu viel Druck anwenden, wird das dem Pferd unangenehm sein und es wird Ihnen das mitteilen, indem es das Bein wieder belastet oder weggeht.

Gehen Sie auf die Seite, die das Pferd hat fallen lassen, um es zu ermuntern, die Hüfte noch weiter zu senken.

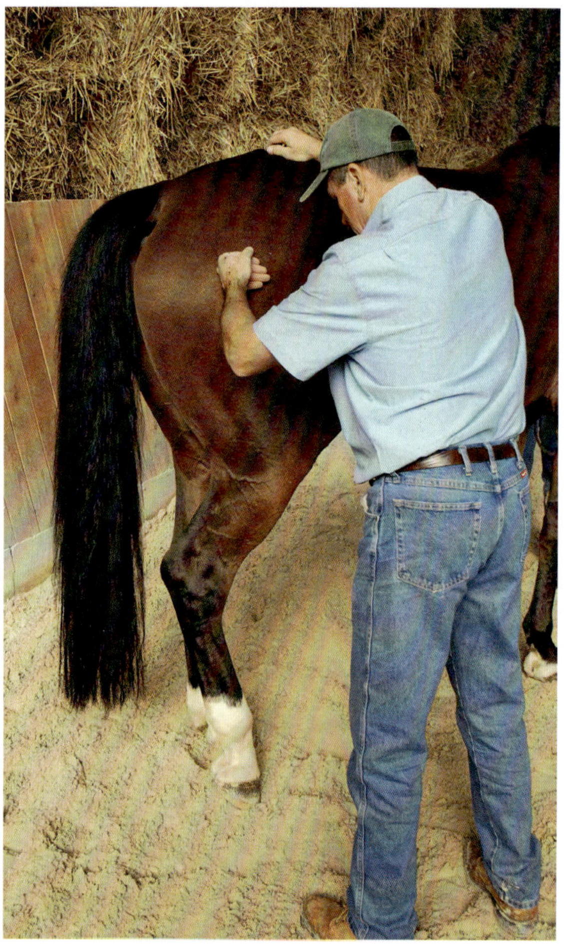

Verwenden Sie den Hüftpunkt in Verbindung mit dem Iliosakralpunkt, um noch mehr Entspannung und Lösung zu fördern.

- Falls das Pferd eine Hüfte fallen lässt, während Sie sich auf einem Punkt befinden, so ist es hilfreich, zum *Iliosakralpunkt auf der Seite zu gehen, die das Pferd hat fallen lassen*. Während Sie nach einem Blinzeln des Pferdes suchen, legen Sie Ihre Fingerspitzen ca. 3 cm von der Mittellinie entfernt, auf dem Knochen auf (Kreuzbeinhöcker). Dadurch wird der Körper des Pferdes dazu ermuntert, dieses Gelenk noch mehr zu entspannen und die Hüfte weiter zu senken.
- Versuchen Sie, diesen Punkt in Verbindung mit dem Hüftpunkt zu verwenden, um zusätzlich Entspannung und Lösung zu fördern.
- Falls Sie den Eindruck haben, dass das Pferd nicht reagiert, so treten Sie einen Schritt zurück und geben Sie ihm Zeit, zu „erspüren", was vor sich geht. Wenn Sie zurücktreten, machen Sie das sehr deutlich. Kommen Sie nicht in Versuchung, nah am Pferd zu bleiben, mit ihm zu sprechen und es zu klopfen. Es kann sein, dass das Pferd ein wenig Platz braucht, um Entspannungsreaktionen zu zeigen. Bei manchen Pferden ist es so, dass sie nicht „loslassen", bis Sie die Box sogar ganz verlassen haben.

3. Der Hüftpunkt

Dieser Punkt befindet sich ein wenig vor dem oberen Ende der Rille zwischen Beinbeuger und Halbsehnenmuskel (Foto oben S. 125). Bei Pferden, die weniger „fleischig" sind, können Sie hier einen Höcker und eine leichte Aushöhlung fühlen. Bei anderen Pferden ist da vielleicht nichts zu fühlen. Suchen Sie nach dem Blinzeln.

Der mittlere Oberschenkelmuskel, der im Lendenbereich beginnt, setzt hier am Hüftgelenk an. Dies ist einer der wichtigsten Antriebsmuskeln des Pferdes und kann sich an diesem Ansatzpunkt verkrampfen. Wenn Sie diesen Muskel entspannen, so hilft das, Verspannungen im Kreuz zu lösen.

TIPPS

- Sie können die Berührungsstufe *Berührung mit Zwischenraum* verwenden, um den genauen Punkt zu finden. Beginnen Sie mit leichter Berührung und bleiben Sie geduldig. Oftmals wird das Pferd als Reaktion auf diese sanfte Berührung allein schon die Hüfte fallen lassen.
- Falls Sie spüren, dass das Pferd sich entspannt hat, seine Hüfte jedoch noch nicht fallen gelassen hat, so können Sie jetzt an diesem Punkt sanften Druck auf die Hüfte ausüben (siehe Foto S. 124 unten), um das Pferd dazu anzuregen, das Gewicht auf das gegenüberliegende Bein zu verlagern und das Ihnen zugewandte Bein zu entspannen. Erhöhen Sie den Druck erforderlichenfalls auf *Zitrone*. Falls das Pferd dann zur Seite tritt, lassen Sie Ihren Druck sofort leichter werden. Wenn es das Gewicht wieder auf das Bein verlagert, so üben Sie mehr Druck aus, bis es still steht und dabei sein Gewicht auf das gegenüberliegende Bein verlagert hat.

Suchen Sie in diesem Bereich nach einem „Blinzeln", um den genauen Punkt zu finden.

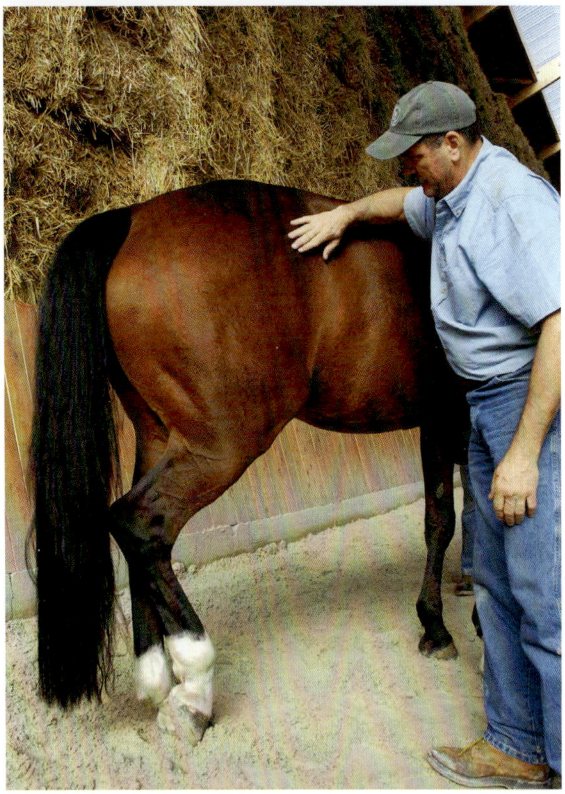

Verwenden Sie leichtesten Druck, um an dieser Stelle nach dem subtilsten Blinzeln zu suchen. Dies ist auch ein Punkt, bei dem meiner Meinung nach oft eine Korrelation zu Verspannung und Schmerzen im Knie besteht.

4. Der Beckenpunkt

Auf jeder Seite des Beckens gibt es hervorstehende Knochen, die den weitesten Punkt des Beckens markieren. Das ist tatsächlich eine knöcherne Erhöhung, ca. 10-12 cm lang, die diagonal nach vorne-oben zeigt. Sie finden Ihren *Beckenpunkt* an der Unterseite des unteren Endes dieser knöchernen Erhöhung.

Hier setzen Muskeln und Faszien an und machen diesen Punkt für manche Pferde zu einem sehr wirkungsvollen Ansatzpunkt für die Lösung von Verspannungen in der gesamten Hinterhand.

TIPPS

- Suchen Sie mit sehr leichtem Druck (berühren Sie gerade mal die Spitzen der Haare) nach dem leichtesten Blinzeln (Foto S. 125 unten).
- Dieser Punkt ist superempfindlich! Wenden Sie eine Berührungsstärke an, die über *Berührung mit Zwischenraum* hinausgeht, so wird das Pferd diesen Punkt sofort ausblenden. Hier sollten Sie fast nur ein Haar mit einer Fingerspitze berühren.

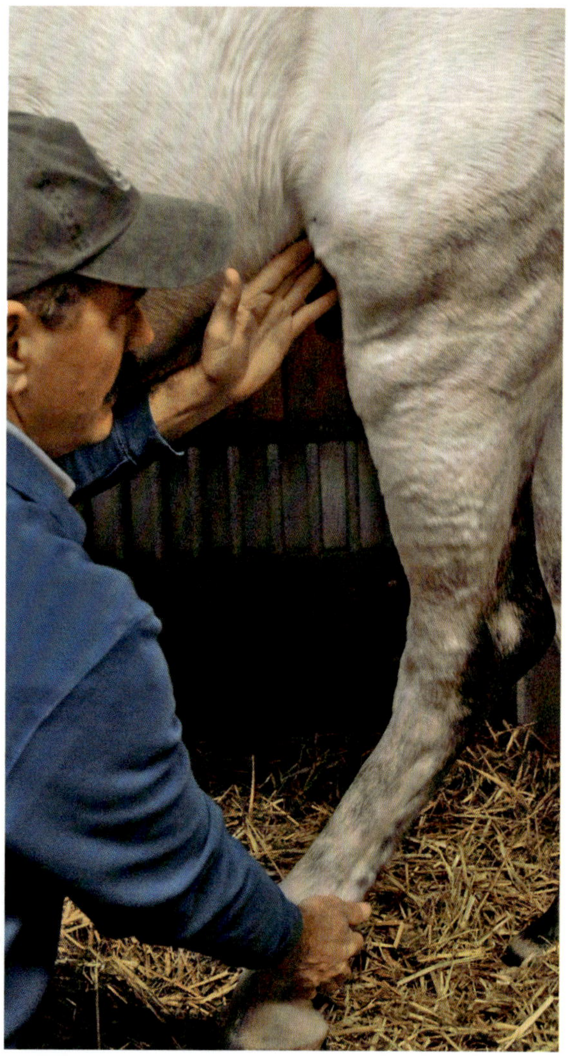

Verwenden Sie den Kniepunkt, um das Knie zu ermuntern, sich noch mehr nach außen hin zu entspannen.

- Nicht alle Pferde werden auf diesen Punkt reagieren. Sobald Sie jedoch ein Blinzeln beobachten, bleiben Sie geduldig und bleiben Sie (leicht) auf diesem Punkt. Wenn Sie das Gefühl haben, dass Sie lange genug gewartet haben, dann warten Sie noch ein wenig länger. Sie werden staunen, wenn die Hüfte sich plötzlich senkt.

Sicherheitshinweis: *Manche Pferde, insbesondere Stuten, können am Beckenpunkt oder im Bereich der Flanke und Bauchmuskeln sehr empfindlich sein. Beobachten Sie die Ohren! Falls das Pferd die Ohren anlegt, hören Sie SOFORT auf! Stellen Sie sicher, dass Sie bereits die Flanke des Pferdes berührt haben, bevor Sie in diesen Bereich gehen und dass dem Pferd Ihre Berührung hier angenehm ist.*

5. Der Kniepunkt

Dieser Punkt befindet sich in einer weichen Delle auf der Innenseite des Oberschenkels im Kniebereich. Direkt auf der Innenseite des Knies befindet sich eine knöcherne Erhebung. Der *Kniepunkt* befindet sich hinter diesem Knochenhöcker, oben am Schienbein des Pferdes.

Verspannte Leistenmuskeln können Spannungen auf das Knie ausüben. Pferde, die im vorderen Teil der Leiste verspannt sind, werden Schwierigkeiten haben, das Knie nach außen zu entspannen.

Dieser Punkt hat eine entspannende Wirkung auf die Muskeln, die am Knie ziehen. Dazu gehören sowohl die Leistenmuskeln als auch die tieferen Muskeln der Hinterhand. Indem Sie dort Spannungen lösen, helfen Sie dem Knie, gesund zu bleiben.

TIPPS

- Suchen Sie mit Berührungsstärke *Berührung mit Zwischenraum*, um das Blinzeln zu finden. Bleiben Sie mindestens eine halbe Minute bei diesem leichten Druck und warten Sie auf weitere Reaktionen.

- Pferde mit schmerzenden Knien werden oft an diesem Punkt deutliche Reaktionen zeigen.
- Sobald die Hüfte sich gesenkt hat, ist dieser Punkt sehr wirksam, um das Knie zur Entspannung zu führen und noch mehr nach außen „ausfallen" zu lassen (Foto S.126).
- Sobald das Bein des Pferdes entspannt ist und locker nach vorne gestellt ruht, legen Sie Ihre Hand sanft auf das Sprunggelenk und wackeln Sie vorsichtig am Bein. Entspanntes Wackeln fördert die Entspannung und den Lösungsprozess. Falls Sie zu fest wackeln, so wird das Pferd Ihnen das mitteilen, indem es sich versteift oder das Bein belastet.
- Verwenden Sie die Methode *„dem Blinzeln folgen"*. So können Sie überall am Knie, auf der Innen- oder Außenseite, nach Stellen suchen, an denen das Pferd Spannungen festhält.

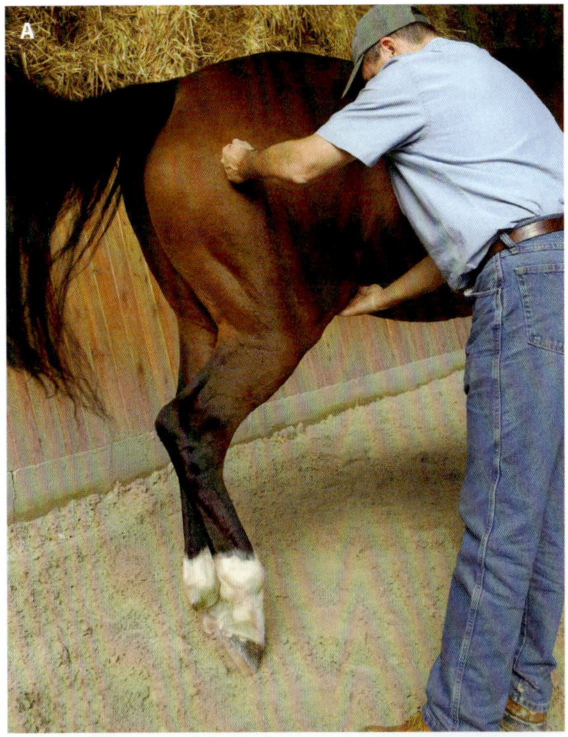

__A & B__ Vorsicht, wenn Sie anfangs den Kniepunkt berühren! Das Pferd ist möglicherweise in diesem Bereich schmerzempfindlich oder sensibel (A). Legen Sie Ihre Hand tiefer auf, nah am Sprunggelenk, und lassen Sie sie vorsichtig nach oben zum Kniepunkt gleiten (B).

Sicherheitshinweis: *Falls das Pferd im Knie-, Leisten- oder Flankenbereich empfindlich oder schmerzempfindlich ist, so wird es vielleicht zucken oder austreten, wenn man es dort zu grob anfasst (Foto A, oben). Beobachten Sie die Ohren UND das Bein. Stehen Sie so weit wie möglich vorne in Richtung Widerrist, wenn Sie zuerst die Flanke berühren oder wenn Sie Ihre Hand auf die Innenseite des Hinterbeins führen.*

Zu Anfang legen Sie Ihre Hand in der Nähe des Sprunggelenks auf und lassen sie sanft an der Außenseite entlang nach oben gleiten, dann an der Innenseite des Knies entlanggleiten (Foto B, unten). Bevor Sie dies tun, stellen Sie sicher, dass das Pferd an den Flanken nicht empfindlich ist. Falls Zweifel bestehen, so kommen Sie – genau wie bei den anderen Punkten – hierhin zurück, nachdem das Pferd an anderen Punkten Spannungen gelöst hat oder überspringen Sie diesen Punkt ganz.

6. Der Schambeinfugenpunkt

Die Schambeinfuge befindet sich dort, wo die beiden Beckenhälften hinten zusammentreffen – nämlich unter dem Schweif. Hier setzen einige rückseitige Oberschenkelmuskeln an sowie Faszien, die mit dem Bauch verbunden sind. Dies kann vielleicht der Grund für die Atmungsreaktionen sein, die das Pferd oft an diesem Punkt zeigt.

Ungefähr 6 bis 8 Zentimeter unter dem After befindet sich ein horizontaler „Vorsprung" oder ein festes Band, das zwischen den beiden Sitzbeinen oder Sitzbeinhöckern entlangläuft. Der Schambeinfugenpunkt befindet sich in der Mitte dieses Vorsprungs oder Bandes (siehe Zeichnung S. 113).

Verwenden Sie diesen Punkt, wenn das Pferd Verspannungen in den rückseitigen Oberschenkelmuskeln und dem Kreuzbein hat, eine kuhhessige Stellung einnimmt oder scheinbar das Hinterteil „einklemmt". Pferde, die Verspannungen im hinteren Teil der Leisten haben – im Gegensatz zum Kniebereich oder dem vorderen Teil der Leisten – werden positiv auf diesen Punkt reagieren.

TIPPS

- Beobachten Sie das Pferd: Hier können Sie vielleicht mit ein wenig mehr Druck – wie *Eigelb* oder *Weintraube* – anfangen.

So entdeckt man die Lösungspunkte

Ich entdeckte diesen Punkt – oder vielmehr das Pferd zeigte mir diesen Punkt – während ich mit einem Pferd arbeitete, das den Kreuzbeinbereich extrem anzog und dort sowie in den rückseitigen Oberschenkelmuskeln und hinteren Leistenmuskeln (im Gegensatz zu den vorderen Leistenmuskeln im Kniebereich) starke Verspannungen hatte. Es stand in extrem kuhhessiger Stellung da und hatte Schwierigkeiten, sein Hinterbein sowohl nach vorne als auch nach hinten zu entspannen. Während ich nach verspannten Bereichen suchte, oder irgendetwas, das den Beckenbereich lösen würde, und dabei die Reaktionen des Pferdes beobachtete, bemerkte ich ein leichtes Blinzeln an diesem Punkt. Ich wartete auf dem Punkt und nach einer kurzen Zeit fing das Pferd an, schwer zu atmen, gähnte dann und rollte mehrmals die Augen – klassische, starke Entspannungsanzeichen. Es entspannte sich in der Hinterhand und begann, sein Gewicht von einem Bein aufs andere zu verlagern. Die rückseitigen Oberschenkelmuskeln wurden weicher und ich konnte das Bein freier bewegen. Kurz gesagt, es funktionierte.

Wie dem auch sein mag, es funktioniert bei Pferden, die in diesem Bereich unter Verspannungen leiden und es ist die Zeit wert, die man hier auf der Suche nach einer Reaktion verbringt.

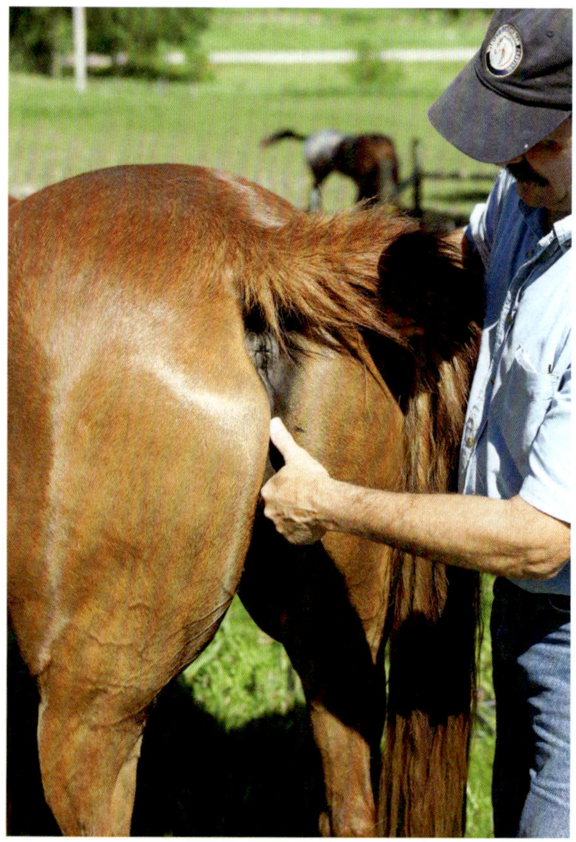

Beginnen Sie mit Berührungsstärke Eigelb.

- Achten Sie auf Veränderungen bei der Atmung, besonders darauf, ob das Pferd tiefer atmet. Das bedeutet, dass es funktioniert.
- Sobald das Pferd anfängt, sich hierbei zu entspannen, spüren Sie vielleicht, dass dieser „Vorsprung" ein wenig weicher wird. Erhöhen Sie den Druck vorsichtig auf *Weintraube*. Folgen Sie dem Blinzeln. Lassen Sie sich von den Reaktionen des Pferdes leiten. Im Zweifelsfall *ist weniger immer mehr* (Ihr Motto!).
- Bei Stuten ist dieser Punkt hinter der Vulva. Sie können den Punkt finden, indem Sie unter oder seitlich der Vulva, dann in Richtung Mittellinie der Schambeinfuge suchen.

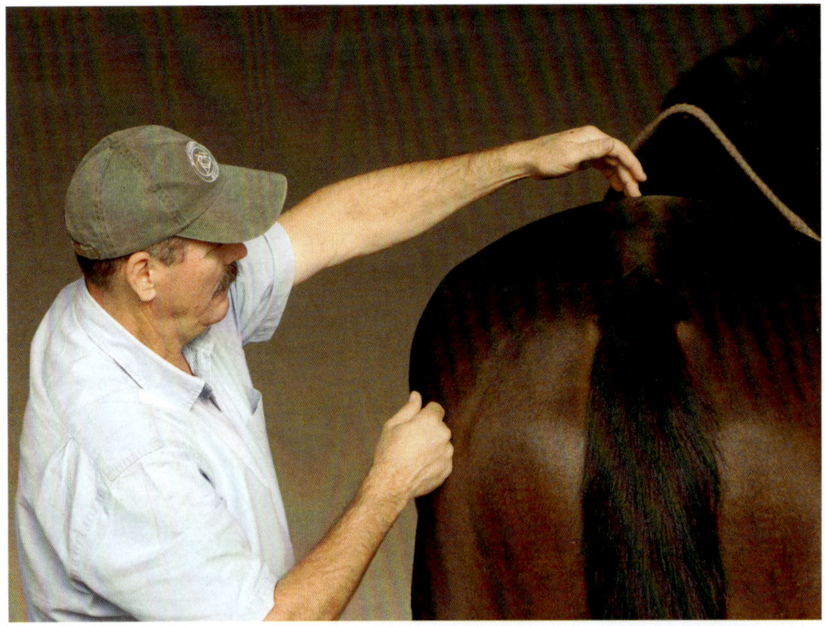

Sie können zwei Punkte zur gleichen Zeit verwenden.

Noch ein paar letzte Vorschläge für das Arbeiten mit Lösungspunkten

1. Es ist wichtig, sich daran zu erinnern, dass man auf diesen Punkten *nicht massiert oder herumdrückt*, wenn man *von oben* arbeitet. Sie senden ganz einfach Signale an das Nervensystem des Pferdes, Verspannungen in der Hinterhand loszulassen.
2. Während Sie mit diesen Punkten experimentieren, werden Sie sehen, dass bestimmte Punkte bei einzelnen Pferden sowie in verschiedenen Reihenfolgen und Kombinationen besser funktionieren. Es ist daher nicht nötig, sie in einer bestimmten Reihenfolge auszuführen. Wie ich jedoch bereits erwähnte, habe ich festgestellt, dass man gute Resultate erzielt, wenn man die *Unter-dem-Schweif-Punkte* zuerst behandelt. Man muss zwar die beiden Punkte nicht direkt hintereinander machen, sollte jedoch sicherstellen, dass beide während des Prozesses behandelt werden.
3. Wie bereits erwähnt, können Sie eine leichte Berührung mit einer *weichen* Hand oder eine leichte Berührung mit einer *harten* Hand ausführen. Das Nervensystem des Pferdes bevorzugt eine *weiche* Hand und Sie werden mit einer weichen Hand bessere Resultate erzielen. Also halten Sie während der Anwendung dieser Punkte Ihre Hand bewusst *weich*.
4. Lassen Sie Ihre Hand ab und zu, während Sie an einem Punkt auf eine Entspannungsreaktion warten, bewusst weich werden und achten Sie dabei aufmerksam auf die Augen des Pferdes. Während Sie Ihre Hand weich werden lassen, können Sie beobachten, dass auch die Augen des Pferdes etwas weicher werden. Wenn also *Sie weicher werden*, dann wird auch das *Pferd weicher*. Wenn das Pferd weicher wird, so fängt es an, sich zu entspannen und Verspannungen zu lösen. So einfach ist das!
5. Sie können zwei Punkte auf einmal behandeln, solange Sie in der Lage sind zu deuten, welche Reaktionen das Pferd auf einen oder beide Punkte hat (Foto oben).

6. Betrachten Sie das Lösen von Verspannungen als eine Zwiebel, von der man langsam die Häute pellt. (Normalerweise fließen dabei keine Tränen. Seien Sie jedoch nicht überrascht, falls Ihnen nach einer besonders großen Entspannungsreaktion die Tränen in den Augen stehen.) Das Pferd löst vielleicht nicht alle Verspannungen in einem Bereich auf einmal oder während einer einzigen Sitzung. Es kann nötig werden, mehrfache Häute im Laufe von mehreren Sitzungen abzupellen. Besonders dann, wenn die ursprüngliche Ursache für die Verspannung nicht behoben wird.
7. *Falls das Pferd den Eindruck macht, keine Verspannungen zu lösen*, so gehen Sie einen Schritt zurück und machen eine Pause. Manche Pferde möchten Ihnen einfach keine Entspannungsreaktionen oder andere Zeichen der Unterordnung oder des Nachgebens zeigen. Sie halten oft so tiefe Verspannungen fest, dass ihr Überlebensinstinkt es ihnen nicht erlaubt, dies zu offenbaren.

MERKE:

Wenn Sie lange und sanft genug an einer beliebigen Stelle des Pferdekörpers bleiben, an der das Pferd Ihnen Verspannungen signalisiert hat, so wird das Nervensystem des Pferdes diese Verspannungen lösen.

8. Wenn Sie mit dem *Unter-dem-Schweif-Punkt* angefangen haben und das Pferd innerhalb von einer oder zwei Minuten die Hüfte nicht hat fallen lassen, so können Sie den sehr sensiblen *Beckenpunkt* verwenden, um es dem Pferd zu erleichtern, die Hüfte zu senken. Oder Sie können das Pferd durch leichten Druck auf das *Hüftgelenk* darum bitten, sein Gewicht auf ein Bein zu verlagern, um den Prozess in Gang zu bringen.
9. Denken Sie an die zwei Prinzipien der Überlebensinstinkte des Pferdes:

   a) Fliehen oder Widerstand leisten. Indem Sie leicht und vorsichtig vorgehen, bleiben Sie unter der Widerstandsreaktion. Sie lenken die Aufmerksamkeit des Pferdes auf eine Art auf die Verspannung, die es ihm erlaubt, seinen Selbstschutz aufzugeben. Indem Sie auch nur leicht dem Widerstandsinstinkt des Pferdes nachgeben, geben Sie ihm nichts, wogegen es Widerstand leisten könnte. Dadurch entspannt sich das Pferd und löst Verspannungen.

   b) Herdeninstinkt und Körpersprache. Das Überleben des Pferdes hängt von Kommunikation in der Herde ab. Es verwendet Körpersprache, um Schmerzen, Unbehagen und Lahmheit zu verstecken. Dadurch, dass Sie subtile Veränderungen in seinem Verhalten oder seiner Körpersprache beobachten, können Sie diese schmerzhaften Bereiche finden und die Verspannungen durch Anwendung der richtigen Berührungsstärke lösen (siehe Berührungsstufen auf S. 12).

Technik 2:
ARBEITEN MIT DER HINTERHAND – *VON UNTEN*

ZIEL: Positionierung und Bewegung der Hintergliedmaßen dazu verwenden, um Verspannungen in den Muskeln und Strukturen der Hinterhand weiter zu lösen.

RESULTAT: Indem Sie die Hintergliedmaßen in bestimmte Positionen bringen, ermöglichen Sie weitergehende Lösung von Spannungen, und zwar über den Punkt hinaus, an dem normalerweise die Bewegungseinschränkung besteht. Bewegung durch bestimmte Bewegungsspektren in einem entspannten Zustand trägt zu einem vermehrten Lösen von Verspannungen in wichtigen Muskeln und Bindegeweben im Iliosakralbereich, den Hintergliedmaßen und der Beckenstruktur bei, an der die Hintergliedmaßen befestigt sind. Hierbei kommt das Prinzip *Bewegen eines Gelenks oder eines Übergangs durch ein Bewegungsspektrum im entspannten Zustand zur Lösung von Verspannungen in diesem Gelenk oder Übergang* zur Anwendung.

WIE FUNKTIONIERT DAS?

Beim *Arbeiten mit der Hinterhand – von unten* werden die Hinterbeine auf ähnliche Weise gehandhabt, wie zuvor die Vorderbeine bei den *Techniken zur Lösung des Skapulabereiches* in der Vorhand (S. 68). Wenn Sie das Pferd bitten, das Hinterbein zu lösen oder in einem entspannten Zustand „fallenzulassen“, so lösen Sie ebenfalls Verspannungen im *Iliosakralgelenk*, ähnlich der Lösung, die Sie mit den *Lösungstechniken für den Skapulabereich* im *Hals-Schulter-Widerrist-Übergang* in der Vorhand erzielen. So wie auch bei den *Lösungstechniken für den Skapulabereich*, gibt es bei dieser Technik zwei Teile:

Teil A: *Lösen des Hinterbeins – nach vorne/unten* (S. 132).

Teil B: *Lösen des Hinterbeins – nach hinten/unten* (S. 143).

Denken Sie daran, dass Sie nicht nur mit den Gliedmaßen arbeiten, sondern mit der gesamten Hinterhandstruktur: Lendenbereich, Becken, Iliosakralgelenk, Gesäßmuskeln, rückseitige Oberschenkelmuskeln, Leiste und tiefere Muskeln, wie z. B. Lendenmuskeln, die von außen weder sichtbar noch fühlbar sind.

Das *Arbeiten mit der Hinterhand – von unten* hilft dem Pferd ebenfalls dabei, Verspannungen in den Muskeln und Strukturen des Beins zu lösen. Dazu gehören die *Knie*, der *vierköpfige Oberschenkelmuskel*, der *zweiköpfige Oberschenkelmuskel*, die *rückseitigen Oberschenkelmuskeln* und die *Sprunggelenke*. Dadurch, dass Sie diese Gelenke und Übergänge in einem entspannten Zustand durch ihr Bewegungsspektrum bewegen, lösen sich dort Spannungen. Die bei dieser Technik verwendeten Positionen leiten auch das Lösen von Verspannungen im Lendenbereich ein – und das bevor Sie mit der Arbeit am Pferderücken beginnen.

DER SCHLÜSSEL ZUM ERFOLG

- Gehen Sie mit Gefühl vor und geben Sie Widerstand nach.
- Erfühlen Sie die Entspannung.
- Achten Sie auf die Reaktionen des Pferdes.

TECHNIK 2: ARBEITEN MIT DER HINTERHAND – *VON UNTEN*

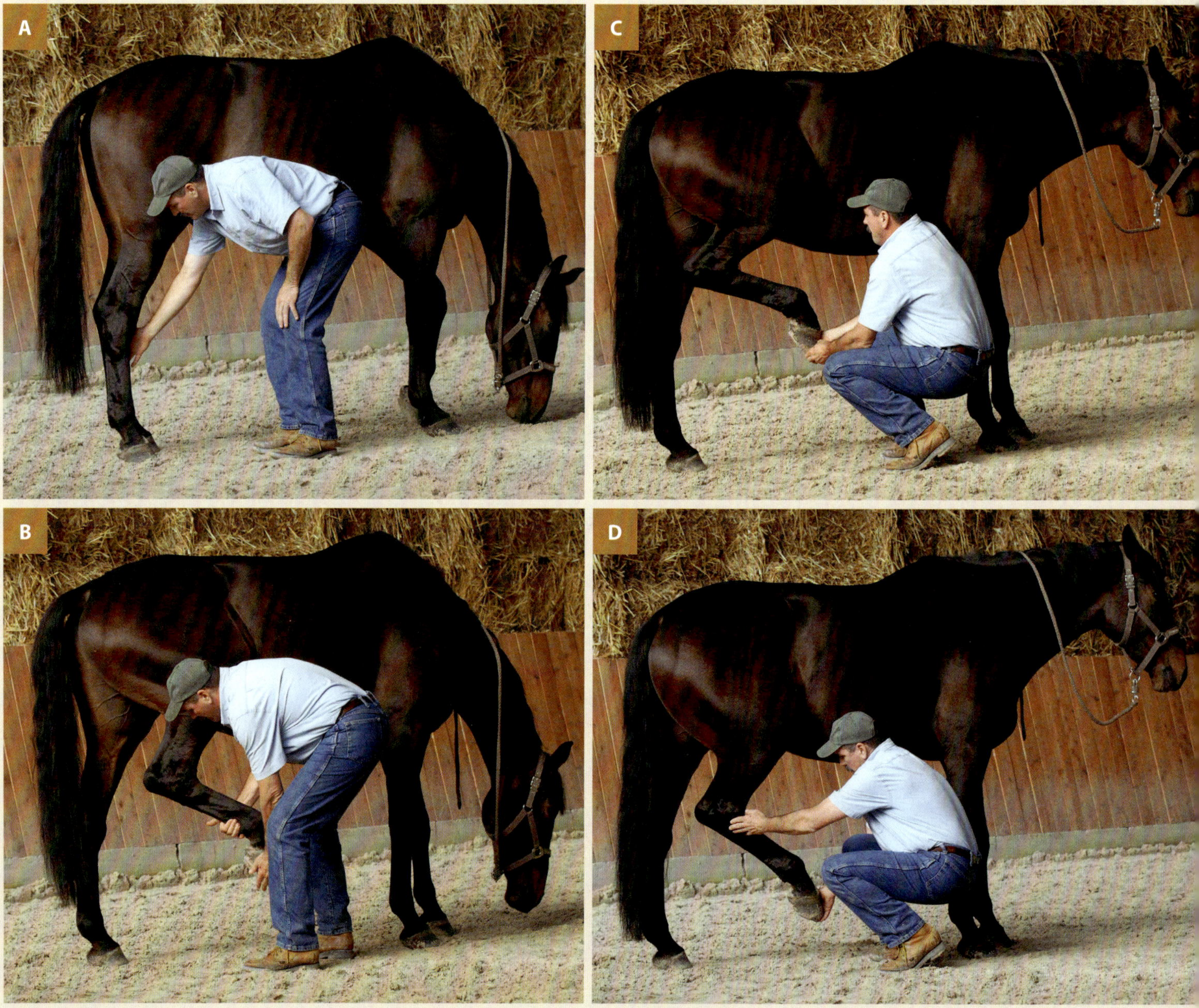

KURZÜBERSICHT: Schritt-für-Schritt-Anleitung

TECHNIK 2: ARBEITEN MIT DER HINTERHAND – *VON UNTEN*

Teil A: Lösen des Hinterbeins – nach vorne/unten

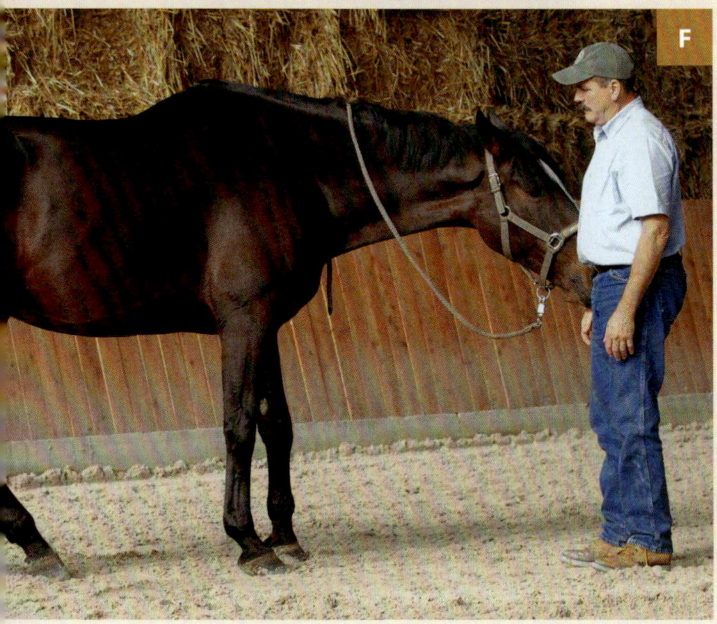

(Auf der rechten Seite beginnen.)

Schritt 1. Stehen Sie neben der Flanke des Pferdes und schauen Sie nach hinten (A).

Schritt 2. Bitten Sie das Pferd, Ihnen das Hinterbein zu geben.

Schritt 3. Während das Pferd den Fuß hochhebt, lassen Sie die Finger einer Hand unter die Zehe gleiten (B).

Schritt 4. Lassen Sie den Fuß in der „Schmiedposition" ruhen, um dem Pferd Gelegenheit zu geben, das Bein zu entspannen. Nehmen Sie eine rückenschonende Haltung ein (C).

Schritt 5. Senken Sie den Fuß in Richtung Boden und stützen Sie dabei das Gewicht des Beins ab (D).

Schritt 6. Lassen Sie eine Hand unter das Fesselgelenk gleiten, während der Fuß sich dem Boden nähert. So können Sie die Zehe vorsichtig loslassen, bevor der Fuß auf dem Boden aufkommt (E). Halten Sie eine Hand auf dem Bein, um das Pferd zu ermuntern, das Bein dort ruhen zu lassen.

Schritt 7. Treten Sie einen Schritt zurück und achten Sie auf Reaktionen (F). Falls das Pferd in dieser Position bleibt, erlauben Sie ihm, die Lösung von Spannungen zu verarbeiten.

Hinweis: *Die absolut beste Art, diese Hinterbeintechniken zu üben ist, ein Pony oder – falls kein Pony zur Verfügung steht – ein kleines Pferd heranzuziehen. Auf diese Weise können Sie sich mit Körper- und Beinpositionen sowie Bewegungen vertraut machen, ohne dabei 50 kg Pferdebein herumhieven zu müssen. Aus Erfahrung kann ich sagen, dass hartgesottene Pferdeleute typischerweise nicht zögern, den nächsten halbzahmen Mustanghengst zu ergreifen, der sich gerade anbietet und damit anfangen, an seinen Beinen zu ziehen. Mein Ratschlag aber ist es, sich ein Pony zu suchen. Tun Sie einfach so, als wenn niemand zuschaut und machen Sie es sich leicht. Üben Sie diese Bewegungen, ohne sich den Rücken auszurenken. Nun genug zum Thema!*

Schonen Sie Ihren Rücken

Die Hinterbeine des Pferdes können schwer sein. Finden Sie also eine Körperposition, in der Sie sicher und effektiv arbeiten können. Seien Sie sich bewusst, wie Sie sich genau bücken, beugen und stehen werden, sodass Sie keinen Schaden nehmen. Falls Sie sich dabei wohlfühlen, können Sie sogar auf ein Knie heruntergehen. Stellen Sie jedoch sicher, dass das Pferd Platz hat, sich von Ihnen wegzubewegen, falls es ein plötzliches Verlangen nach Luftwechsel verspürt!

Fühlen Sie sich jedoch wohler, wenn Sie sich vornüberbeugen oder stehen, so stützen Sie Ihre Ellenbogen auf den Knien auf, um Ihren Rücken zu schonen (Fotos A & B). Schließlich werden Sie Ihre eigenen Positionen und Ihren eigenen Stil entwickeln, wenn es darum geht, mit den Hinterbeinen bequem zu arbeiten.

Sicherheitshinweis: *Die Hinterhand kann „geladen" sein. Wenn Sie das Pferd zum ersten Mal bitten, ein Hinterbein anzuheben, stellen Sie sich am besten ein wenig näher an die Ihnen zugewandte Flanke des Pferdes und schauen Sie dabei in Richtung Hinterhand. Das ist am sichersten. Wenn das Pferd dann unerwartet austritt, stehen Sie nicht direkt im Schussbereich. Wenn Sie erst einmal an der Hinterhand angelangt sind, sollten Sie sich eigentlich mit dem Pferd wohlfühlen und das Pferd mit Ihnen. Trotzdem ist es wichtig daran zu denken, dass das Pferd hier noch sensible oder schmerzempfindliche Muskeln haben kann.*

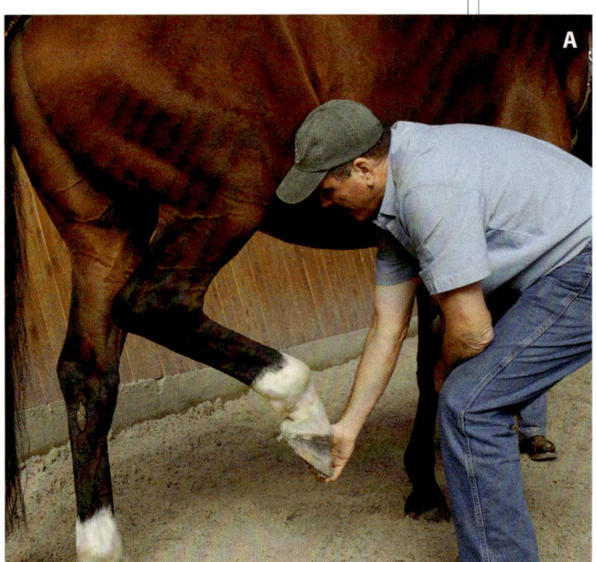

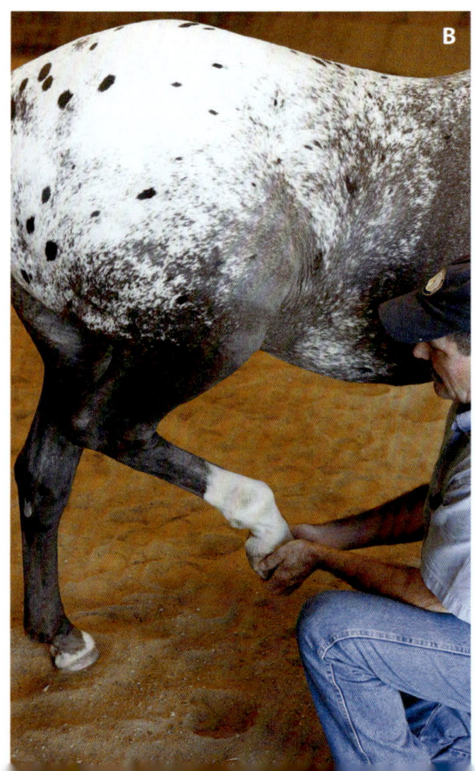

A & B *Falls Sie lieber stehen, stützen Sie ihren Ellenbogen auf den Knien auf, um Ihren Rücken zu schonen (A). Sie können das Bein auch abstützen, während Sie auf einem Knie niederknien (B).*

Teil A. Lösen des Hinterbeins nach vorne/unten im Detail

1. Bringen Sie das Pferd in die richtige Position

Stellen Sie das Pferd dort in der Box auf, wo es für Sie und das Pferd am sichersten ist. Der beste Ort ist in der Mitte der Box, wo das Pferd Platz hat, sich von Ihnen wegzubewegen. Die schlechteste Stelle ist die, wo das Pferd direkt vor der Wand steht und Sie auf der offenen Seite. Das bedeutet, dass der einzige Fluchtweg direkt durch Sie durch geht. Stellen Sie sicher, dass das Pferd nicht mit dem Hinterteil zu nah an der Wand steht oder sich dagegen lehnt.

Vergewissern Sie sich, dass das Pferd einigermaßen gleichmäßig auf allen vier Beinen steht. Immer, wenn Sie eines seiner Beine hochheben, wollen Sie sicher sein, dass es sich ausbalancieren kann und nicht gezwungen ist, einen Schritt zu machen oder nach vorne oder hinten zu fallen.

2. Bringen Sie sich selbst in die richtige Position

Stellen Sie sich neben die Hinterhand des Pferdes, als wenn Sie seinen Huf zum Auskratzen aufheben wollten, mit Blick nach hinten. Falls Ihnen das Pferd unbekannt ist, so stellen Sie sich ein bisschen näher in Richtung Bauch.

3. Heben Sie den Fuß hoch

Wenn Sie das Pferd bitten, das Bein anzuheben, schieben Sie Ihr Gewicht sanft in seine Richtung, legen Sie Ihre Hand auf sein Fesselgelenk oder die Röhre und fordern Sie das Pferd durch leichtes Drücken auf, das Bein zu heben. Wenn es beginnt, das Bein zu entlasten oder den Fuß, lockern Sie Ihren Griff, um dem Pferd zu verstehen zu geben, dass es richtig reagiert hat. Auffordern, lockern, auffordern, lockern – bis es seinen Fuß hebt. Bald wird es den Fuß jedes Mal dann heben, wenn Sie Ihre Hand dort hinlegen.

Während das Pferd seinen Fuß hebt, lassen Sie Ihre Hand unter die Fessel oder – falls Sie sich dabei wohlfühlen – unter die Zehe gleiten. Warten Sie, dass es sein Bein in Ihrer Hand entspannt und treten Sie dann einen kleinen Schritt zurück (in Richtung Pferdekopf) und bringen Sie den Fuß noch ein wenig mehr nach vorne.

Achten Sie darauf, dass Sie selbst eine bequeme, rückenschonende Position einnehmen. Am besten nah am Pferdekörper. Stützen Sie Ihre Ellenbogen auf Ihren Knien auf, um Ihren Rücken zu schonen, während Sie dem Pferd eine Minute Zeit geben, um das Bein, das Becken und das Kreuz zu entspannen.

4. Arbeiten Sie mit dem Pferdebein so, dass es dem Pferd leichtfällt, Ihnen nachzugeben

Nicht greifen und ziehen: Die beste Art, auf jeden Fall getreten zu werden, ist die Röhre zu ergreifen, sobald das Pferd den Fuß vom Boden hebt und dann zu ziehen, wenn es das Bein wegzieht. Lassen Sie Ihre Hand von der Röhre bis unter die Fessel gleiten oder stecken Sie Ihre Finger unter die Zehenspitze und bringen Sie den Fuß nach vorne. Verwenden Sie das gleiche „Fingerspitzengefühl", das Sie während der anderen Techniken entwickelt haben, z.B. bei der *Lateralen Beugung des Halses* (S. 39). Bereiten Sie sich darauf vor, das Bein abzustützen, wenn das Pferd es entspannt.

5. Stützen Sie das Bein ab, sobald es vom Boden abgehoben ist

Nachdem das Pferd das Bein gehoben hat, müssen Sie das Gewicht des Beins stützen: Wenn Sie es an der Zehe halten, so sind die ideale Position und der ideale Abstand etwa dort, wo der Fuß wäre, wenn er sich beim Schmiedbesuch auf dem Hufbock befindet. Deshalb nenne ich diese Beinposition die „Schmiedposition". Dies ist nicht nur die bequemste Position für das Pferd, sondern gibt Ihnen auch Zeit, die Zehe loszulassen, falls das Pferd den Fuß absetzt.

6. Erspüren Sie bewusst Anzeichen der Entspannung im Bein und der Hinterhand des Pferdes

Anzeichen für Entspannung sind ein schwerer werdendes Bein oder ein sich entspannendes und nach außen zeigendes Knie. Sobald Sie spüren, wie das Bein in Ihrer Hand schwer wird, führen Sie es sanft und langsam nach vorne/unten und ein wenig in Richtung Mittellinie des Pferdes, unter den Bauch.

Hinweis: *Falls Sie ermüden, können Sie den Fuß normal absetzen, aufstehen und sich strecken, dann wieder dort anfangen, wo Sie aufgehört haben. Dies gilt für alle diese Techniken: Sie können zu jedem beliebigen Zeitpunkt aufhören und dann wieder anfangen. Sie werden vielleicht jedes Mal, wenn Sie dies tun, bemerken, dass das Hinterbein entspannter (und leider auch schwerer) wird, und dass es für das Pferd leichter wird, die Spannung zu lösen.*

7. Setzen Sie den Fuß auf dem Boden ab

Es ist wichtig, das Gewicht des Beins abzustützen, während Sie es herunterlassen. Während der Fuß sich dem Boden nähert, lassen Sie eine Hand hinter die Fessel gleiten und heben Sie dort das Bein an, während Sie die Finger der anderen Hand unter der Zehe wegziehen. Denken Sie daran, die Fessel zu heben, bevor Sie die Zehe loslassen. So bleibt das Pferd in Ihrer Hand entspannt. Falls Sie die Zehe loslassen, bevor Sie die Fessel abstützen, so wird das Pferd das Bein heben.

Der beste Trick für den Umgang mit den Pferdebeinen

Falls Sie je einen guten Schmied beobachtet haben (ja, die gibt es!), wie er den Fuß eines schwierigen Pferdes hochhebt, so werden Sie wahrscheinlich gesehen haben, wie er den Fuß des Pferdes an der Zehe festhält, bis das Pferd den Widerstand aufgibt. Das Festhalten an der Zehe macht es nicht nur leichter, den Fuß festzuhalten, sondern auch für das Pferd einfacher, den Fuß und das Bein in Ihrer Hand zu entspannen.

Hinweis: *Wenn man die Zehe des Pferdes festhält, ist es wichtig, genau zu wissen, wann man sie loslassen muss. Das kann der Fall sein, wenn sich das Pferd dermaßen aufregt, dass es gefährlich für Sie (oder das Pferd) wird, weiterzumachen. Sobald Sie sich daran gewöhnt haben, als Reaktion auf Widerstand nachzugeben, wenn Sie die Zehe festhalten, werden Sie in der Lage sein, manch ein beunruhigtes Pferd zu beruhigen.*

Ich möchte nicht zu sehr auf dem Thema herumreiten, aber wenn es richtig gemacht wird, so ist es beim Handhaben des Fußes bei den meisten Pferden am besten, wenn man ihn an der Zehe festhält. Damit will ich Ihnen Folgendes raten: Wenn Sie den Pferdefuß an der Zehe festhalten, lassen Sie am besten los, bevor der Fuß platt auf dem Boden landet.

8. Wählen Sie eine Stelle auf dem Boden aus

Sie brauchen einen allgemeinen Landeplatz für den Fuß. Suchen Sie eine Stelle aus, wo das Pferd sein Bein bequem ausruhen kann. Erspüren Sie diese Stelle, während Sie das Bein nach unten führen. Die Stelle, die Sie suchen, befindet sich ein wenig weiter vorne und unter dem Pferd, als die, an der es den Fuß normalerweise absetzen würde.

Hinweis: *Fordern Sie das Pferd beim ersten Mal nicht auf, den Fuß zu weit vorne abzusetzen. Es ist besser, dem Pferd eine bequeme Position anzubieten, in der es sich länger entspannen kann, als eine gestrecktere Position, in der es ihm schwer fällt, sich zu entspannen. Denken Sie daran, Sie pellen die Häute von der Zwiebel, und zwar nur jeweils eine.*

9. Lassen Sie den Fuß ruhen

Sobald der Fuß auf dem Boden ruht, lassen Sie Ihre Hand auf dem Fuß oder dem Bein liegen, um das Pferd zu ermuntern, in dieser Position zu bleiben. Die meisten Pferde werden den Fuß wieder hochheben, wenn Sie Ihre Hand vom Fuß oder Bein entfernen. Schließlich streben Sie an, dass der Fuß in einer Position auf dem Boden ruht, die – soweit das Pferd dort das Bein bequem ausruhen kann – so weit wie möglich vorne und unter dem Pferd ist. Dabei lastet das Gewicht des Pferdes auf dem gegenüberliegenden Bein (Abb. S. 137). Je länger es ist in der Lage ist, sich in dieser Position zu entspannen, desto mehr Spannungen wird das Pferd lösen. Ich nennen das auch „Pferde-Yoga“ für die Hinterhand. Das Pferd wird einen Zustand erreichen, der fast „betäubt“ erscheint. Ich vermute, die „Betäubungsmittel“ bestehen aus Endorphinen! Falls Sie genug Zeit haben, erlauben Sie dem Pferd so lange in dieser Position zu bleiben, wie es will. Außer einer guten Pause, bekommt es hierdurch auch ein sehr entspanntes Hinterteil.

Achten Sie auf Folgendes:

- wie viel mehr das Becken nach unten fällt, je länger das Pferd in dieser Position bleibt,
- wie viel niedriger es bei jeder Wiederholung wird.
- wie sehr die Lendenwirbel entspannt „gedreht" sind, wenn die Hüfte fallen gelassen wird.

10. Treten Sie einen Schritt zurück

Sehen Sie, was das Pferd zu sagen hat. Lässt Ihr Pferd das Bein in dieser Position stehen, so lassen Sie es die Lösung von Spannungen hier verarbeiten, bis es selbst die Körperposition ändert. Manchmal zeigt ein Pferd Ihnen sofort *sichtbare Entspannungsreaktionen*, manchmal wird es *dastehen und Lösungen verarbeiten* (siehe unten), dann Entspannungsreaktionen zeigen, wenn es damit fertig ist oder auch *gar keine Reaktionen* zeigen. Das hängt vom Pferd ab: vom Ausmaß der Verspannungen, die es vielleicht gehabt hat, wie viel davon gelöst wurde und ob sich das Pferd dabei wohlfühlt, Ihnen Entspannungsreaktionen zu zeigen.

Hinweis bezüglich „verarbeiten": *Manchmal bleibt das Pferd in dieser Position, mit dem Bein nach vorne und unter den Körper gestellt, ein paar Sekunden oder sogar ein paar Minuten lang stehen, besonders dann, wenn das Bein die Mittellinie überkreuzt. Das geschieht nicht, weil es sich so gut anfühlt, wenn sich die Verspannungen gelöst haben, sondern weil das Nervensystem des Pferdes das Lösen möglicherweise „verarbeiten" muss. Dann scheint es so, als würde das Pferd in die Ferne schauen oder, dass es mit hängendem Kopf fast einschläft. Der Unterschied jedoch ist, dass seine Lippen zucken, die Augen blinzeln oder sich weiten und wieder verengen und dass sein Körper ab und zu zuckt, als hätte es einen elektrischen Schlag bekommen. Sie müssen deswegen nicht in Panik geraten, bleiben Sie ruhig! Dies ist ein gutes Zeichen. Die Anwendung der Technik war erfolgreich.*

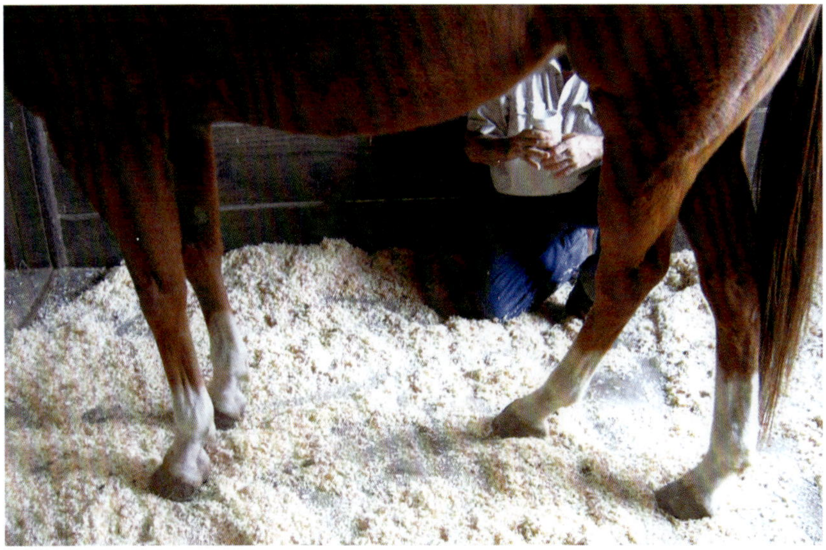

Dieses Pferd steht ganz ruhig, mit dem Bein nach vorne und über die Mittellinie gestellt.

Was ist, wenn …?

- **Was ist, wenn das Pferd während des Prozesses das Bein nach oben zieht?**

Es ist wahrscheinlich, dass das Pferd an irgendeinem Punkt das Bein nach oben zieht, während es nach unten geführt wird. Das ist normal. In diesem Fall ziehen Sie nicht am Bein, sondern *geben* Sie dem Pferd stattdessen *nach* (Foto A, S. 138). Lassen Sie Ihre Hand auf der Zehe oder dem Fesselkopf liegen und gehen Sie mit dem Bein nach oben. Halten Sie es einfach nur „in der Nähe", bis das Pferd das Bein wieder in Ihrer Hand entspannt (Foto B, S. 138).

Während es das Bein in Ihrer Hand entspannt, bereiten Sie sich darauf vor, das Gewicht des Beins in der „Schmiedposition" so weit wie möglich abzustützen.

- **Warum zieht das Pferd das Bein hoch?**

Wahrscheinlich entspannt sich das Pferd, bis es einen Punkt der Bewegungseinschränkung in der Hinterhand erreicht. Das verursacht ihm Unbehagen und es zieht das Bein nach oben.

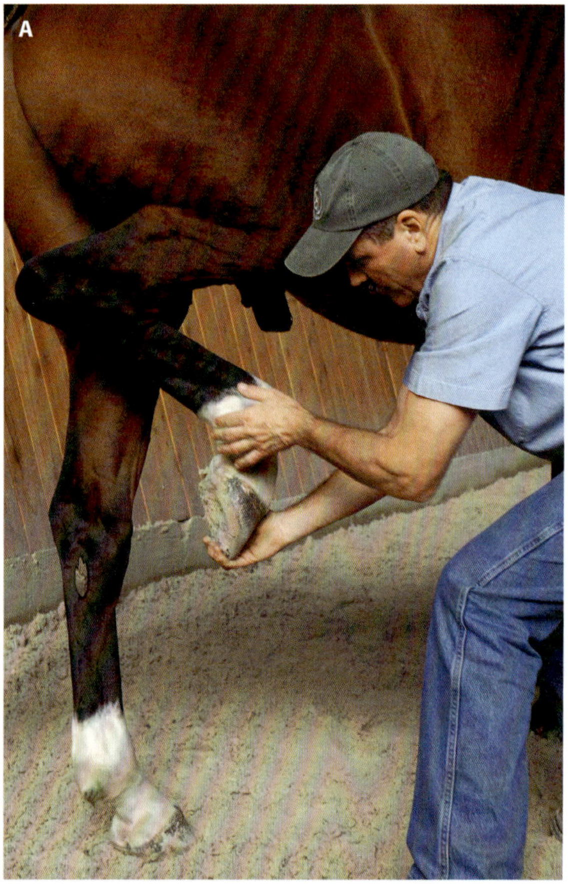

A & B Falls das Pferd das Bein hochzieht, lassen Sie Ihre Hände auf dem Bein liegen, ziehen dabei jedoch nicht zurück (A). Gehen Sie einfach mit dem Pferd mit und warten Sie, bis es das Bein in Ihrer Hand entspannt (B).

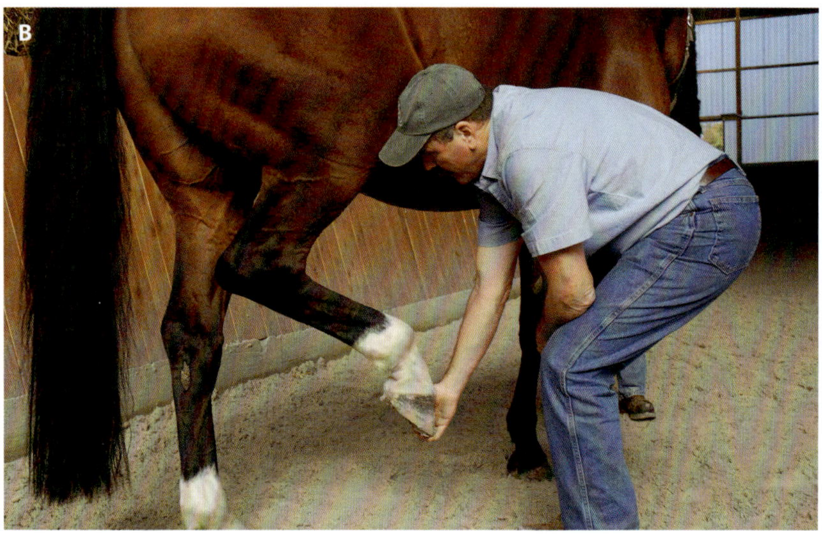

Jedes Mal, wenn es das Bein hochzieht, dann löst es auch Verspannungen oder Bewegungseinschränkungen. Dies kann mehrmals geschehen, je nachdem, wie viel Verspannung oder Bewegungseinschränkung vorliegt. Jedes Mal werden Sie spüren, dass das Bein entspannter ist.

- **Was ist, wenn mein Pferd beim Herunterführen des Fußes Widerstand leistet?**

Dies ist ein Anzeichen dafür, dass Schmerzen oder Bewegungseinschränkungen in der Hinterhand bestehen und bedeutet, dass Sie dem Pferd dabei helfen, diese loszulassen. Stützen Sie das Bein mehr oder länger ab, so wie oben beschrieben, um ihm die Entspannung zu erleichtern.

Immer dann, wenn ein Pferd Ihnen zu verstehen gibt, dass es sich mit dem, was Sie mit den Hinterbeinen tun möchten, nicht wohlfühlt, bringen Sie das Bein wieder in die „Schmiedposition" und warten Sie, bis es sich in dieser Position entspannt. Das ist die Ausgangsposition.

Wenn es so weit ist, dass Sie das Bein entspannt herunterführen wollen, machen Sie es für das Pferd leichter, indem Sie es bitten, das Bein nur ein wenig nach vorne, anstatt weit nach vorne, abzusetzen (Fotos A & B, S. 139). Bieten Sie ihm eine Position an, in der es länger bleiben kann. Je mehr Zeit das Pferd bequem in der Position bleiben kann, desto besser löst es Verspannungen.

In manchen Fällen ist das Pferd vielleicht in dieser Position nicht in der Lage, den Boden in entspanntem Zustand mit dem Fuß zu erreichen. In diesem Fall stützen Sie das Gewicht des Fußes und des Beins mit Ihrer Hand ab. Manchmal müssen Sie es eine ganze Weile lang über dem Boden festhalten. In der Box können Sie auch etwas Stroh anhäufen und das Pferd kann seine Zehe darauf stützen. Ziel ist es, dass Fuß und Bein in dieser Position entspannt bleiben.

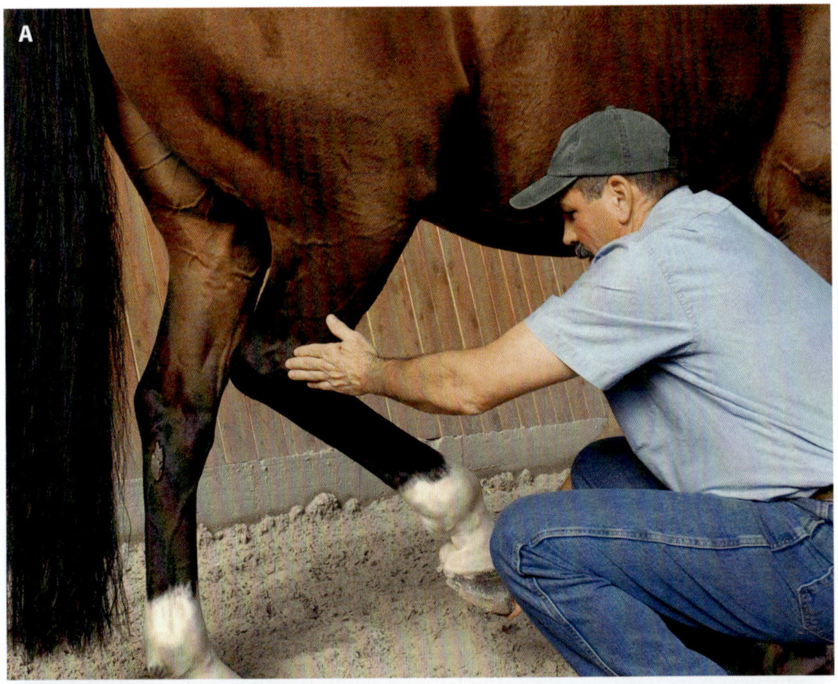

***A & B** Machen Sie es Ihrem Pferd leichter, indem Sie es bitten, den Fuß nur ein wenig nach vorne abzusetzen.*

Wie das Pferd Verspannungen löst

Als ich ursprünglich damit begann, mit dieser Technik zu arbeiten, hatten manche Pferde so viel Verspannungen in der oberen Hinterhand, dass sie ihre Beine nicht entspannt ganz bis zum Boden herunterführen konnten. Ich versuchte dann, den Fuß so lange wie möglich oben zu halten, aber das Pferd drückte dann sein ganzes Gewicht in meine Hand und die Zehe rutschte mir aus den Finger, der Fuß stampfte auf den Boden. Das entmutigte mich die ersten paar Mal ziemlich und ich dachte, die Technik funktioniert nicht. Bald merkte ich jedoch, dass jedes Mal, wenn das passierte und ich es dann noch einmal versuchte, das Bein beim Herunterführen immer entspannter wurde. Das Pferd wurde dabei auch im Kreuz-Darmbeinbereich immer entspannter.

Bald wurde mir klar, dass das Pferd, wenn ich auf Widerstand stieß, durch Entspannung einen Punkt erreicht hatte, an dem Schmerzen oder Bewegungseinschränkungen bestanden. Wenn ich nur eine Sekunde länger festhielt, bevor ich dem Widerstand nachgab, ließ das Pferd diese Verspannungen los. Bei nachfolgenden Versuchen war das Pferd dann weicher und in der Lage, die von mir verlangten Bewegungen bequemer auszuführen. Danach gab es oft sichtbare Entspannungsreaktionen.

Die Moral der Geschichte ist: Manchmal gehen Schmerzen und Widerstand mit dem Lösungsprozess einher. Und manchmal denken Sie, dass Sie nichts erreicht haben, wenn Sie tatsächlich Fortschritte machen.

Denken Sie daran, dass das Pferd jedes Mal, wenn es sein Bein hochzieht, einen Teil der Verspannungen oder Bewegungseinschränkungen auflöst. Dies kann mehrmals geschehen, je nach Ausmaß der Verspannung oder Bewegungseinschränkung. Sie werden jedes Mal spüren, dass sich das Pferd beim entspannten Herunterführen das Beins wohler fühlt und besser in der Lage ist, es ein wenig weiter vorne abzusetzen.

- **Was ist, wenn mein Pferd den Fuß schnell absetzt oder sein ganzes Gewicht darauf legt, ohne ihn zu entspannen?**

Das kann passieren. Gehen Sie langsamer vor, als ob Sie es sanft bitten wollten, den Fuß abzusetzen. Wenn es Ihnen gelingt, sein Gewicht auf dem gegenüberliegenden Bein zu halten, während es dieses Bein absetzt, so gibt das dem Pferd Gelegenheit, jedes Mal ein wenig Spannung zu lösen und es wird zunehmend besser. Sie wollen ja bei jedem Schritt nur ein wenig *Verbesserung* erreichen. Versuchen Sie nicht, direkt „aufs Ganze" zu gehen.

Ausschlagen als Kommunikationsform

Meiner Erfahrung nach haben Pferde, die ausschlagen, meistens nicht die Absicht, Sie zu treten. Wenn es Sie wirklich treten will, dann kann und wird es das tun, egal wie schnell Sie reagieren. Tritt das Pferd jedoch in Ihre Richtung aus oder warnt Sie, so gibt es Ihnen zu verstehen, dass es das, was Sie gerade tun, als unangenehm empfindet. Das ist eine Form der Kommunikation. Sie müssen entscheiden, wie Sie darauf reagieren wollen. Denken Sie daran, Ihre Sicherheit ist erste Priorität.

Falls das Pferd den Fuß absetzen muss, bevor Sie so weit sind, versuchen Sie, den Fuß an einen nähergelegenen Punkt zu führen und lassen Sie ihn los. Stellen Sie außerdem sicher:

1. Das Pferd steht gleichmäßig auf allen vier Beinen, wenn Sie das Bein hochheben.
2. Sie verlangen vom Pferd nicht, zu weit nach vorne zu treten.
3. Sie bringen das Pferd nicht durch Ziehen aus dem Gleichgewicht.
4. Erreicht das Pferd einen Punkt des Unbehagens, so ist das normalerweise nur ein Zeichen dafür, dass es an diesem Punkt Verspannungen zu lösen hat. Ihr Job ist es, das Pferd an diesem Punkt zu unterstützen.

- **Was ist, wenn mein Pferd das Bein nicht an dieser Position halten will? Heißt das, mein Pferd löst oder verarbeitet keine Spannungen?**

Nach einem Lösen wird das Pferd immer verarbeiten, selbst wenn es sich wieder in die normale Standposition begibt. Falls das Pferd in der Lage ist, länger in der Position zu bleiben, so wird es länger Verspannungen lösen. Manchmal müssen Sie jedoch stückchenweise vorgehen.

Ein Grund dafür, dass ein Pferd vielleicht nicht länger in der Lösungsposition bleiben kann ist, dass es noch nicht bequem in dieser Position entspannen kann, da es dort noch Verspannungen gibt, die gelöst werden müssen. Da gibt es vielleicht noch „Zwiebelhäute zu pellen". Ein anderer Grund ist der, dass es sich vielleicht nicht dabei wohlfühlt, wenn ein Mensch diese Dinge mit ihm tut und es will sich schützen oder wird defensiv. Jedes Pferd ist anders.

- **Was ist, wenn das Pferd ausschlägt oder droht, auszuschlagen?**

Zuerst einmal denken Sie daran: Ihre Sicherheit ist erste Priorität! Wenn Ihnen das Sorgen bereitet, treten Sie einen Schritt zurück. Im Folgenden finden Sie ein paar Richtlinien, die Ihnen dabei helfen können, das Verhalten des Pferdes zu verstehen und zu entscheiden, wie Sie mit der Situation umgehen:

1. Wenn Sie das Pferd zum ersten Mal bitten, den Fuß hochzuheben, so entspricht das im Grunde dem Vorgang des Hufauskratzens. Das Pferd sollte jedoch gelernt haben, dies sicher zu tun, damit Sie den Fuß für diese Übung aufheben können.
2. Falls das Pferd so schmerzempfindlich ist, dass ihm Ihre Berührung unangenehm ist – was vielleicht der Grund dafür ist, warum Sie überhaupt da sind – so kann es besser sein, erst einmal eine Weile oder vielleicht auch nur von oben zu arbeiten.
3. Falls Sie sich einem Pferd nähern, das Sie wirklich bedroht und es klar wird, dass es ihm ernst ist, Sie von sich wegzuhalten, bleiben Sie aus der Schusslinie! Entweder besteht hier ein ernsthaftes körperliches Problem oder ein ernsthaftes Trainingsproblem.
4. Fängt das Pferd an, sich unwohl zu fühlen, während Sie das Bein nach unten führen, und es will austreten, so ist es sicherer, die Zehe so wie bereits beschrieben, festzuhalten, und zwar aus den gleichen Gründen (siehe S. 136). Es ist für Sie sicherer, den Fuß zu kontrollieren.
5. Falls das Pferd sich zu unwohl fühlt, lassen Sie den Fuß herunter, geben Sie dem Pferd (und sich selbst) Gelegenheit zu verschnaufen und versuchen Sie es dann noch einmal.

Wie oft sollte ich diese Übung innerhalb einer Sitzung wiederholen?

Falls es dem Pferd leichtfällt, zu tun, was Sie verlangen und es das Bein beim ersten Versuch entspannt absetzen kann, so ist einmal genug! Falls das Pferd dabei Schwierigkeiten hat, so können Sie die Übung mehrmals durchführen und dabei jedes Mal *Verbesserungen* spüren. In diesem Fall gehen Sie beim zweiten Mal langsamer vor und geben so dem Pferd Gelegenheit, sich während des Lösungsvorgangs zu entspannen.

Es ist ebenfalls wichtig, für ein wenig Abwechslung zu sorgen. Hierzu können Sie zwischen den Seiten wechseln oder eine andere Technik durchführen, dann wieder zu dieser zurückkehren. Wiederholen Sie eine Technik mehr als zwei- oder dreimal hintereinander, so wird das Pferd schnell lernen, die Übung entweder „durchzumachen", ohne sich zu entspannen, oder ihr einfach völlig aus dem Weg zu gehen.

In dem meisten Fällen werden Sie nicht die gesamte Verspannung in einer Sitzung lösen, besonders dann, wenn das Pferd aktiv arbeitet oder wenn der Faktor, der die Verspannungen auslöst, weiterhin besteht. Sie können jedoch jedes Mal eine Verbesserung erreichen. Jedes Mal, wenn Sie eine Technik oder eine Sitzung mit einem Pferd wiederholen, beobachten oder erspüren Sie die Verbesserung.

Reaktion – oder vielleicht auch nicht?

Lassen Sie sich nicht entmutigen, falls das Pferd Ihnen nicht die erwarteten Reaktionen zeigt. Wenn Sie diese Techniken durchführen, während das Pferd so entspannt wie möglich ist, so wird es Verspannungen lösen und sein Körper wird dies verarbeiten, selbst wenn es Ihnen das nicht zum Ausdruck bringt.

Viele der angesprochenen Dinge werden Ihnen klarer werden, nachdem Sie diese Übungen einige Male durchgeführt haben. Falls Sie diese Techniken auch nur annähernd wie in diesem Buch beschrieben ausführen, so wird das Pferd sich lösen.

- **Was ist, wenn das Pferd Schwierigkeiten hat, sich in der Position mit vorgestelltem Bein zu entspannen?**

Genau wie bei der vorherigen Frage, so ist auch hier einmal oft nicht genug. Auch ist jedes Pferd verschieden. Sie unterscheiden sich in Bezug auf ihre individuellen Probleme, das Ausmaß der Verspannungen und den Körpertyp und reagieren unterschiedlich auf Ihre Versuche, ihnen beim Lösen der Verspannungen zu helfen. Manche halten an Verspannungen stärker fest als andere, manche lösen sie bereitwilliger. Es wird Ihnen vielleicht auffallen, dass sich diese Tendenzen in den Persönlichkeiten widerspiegeln. Solange Sie jedes Mal eine Verbesserung erreichen, erreichen Sie einen Fortschritt.

***Hinweis:** Halten Sie sich die Möglichkeit vor Augen, dass das Pferd möglicherweise unter Schmerzen oder Verletzungen leidet. Falls es sich kontinuierlich oder absolut weigert, das Bein entweder hochzuhalten oder entspannt auf dem Boden abzusetzen, so ziehen Sie die Möglichkeit von Schmerzen oder Verletzungen in Betracht. Ein schmerzempfindliches oder verletztes Sprunggelenk, Bein oder Knie sowie Schmerzen höher oben im Lenden- oder Beckenbereich machen es dem Pferd vielleicht schwer, das Bein hochzuhalten. Zudem kann es sein, dass ein schmerzhaftes Sprunggelenk, Bein oder Knie auf der gegenüberliegenden Seite dem Pferd dabei Schwierigkeiten bereitet, auf diesem Bein zu stehen, wenn Sie von ihm verlangen, das Bein, mit dem Sie gerade arbeiten, hochzuheben.*

Ein Pferd mit „Hahnentritt" kann arbeiten

Hahnentritt (Zuckfuß): Das Letzte, was ich hier erwähnen will, ist die Möglichkeit, dass das Pferd in einer oder beiden Hintergliedmaßen an „Hahnentritt" leidet. Darüber hat das Pferd keine Kontrolle. Dieser Zustand kann leicht bis schwer sein. Bei leichtem Hahnentritt kann das Pferd schließlich das Bein in Ihrer Hand entspannen. Bei schweren Fällen kann das Pferd das Bein gar nicht entspannen, wenn man es hochhebt und wird weiter krampfen, bis man das Bein loslässt. Dieser Zustand ist eine neurologische Bewegungsstörung; dabei kann das Pferd von alleine das Bein heben, weiß jedoch nicht, wo sich das Bein befindet, wenn jemand anderes das Bein hochhebt.

Ich arbeitete vor einigen Jahren regelmäßig an einem Springpferd, das so stark unter Hahnentritt litt, dass es jedes Mal sediert werden musste, wenn man einen seiner Hinterhufe hochheben wollte. Selbst konnte er jedoch seine Hinterhufe problemlos heben und war in seiner Klasse ein sehr erfolgreiches Springpferd. Es war offensichtlich, dass ich hier die Technik *Arbeiten mit der Hinterhand – von unten* nicht anwenden konnte. Aber es gelang mir trotzdem, dieses Pferd in der Hinterhand frei beweglich und gelöst zu halten, indem ich die Techniken *Arbeiten mit der Hinterhand – von oben* anwendete. Dies machte uns beide glücklich.

KURZÜBERSICHT: Schritt-für-Schritt-Anleitung

TECHNIK 2: ARBEITEN MIT DER HINTERHAND – *VON UNTEN*

Teil B: Lösen des Hinterbeins – nach hinten/unten

Schritt 1. Stellen Sie sich neben die Hüfte des Pferdes, mit Blick nach hinten (A).

Schritt 2. Bitten Sie das Pferd, den Fuß zu heben, als wollten Sie ihn auskratzen (B).

Schritt 3. Halten Sie den Fuß an der Fessel, mit gebeugtem Fesselgelenk. Ihre Hand ist dabei weich.

Schritt 4. Während das Pferd das Bein entspannt, führen Sie es nach unten und hinten, sodass es mit der Zehe auf dem Boden ruht (C).

Schritt 5. Sobald das Bein entspannt ist, wackeln Sie vorsichtig daran, um die Entspannung zu fördern und schieben Sie die Zehe ein wenig zurück (D).

Schritt 6. Lassen Sie Ihre Hand auf dem Bein liegen, um das Pferd dazu anzuhalten, in dieser Position zu bleiben

Schritt 7. Treten Sie einen Schritt zurück, um zu sehen, was das Pferd zu sagen hat.

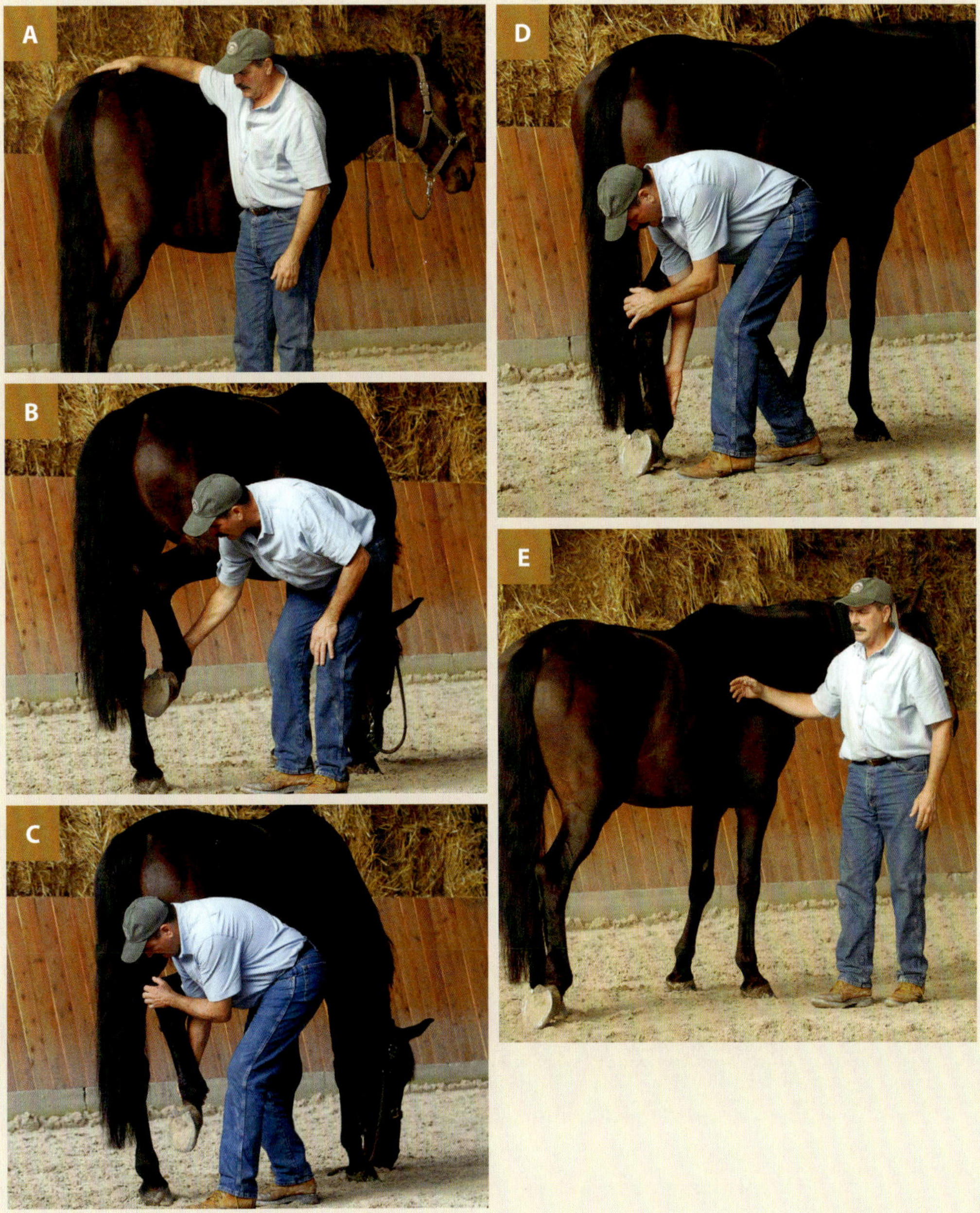

Teil B. Lösen des Hinterbeins nach hinten-unten im Detail

1. Bringen Sie das Pferd in die richtige Position

Verwenden Sie die Mitte der Box. Falls das Pferd von dem Bedürfnis überwältigt wird, schnell irgendwo hinzugehen, so ist es besser, wenn es genug Platz hat, sich von Ihnen *weg*zubewegen. Stellen Sie auch sicher, dass es einigermaßen gleichmäßig auf allen vier Beinen steht, sodass es entspannt bleibt und sich leicht ausbalancieren kann. Stellen Sie die Hinterhand des Pferdes nicht zu nah an die Wand. Falls das Pferd austritt, kann Ihre Hand zwischen den Huf und die Wand geraten.

2. Bringen Sie sich selbst in die richtige Position

Stellen Sie sich neben die Hinterhand des Pferdes, Blick nach hinten, als wenn Sie seinen Huf zum Auskratzen hochheben wollten. Bleiben Sie aus seinem „Trittbereich". Das Pferd wird austreten, falls es das tun möchte. Wenn es jedoch als Reaktion auf etwas anderes austritt, so wollen Sie nicht im Weg sein.

3. Bitten Sie das Pferd, den Huf zu heben

„Bitten" ist hier das Schlüsselwort. Wenn Sie die Vorstellung haben, dass Sie einfach um den Huf bitten, um ihn auszukratzen, so werden dem fast alle Pferde bereitwillig nachkommen. Wenn das Pferd den Fuß gehoben hat, warten Sie, bis es das Bein entspannt. Packen Sie nicht fest zu.

4. Setzen Sie das Bein entspannt nach hintenunten ab

Mit einer Hand vorne auf der Fessel führen Sie das Bein so weit nach hinten, dass das Fesselgelenk gebeugt ist und das Pferd seine Zehe ein paar Zentimeter hinter dem anderen Fuß aufstützt. Wenn Sie das erste Mal um diese Position bitten, ist es besser, die Zehe nur ein paar Zentimeter hinter dem anderen Fuß abzusetzen. Nachdem das Pferd bereits gelernt hat, sich in dieser Position zu entspannen, schieben Sie die Zehe noch ein paar Zentimeter weiter nach hinten. So können Sie den Umfang der *entspannten* Position und Bewegung langsam erweitern. Je länger das Pferd in dieser Position entspannen kann, desto mehr Verspannungen wird es lösen. Daher ist es besser, ihm eine bequeme Position anzubieten, in der es sich länger entspannen kann als eine gedehntere Position, in der es ihm schwerfällt, sich zu entspannen.

5. Lassen Sie Ihre Hand auf dem Fuß oder Bein liegen

Das ermutigt das Pferd, länger in dieser Position zu bleiben. Die meisten Pferde werden den Fuß wieder hochheben, sobald Sie die Hand wegnehmen.

6. Erspüren und suchen Sie bewusst Anzeichen für Entspannung

Anzeichen dafür, dass sich Bein und Becken des Pferdes entspannen, wenn das Fesselgelenk sich tiefer senkt, sind Entspannung und Absenken von Hüfte und Becken, Veränderung der Atmung, Schließen der Augen und Senken des Kopfes.

Genau wie bei der Technik *Lösen des Hinterbeins – nach vorne/unten*, gilt auch hier, dass das Pferd das Bein vielleicht hochzieht, wenn es Verspannungen oder Schmerzen in den rückseitigen Oberschenkelmuskeln, den Gesäßmuskeln, dem Becken oder sogar dem Kreuz hat. Ziehen Sie in diesem Fall nicht am Bein, sondern geben Sie dem Widerstand des Pferdes nach. Halten Sie Ihre Hand auf dem Fuß oder der Fessel und gehen Sie mit dem Bein nach oben mit. Halten Sie es „einfach in der Nähe", bis es sich entspannt, dann führen Sie das Bein wieder nach unten in eine bequemere Position.

In manchen Fällen ist das Pferd nicht in der Lage, in dieser Position bequem den Boden zu erreichen. In diesem Fall halten Sie den nach hinten gestellten Fuß unter der Vorderseite der Fessel bei gebeugtem Fesselgelenk und stützen Sie das Gewicht des Fußes und Beins in Ihrer Hand ab. Manchmal müssen Sie es eine ganze Weile lang über dem Boden festhalten. Wie bereits erwähnt, können Sie einen kleinen Haufen aus Stroh herstellen, sodass das Pferd seine Zehe darauf stützen kann. Ziel ist, dass sich Fuß und Bein in dieser Position *entspannen*.

Hinweis: *Denken Sie daran, dass das Pferd jedes Mal, wenn es das Bein hochzieht, Verspannungen oder Bewegungseinschränkungen löst. Dies kann mehrmals vorkommen, je nachdem, wie viel Verspannung oder Bewegungseinschränkung dort bestand. Jedes Mal werden Sie fühlen, wie das Pferd sich beim entspannten Zurückführen des Beins wohler fühlt und in der Lage ist, es ein wenig mehr entspannt nach hinten zu führen.*

Achten Sie auf Folgendes:

- Wie viel mehr das Pferd das Becken fallen lässt, je länger es in dieser Position bleibt,
- wie viel niedriger es das Becken bei jeder Wiederholung der Übung senkt,
- wie viel entspannte „Drehung" im Lendenbereich entsteht, wenn das Pferd die Hüfte fallen lässt.

Jede Bewegung – egal wie langsam oder subtil – eines Gelenks oder eines Übergangs, darunter auch die unteren Rückenwirbel, durch ein Bewegungsspektrum in einem entspannten Zustand, löst Verspannungen in diesem Gelenk oder Übergang. Das passiert auch, wenn das Pferd die Hüfte in diese Position fallen lässt.

Diese entspannte Position mit zurückgestelltem Bein hat eine erhebliche Auswirkung auf das Kreuz des Pferdes. Sie löst Spannungen im größten Antriebsmuskel des Pferdes – dem mittleren Gesäßmuskel – der vorne am Lendenbereich ansetzt und hinten am großen Rollhügel des Oberschenkelbeins am Hüftgelenk (siehe Zeichnung, S. 112). Dies bedeutet, dass hier Spannung im Kreuz gelöst wird. Entspannung in diesem Bereich hat auch Entspannung der Lendenmuskeln zur Folge, die sich unterhalb der Lendenwirbel befinden (siehe Zeichnungen, S. 113 und 116).

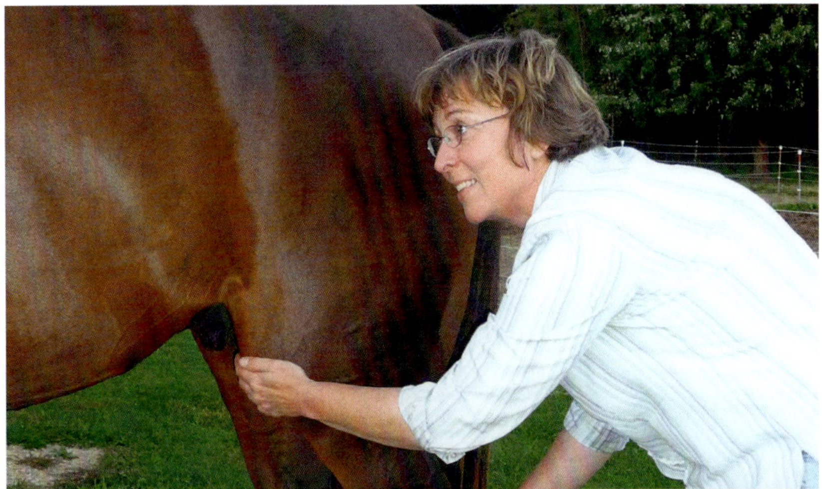

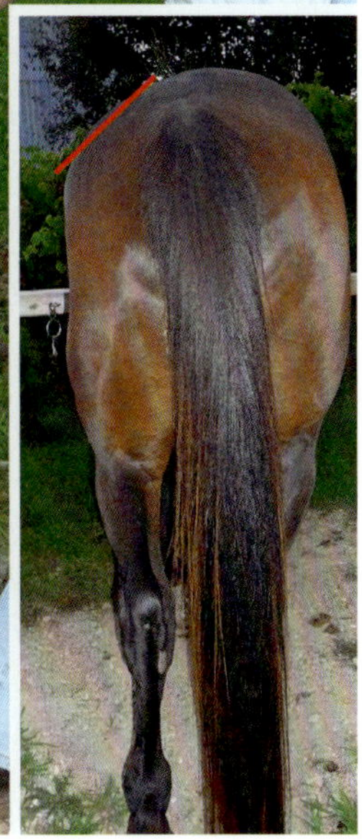

Das Pferd lässt bei zurückgestelltem Bein die Hüfte fallen und löst so Verspannungen im Lendenbereich.

Wenn das Pferd das Bein in dieser Position auf der Zehe entspannt hat, können Sie die Zehe ein wenig weiter nach hinten schieben.

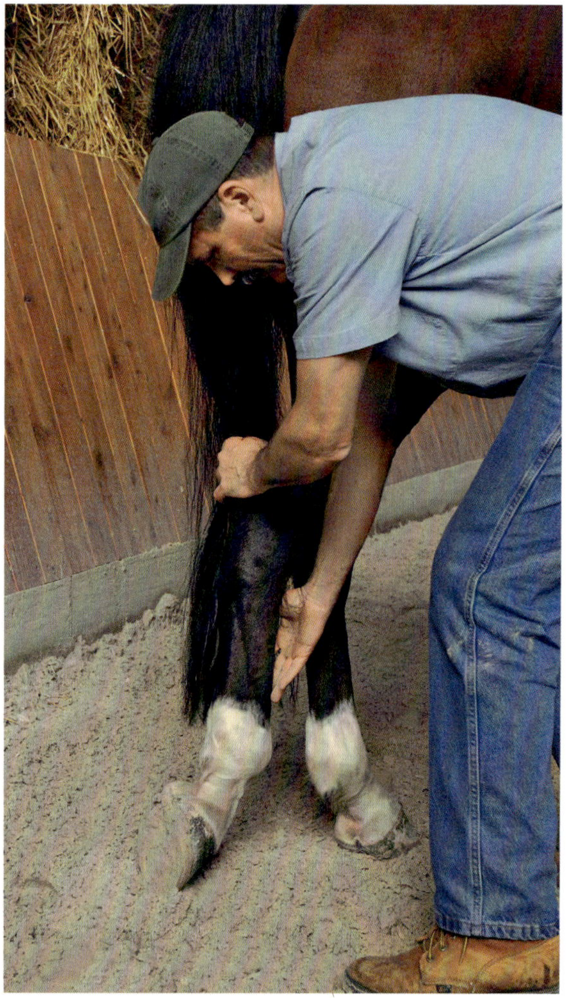

7. Dinge, die Sie tun können, während das Bein nach hinten gestellt ist

Sobald sich das Bein in dieser Position entspannt hat, können Sie vorsichtig die nun weichen rückseitigen Oberschenkelmuskeln sowie die Muskeln im Lendenbereich massieren. Wackeln Sie leicht am Bein, um das Pferd dazu anzuhalten, es noch mehr zu entspannen. Falls das Pferd sich anspannt, hören Sie mit dem Wackeln auf oder wackeln Sie vorsichtiger.

Sobald das Pferd die Fessel in dieser Position gesenkt hat, können Sie die Zehe ein wenig weiter nach hinten schieben (Foto links). Warten Sie, bis sich das Pferd entspannt und die Hüfte in dieser Position noch mehr fallen lässt. Falls es den Fuß wieder hochhebt, kämpfen Sie nicht mit dem Pferd. Stattdessen bitten Sie es einfach noch einmal.

8. Treten Sie einen Schritt zurück und sehen Sie, was das Pferd zu sagen hat

Dies ist eine sehr wirkungsvolle Position für Pferde, die Schmerzen oder Bewegungseinschränkungen im Kreuz haben. Sie werden vielleicht staunen, wie viel Verspannung das Pferd hier lösen wird. Wenn es eine Weile in dieser Position bleibt, so ist das gut so!

***Sicherheitshinweis für das Pferd:** Seien Sie vorsichtig, wenn Sie das Bein nach hinten führen. Erlauben Sie dem Pferd nicht, beim Nachhintentreten auf der Fessel aufzukommen! Falls es anfängt, sein Gewicht nach hinten zu verlagern, lassen Sie den Fuß los, sodass er auf der Fußsohle landen kann anstatt auf der umgeknickten Fessel. Ermöglichen Sie dem Pferd, sich auf den anderen drei Beinen auszubalancieren: Falls Sie sein Bein zurückziehen oder das Bein zu weit nach hinten bringen und nicht loslassen, so kann das Pferd sein Bein überstrecken und/oder sein Knie arretieren. Ziehen Sie nicht, gehen Sie vorsichtig vor und achten Sie auf das Gleichgewicht des Pferdes! Und denken Sie daran: Achten Sie darauf, dass das Pferd einigermaßen gleichmäßig auf allen vier Beinen steht, bevor Sie sein Bein hochheben.*

***Sicherheitshinweis für Sie:** Denken Sie daran, das Pferd bei dieser Technik so zu positionieren, dass sein Hinterteil Abstand zur Wand hat. Falls das Pferd in der Nähe der Wand austritt, während Sie Ihre Hand auf seinem Fuß haben, könnte Ihre Hand verletzt werden. Stehen Sie mit Blick auf den Schweif und so weit nach vorne, wie es Ihnen noch möglich ist, die Übung bequem auszuführen. So minimieren Sie das Risiko,* *von einem Fuß auf Abwegen getroffen zu werden. Wichtig: Ob es Sie nervös macht, die Beine zu handhaben oder nicht: Sie müssen Vertrauen in das haben, was Sie tun, sonst merkt es das Pferd und dann sind Sie beide nervös. Um gefahrlos mit dem Pferd arbeiten zu können, müssen Sie Selbstvertrauen haben.*

Was ist, wenn ...?

- **Was ist, wenn das Pferd das Bein nicht nach hinten gestellt ruhen lassen will oder es wieder hochhebt, wenn ich es nach hinten absetze?**

Falls es dem Pferd unangenehm ist, das Bein entspannt nach hinten zu stellen, so ist das ein Zeichen dafür, dass Schmerzen oder Bewegungseinschränkungen in der Hinterhand bestehen; entweder im Bereich der Hüfte, der Gesäßmuskeln oder oft auch im Kreuz-Darmbeinbereich.

Beginnen Sie damit, das Pferd zu bitten, den Huf wie zum Auskratzen zu heben. Manchmal hilft es sogar, den Huf tatsächlich ein wenig auszukratzen, da das Pferd (wie wir hoffen) daran gewöhnt ist.

Falls das Pferd dann beginnt, das Bein zu entspannen, führen Sie es von da aus mit gebeugtem Fesselgelenk in die von Ihnen gewünschte Richtung nach unten, bis die Zehe den Boden berührt. Hebt es vor diesem Zeitpunkt das Bein an, so halten Sie Ihre Hand sanft vorne auf seinem Fesselgelenk, gehen Sie mit ihm, halten das Bein dabei „in der Nähe" und warten, bis das Pferd es wieder entspannt nach unten führt. Dann führen Sie die Zehe wieder auf den Boden (Fotos A-C). Möglicherweise müssen Sie auch das Gewicht des Beins an der Vorderseite der Fessel abstützen, bis das Pferd bereit ist, sich über diesen Punkt der Bewegungseinschränkung hinweg zu entspannen.

Wenn Sie übrigens vom Pferd verlangen, das Bein zu weit nach hinten zu bringen und das Pferd Schmerzen in den Knien hat, so kann es ihm unan-

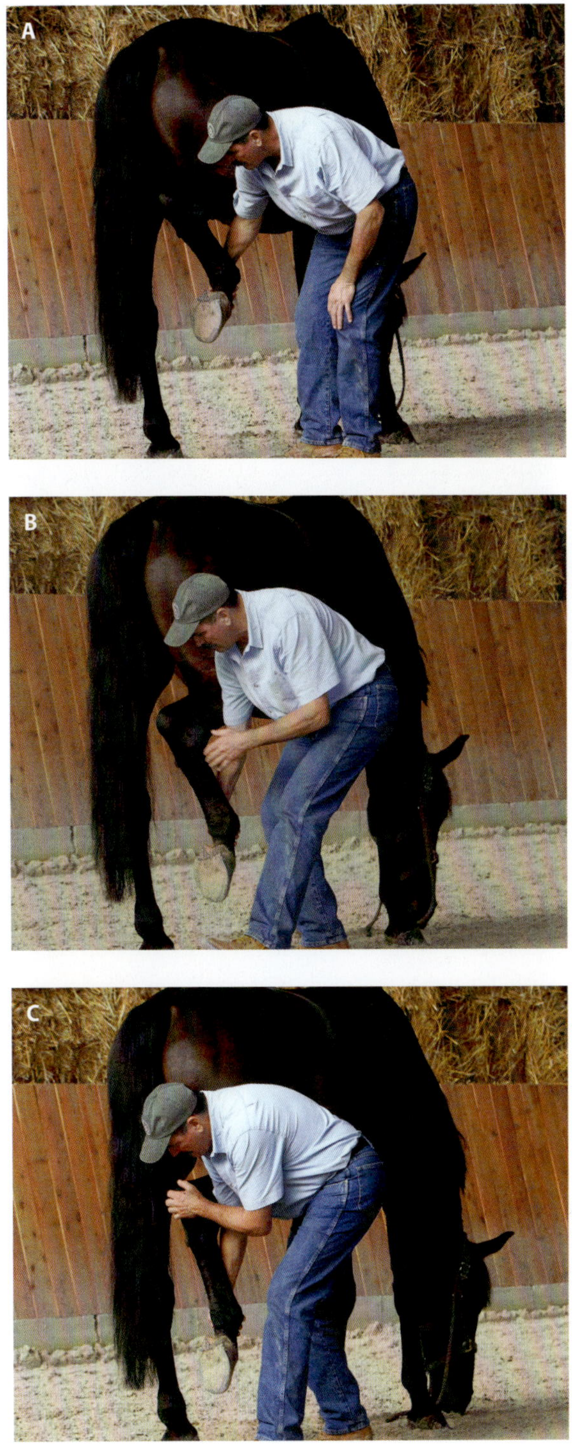

***A-C** Falls das Pferd das Bein hochzieht, ziehen Sie nicht zurück (A). Halten Sie Ihre Hand sanft auf dem Bein, gehen Sie mit ihm mit und halten Sie es „in der Nähe" (B). Wenn das Pferd das Bein wieder entspannt nach unten bringt, führen Sie die Zehe an die gewünschte Stelle (C).*

Es kann die Sache für Sie und das Pferd erleichtern, wenn Sie das Pferd zunächst bitten, den Fuß direkt neben dem anderen Fuß abzusetzen.

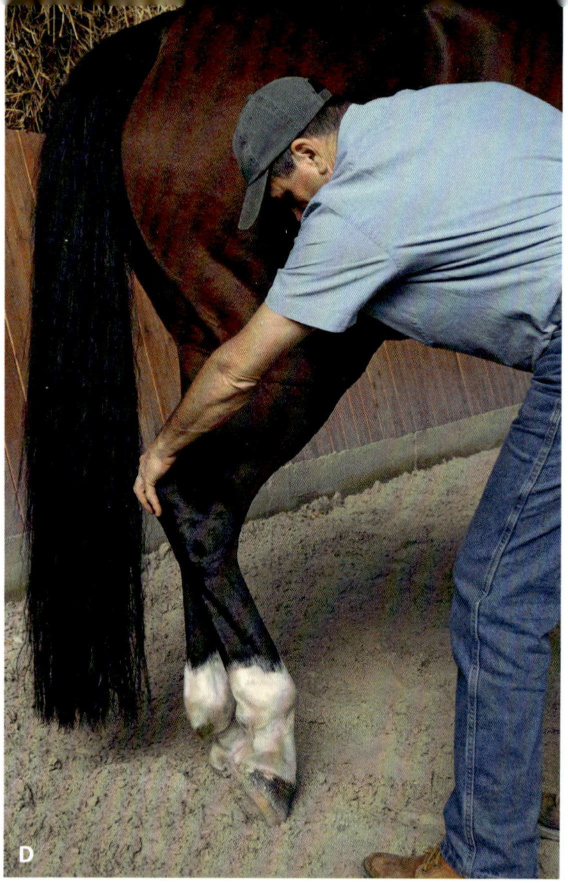

genehm werden, sich über den schmerzhaften Punkt hinweg in dieser Position zu entspannen.

***Hinweis:** Es kann helfen, das Bein zu stützen oder ein wenig Druck und Ermunterung anzuwenden, um das Pferd dazu zu bringen, das Bein nach hinten-unten abzusetzen. Geraten Sie jedoch in dieser Position NICHT in ein Tauziehen mit dem Hinterbein des Pferdes! Der Mensch geht als Herausforderer in diesem Wettstreit normalerweise nicht als Sieger hervor.*

Es ist möglich, dass Sie das Pferd bitten, den Fuß weiter nach hinten abzustellen, als es ihm angenehm ist. Die Sache kann dadurch für Sie und das Pferd leichter werden, wenn Sie es beim ersten Mal bitten, den Fuß direkt neben dem anderen Fuß abzusetzen (Foto D, oben). Sobald es in dieser Position ruhig dasteht, können Sie den Fuß vorsichtig ein paar Zentimeter nach hinten schieben, wenn das Pferd gerade nicht hinschaut.

- **Kann ich die Zehe immer weiter nach hinten schieben?**

Ja. Sobald das Pferd in dieser Position – mit der Zehe nach unten-hinten gestellt ruhend – entspannt ist, so können Sie die Zehe weiter nach hinten schieben, um das Bein weiter auszustrecken. Dieses Strecken des Beines löst Verspannungen in den Bein- und Rückenmuskeln und ist auch gut für Knie und Sprunggelenke, solange das Bein dabei entspannt bleibt.

***Sicherheitshinweis:** Denken Sie daran, das Pferd auf keinen Fall aus dem Gleichgewicht zu ziehen, wenn Sie seinen Fuß in Ihrer Hand haben. Falls das Pferd nach hinten tritt und Sie dabei sein Bein festhalten, kann es sich überstrecken oder auf dem geknickten Fesselgelenk landen. In diesem Fall lassen Sie das Bein los.*

- **Was ist, wenn sich dabei die Füße überkreuzen?**

Das ist in Ordnung. Führen Sie den Fuß an die Stelle, an der sich das Pferd am wohlsten fühlt. Aufgrund unterschiedlicher Gebäudetypen und Problemen mit Muskelverspannungen lassen verschiedene Pferde ihre Füße in unterschiedlichen Positionen ruhen. Die beste Position, um mit einer Technik zu beginnen, ist die, in der sich das Pferd am wohlsten fühlt. Von da aus helfen Sie ihm dann, sich in einem entspannten Zustand weiterzubewegen.

Ein letzter Hinweis

Sie werden staunen, wie viel Verbesserung Sie in nur wenigen Sitzungen erzielen können. Die Bewegungen, die Sie mit den Techniken zum Lösen der Hinterbeine herbeiführen, sind viel subtiler als die Bewegungen in der Vorhand. Die Lösungs- und Entspannungsreaktionen jedoch, z.B. Gähnen, Rollen der Augen, Schnaufen oder Schütteln des Kopfes, können genauso stark sein.

8

KAPITEL 8

DER PFERDE-RÜCKEN

Technik 1: LATERALES SCHAUKELN

Bevor Sie beginnen

ZIEL: Die Wirbelbrücke des Pferdes in einem entspannten Zustand sanft von links nach rechts, von Kopf bis Schweif schaukeln zu lassen. Dies lässt Bewegungen im Weichgewebe zwischen den einzelnen Wirbeln der Wirbelbrücke entstehen.

RESULTAT: Verbesserung des Wohlbefindens und der Beweglichkeit der Wirbelbrücke und effizienterer Gebrauch der Hintergliedmaßen bei der Übertragung von Bewegung nach vorne durch den Körper. Werden diese Gelenke selbst durch das kleinste

Bewegungsspektrum in einem entspannten Zustand bewegt, so löst dies Verspannungen in den Muskeln, die diese Wirbel umgeben.

WO SIE ARBEITEN – DIE ANATOMIE

Wirbelbrücke

Die Wirbelbrücke des Pferdes ist eine Kette von miteinander verbundenen Wirbeln, die anatomisch in vier Bereiche unterteilt werden, dazu kommt der Schweif.

Die Halswirbel: Sie haben bereits im fünften Kapitel gelernt, wie Verspannungen in den ersten sieben Halswirbeln gelöst werden (S. 39).

Die Brustwirbel: Die Brustwirbelsäule besteht aus den Wirbeln des Rumpfes und Brustkorbs, einschließlich der Wirbel, die den Widerrist und die Rückenmitte bilden. Jeder Brustwirbel hat eine dazugehörige Rippe. Normalerweise gibt es 18 Brustwirbel und Rippen.

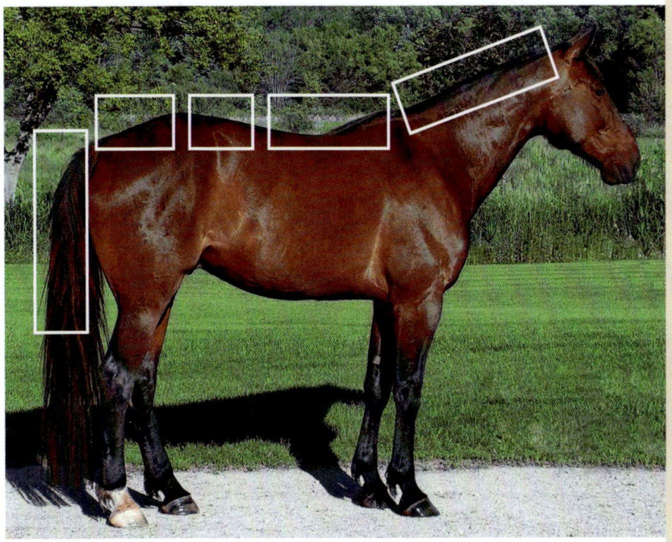

Die fünf Bereiche der Wirbelbrücke des Pferdes

Die Lendenwirbel: Dies sind Wirbel des Lendenbereiches. Sie beginnen dort, wo der Brustkorb endet, ungefähr an der Stelle, wo das hintere Ende des Sattels aufliegt. Diese Wirbel sind nicht mit Rippen verbunden, aber haben große, flache Querfortsätze („Flügel"), die kraftvollen Rückenmuskeln als weitere Ansatzpunkte dienen. Normalerweise gibt es sechs Lendenwirbel.

Das Kreuzbein: Das Kreuzbein besteht aus den fünf Kreuzwirbeln der Wirbelbrücke, die zu einem durchgehenden Knochen verwachsen sind.

Der Schweif: Und am Ende der Wirbelbrücke schließen sich die ca. 18 Schweifwirbel an.

Bei dieser Technik ist es besonders hilfreich, eine gute Vorstellung der entsprechenden Anatomie zu haben. Das hilft Ihnen, sich zu verdeutlichen, wo Sie Ihre Hände auflegen und was entlang des Beckens, der Wirbelbrücke und der Rippen vor sich geht, während Sie das Pferd schaukeln.

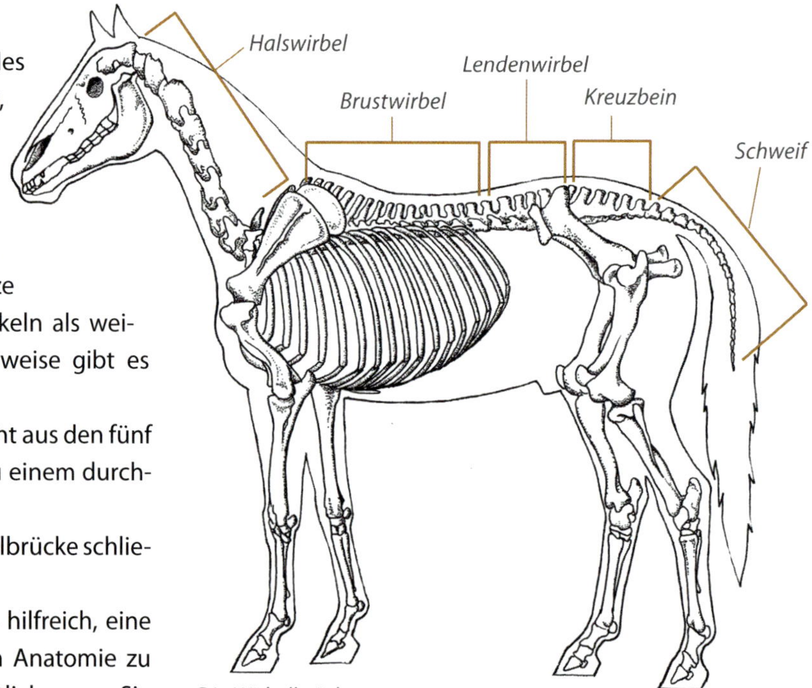

Die Wirbelbrücke

WO SIE IHRE HÄNDE HINTUN

Kreuzbein

Das Kreuzbein ist einer der beiden „Griffe", die Sie benutzen, um wellenartige Bewegungen herzustellen, die sich durch den ganzen Pferdekörper übertragen. Legen Sie Ihre Hand dort auf das Kreuzbein, wo es in den Schweif übergeht, also so hoch wie möglich, um gut anpacken zu können. Gewinnen Sie zuerst ein Gefühl dafür, wo man den besten Halt hat. Dort werden Sie die Bewegung einleiten. Diese Hand ist die „Schaukelhand".

Becken

Erspüren Sie den Punkt, an dem das Becken am breitesten ist – den Hüftknochen (Hüfthöcker). Legen Sie Ihre zweite Hand auf diesen soliden Punkt, um bei der von der „Schaukelhand" eingeleiteten Bewegung zu helfen oder diese zu steigern. Diese Hand ist Ihre „Hilfshand".

Rippen

Als Nächstes lassen Sie Ihre „Hilfshand" nach vorne in Richtung Flanke gleiten. Finden Sie die letzte Rippe, dann erspüren Sie jede Rippe, während Sie Ihre Hand nach vorne gleiten lassen, bis Sie hinter der Skapula und dem Widerrist angekommen sind. Jede Rippe ist mit einem Wirbel verbunden. Sie werden diese Stellen nutzen, um mehr Bewegung zu fordern, sobald das Pferd entspannt ist. Stellen Sie sich vor, wie jede Rippe mit einem Wirbel verbunden ist, alle Rippen wiederum durch einen Knorpel verbunden sind, der wiederum eine Verbindung mit dem Brustbein hat. Bei dieser Technik wollen wir uns auf die 18 Brustwirbel und die 6 Lendenwirbel konzentrieren, die den Pferderücken bilden (Foto S. 151).

Wirbel

Und schließlich wollen Sie ein Gespür dafür bekommen, wie die Wirbel zusammenpassen. Hierzu lassen Sie Ihre Finger an der Mittellinie des Rückens entlanglaufen und fühlen dabei den Dornfortsatz eines jeden einzelnen Wirbels. Fangen Sie am Widerrist an, weiter den Rücken hinunter, über die Lendenwirbel und das Iliosakralgelenk, über das Kreuzbein bis zum Schweif.

Muskeln

Hier einige der Muskeln, auf die diese Technik eine positive Wirkung hat:

1. Die *vielgespaltenen Rückenmuskeln* (*Musculi multifidi*), die sich um jeden Wirbel schlingen.
2. Der *lange Rückenmuskel*, der auf jeder Seite des Rückens vom Becken aus bis zum Ansatzpunkt im unteren Halsbereich läuft und Verbindungen zum oberen Hals und Genick hat (Zeichnung S. 116).
3. Der *Darmbein-Rückenmuskel* (*M. iliocostalis*), der vom Lendenbereich bis in den unteren Hals läuft und den *langen Rückenmuskel* unterstützt.
4. Die Gruppe der *Lendenmuskeln*, die den unteren Rückenbereich unterstützt (siehe S. 158).

SPANNUNGEN LÖSEN: DIE AUSWIRKUNGEN

Schmerzen und Verspannungen im Rücken können durch Probleme wie schlechte Passform des Sattels, falsches Reiten, Schmerzen im Knie, Sprunggelenk oder Fuß oder Krankheiten wie EPM oder *Lyme*-Borreliose – um nur einige zu nennen – verschlimmert werden.

Über längere Zeit entwickelte Verspannungen verursachen Steifheit im Rücken, welche die Bewegungsfähigkeit beeinträchtigt und zusätzliche Belastungen anderer Teile des Pferdes zur Folge hat. Wenn beispielsweise der untere Rücken nicht optimal funktioniert, so werden Strukturen der Hinterhand, z. B. das Knie, vermehrt beansprucht.

Bewegungseinschränkungen im unteren Rücken (Lendenbereich) – eine sehr häufige Beschwerde – hindern das Pferd dabei, seinen ganzen Körper in die Vorwärtsbewegung miteinzubeziehen. Dies ist ein Bereich, bei dem sich Lösungen sofort durch Unterschiede in der Bewegung des Pferdes bemerk-

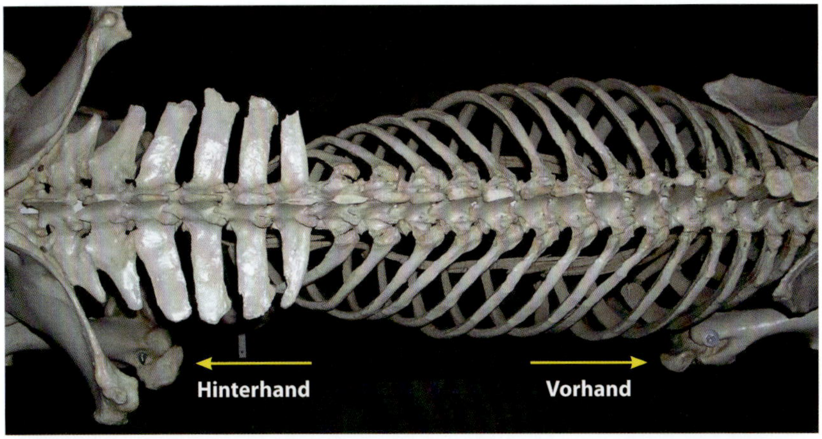

Brustwirbel (mit Rippen) und Lendenwirbel (mit „Flügeln"), die den Rücken des Pferdes ausmachen.

Die Bedeutung eines beweglichen Genicks

„Beweglichkeit im Genick ist eine Grundvoraussetzung für Beweglichkeit im Rücken; man kann nicht das eine ohne das andere haben", sagt Sarah Wyche in ihrem Buch *Understanding the Horse's Back*. Laterales Schaukeln ist eine sehr wirkungsvolle Technik, wenn sie mit Lösen von Verspannungen im Genick verbunden wird. Falls Sie ein Pferd vor sich haben, das unter einem steifen oder schmerzempfindlichen Rücken leidet, so verbinden Sie auf jeden Fall die Technik *Laterales Schaukeln* mit Arbeit im Genickbereich."

KURZÜBERSICHT: Schritt-für-Schritt-Anleitung

TECHNIK 1: LATERALES SCHAUKELN

Schritt 1. Stellen Sie sich links vom Pferd auf, neben der Hüfte, Blick nach vorne, Körper in einem Winkel von ca. 30°.

Schritt 2. Legen Sie Ihre rechte Hand auf das Kreuzbein, an die Wurzel der Schweifrübe.

Schritt 3. Legen Sie Ihre linke Hand sanft auf den linken Hüfthöcker des Pferdes (B).

Schritt 4. Schaukeln Sie die Hinterhand sanft mit Ihrer rechten Hand von links nach rechts. Beginnen Sie mit „Anschaukelbewegungen", um die Wirbelbrücke des Pferdes sanft von links nach rechts schaukeln zu lassen. Schaukeln Sie weiter, bis Sie und das Pferd einen entspannten Rhythmus gefunden haben.

Schritt 5. Während Sie schaukeln, lassen Sie Ihre linke Hand direkt nach vorne in den Bereich der letzten Rippe gleiten. Verwenden Sie die Rippe, um den entsprechenden Wirbel sanft zu schaukeln (C).

Schritt 6. Bewegen Sie Ihre linke Hand immer weiter nach vorne und schaukeln Sie dabei an jeder Rippe und somit jeden Wirbel. Falls Ihre Arme lang genug sind, können Sie bis ganz vorne gehen, wo der Widerrist anfängt (D).

bar machen, selbst wenn das Pferd vor dem Lösen von Verspannungen keine offensichtlichen Probleme hatte. Ein frei schwingender Rücken ist bei jedem Pferd eine wichtige Grundvoraussetzung für funktional korrekte Gänge.

Unter anderem kann ein verspannter Rücken einen eingeschränkten Raumgriff zur Folge haben. In der Dressur zum Beispiel, basiert das Konzept geistiger und körperlicher Entspannung auf der Annahme, dass das Pferd körperlich in der Lage ist, die Bewegung in der Hinterhand in eine flüssige Bewegungsfolge umzusetzen, die durch den Körper bis in den Kopf übertragen wird. Hierbei sollte der Rücken frei schwingen. Die Technik *Laterales Schaukeln* fördert diese Art der Bewegung, indem Verspannungen in den Weichgeweben gelöst werden, die die einzelnen Wirbel umgeben. Diese Übung simuliert auch die natürliche Bewegung der Hinterhand in einem entspannten Zustand.

Sie haben bereits gelernt, dass das Bewegen eines Gelenks durch sein Bewegungsspektrum in einem entspannten Zustand Verspannungen in den Muskeln und Bändern löst, die das Gelenk umgeben. *Laterales Schaukeln* ist eine sanfte und effektive Art, die Wirbel im entspannten Zustand durch ein kleines Bewegungsspektrum zu bewegen. So werden Spannungen gelöst und der Rücken frei gemacht.

Qualität ist wichtiger als Quantität

Das winzige Bewegen eines Gelenks oder Übergangs (Mikro-Wackeln), während das Pferd entspannt ist, ist zehnmal so wirkungsvoll wie die Bewegung eines Gelenks oder Übergangs durch ein großes Bewegungsspektrum, wenn das Pferd nicht entspannt ist.

Dabei darf man die Wirkung, die *Laterales Schaukeln* auf die Atmung hat, nicht übersehen. Manche der Lösungspunkte, die beim *Arbeiten mit der Hinterhand – von oben* verwendet wurden, hatten bereits eine lösende Wirkung auf das Zwerchfell (siehe S. 118). *Laterales Schaukeln* sorgt für Bewegung in den Rippen und trägt weiter zur Lösung von Atmungsmuskulatur bei.

Technik 1 im Detail

Der Rücken des Pferdes ist eine recht unflexible Struktur. Im Vergleich zum Hund, zum Beispiel, ist das Pferd wenig in der Lage, sich im Rücken- und Beckenbereich seitlich zu biegen. Daher können diese Bereiche eine große Herausforderung darstellen, wenn es darum geht, tief sitzende Verspannungen zu lösen.

Bevor Sie mit der Arbeit am Rücken anfangen, lösen Sie am besten die beiden Ende des Pferdes – wie Sie es ja bereits getan haben – und arbeiten sich dann zur Mitte vor. Obwohl es für Sie jetzt relativ leicht ist, am Hals oder einer Gliedmaße ein Gelenk oder einen Übergang durch ein Bewegungsspektrum zu bewegen, so wird es Ihnen noch ein wenig komplizierter erscheinen, dies mit einer Struktur zu tun, die so massiv ist wie der Pferderücken.

Aber keine Angst: Da der Pferderücken von vornherein nicht sehr beweglich ist, ist auch nur relativ wenig Bewegung erforderlich, um dort Verspannungen zu lösen. Wie bei vielen dieser Techniken geht es auch hier weniger um Kraft oder Kraftanwendung, sondern mehr um Gefühl, Rhythmus und Timing. Dabei muss man vielleicht ein paar Versuche unternehmen, um Rhythmus und Timing zu entwickeln. Aber haben Sie Geduld, es wird klappen.

Sie können die Technik *Laterales Schaukeln* auf zwei Arten ausführen. Erstens können Sie Ihre Hand am Schweifansatz anlegen und das Kreuzbein ver-

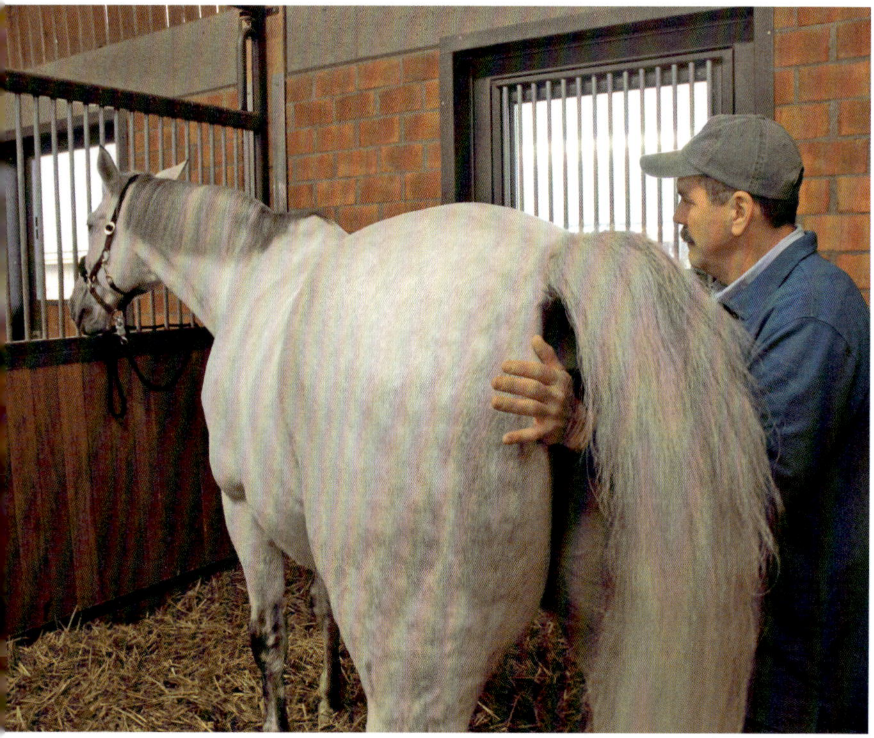

Legen Sie Ihre „Schaukelhand" hier auf die Innenseite des Sitzbeinhöckers.

wenden, so wie in den schrittweisen Anleitungen auf S. 152 gezeigt wird. Hierbei verwenden Sie das Kreuzbein am Schweifansatz als „Griff", um mit den Händen eine Bewegungswelle durch den Pferdekörper zu schicken.

Zweitens können Sie diese Technik auch so ausführen, dass Sie Ihre „Schaukelhand" auf die Innenseite des Sitzbeinhöckers legen anstatt auf den Schweifansatz (Foto oben). Sie stehen dabei auf einer Seite des Pferdes und üben drückende Schaukelbewegungen auf den hervorstehenden Gesäßknochen der gegenüberliegenden Seite aus. Bei manchen Pferden können Sie hier besser mit der Hand ansetzen als am Schweif.

Der Schlüssel hierbei ist, egal wo Sie die Hand ansetzen, mit Ihrer „Schaukelhand" kleine Bewegungswellen herzustellen und dies auf eine Art und Weise, die das Pferd entspannt.

Hinweis: *Hier ist es am besten, mit einem Pferd zu üben, das Sie kennen und dem es nichts ausmacht, wenn Sie es schaukeln: Man braucht eine Weile, um herauszufinden, wie man den richtigen Rhythmus und das richtige Gefühl im eigenen Körper entwickelt. Ein Pferd, das übermäßig empfindlich ist, ständig weggeht oder drastischere Schritte unternimmt, um Sie „zu verscheuchen", ist nicht der richtige Partner, wenn es darum geht, Rhythmus und Gefühl zu entwickeln. Wenn Sie das jedoch erst einmal gut können, so ist dies eine wirkungsvolle Art, um Verspannungen im Pferderücken zu lösen.*

Es ist gut, diese Technik an beiden Seiten des Rückens durchzuführen. Wenn es Anzeichen dafür gibt, dass eine Seite schmerzempfindlicher oder steifer ist als die andere, so ist es besser, auf der gegenüberliegenden (d. h. der einfacheren) Seite anzufangen. Falls es scheinbar keine steifere Seite gibt, suchen Sie sich einfach eine aus. Ich denke, dass es leichter ist, dies zu lernen, wenn Sie mit Ihrer dominanten Hand als Schaukelhand anfangen. Wenn Sie also Rechtshänder(in) sind, beginnen Sie auf der linken Seite des Pferdes, wobei Ihre rechte Hand auf dem Kreuzbein am Schweifansatz liegt oder auf dem Sitzbeinhöcker.

1. Bringen Sie sich selbst in die richtige Position

Sie werden eine „Schaukelhand" und eine „Hilfshand" benutzen. Stellen Sie sich neben die linke Hüfte des Pferdes und legen Sie Ihre rechte Hand – die Schaukelhand – auf das Kreuzbein. Halten Sie das Kreuzbein gut fest, so hoch oben am Schweif wie möglich, sodass Sie nicht nur mit dem Schweif wackeln.

Legen Sie Ihre linke Hand – die Hilfshand – sanft auf dem Hüfthöcker auf. Sie werden diese Hand anfangs nicht viel benutzen (Foto S. 155 oben).

2. Beginnen Sie mit der „Schaukelhand"

Beginnen Sie mit der Schaukelhand, das Pferd um sehr kleine Bewegungen von links nach rechts zu bitten, bis Sie und das Pferd in einen Rhythmus kommen und Sie spüren, wie das Pferd weicher wird und sich entspannt. Halten Sie dabei Ihren Arm leicht gebeugt, jedoch fest, sodass Sie Ihren Oberkörper benutzen können. Fangen Sie mit sehr kleinen Bewegungen an und verwenden Sie nur die „Anschubbewegung".

Suchen Sie nach einem Rhythmus, der das Pferd in einem entspannten Zustand hält, wobei das Pferd nach jedem Anschaukeln wieder zurück in ihre Hand schwingt (Foto unten). Falls Sie zu stark schaukeln, wird sich das Pferd anspannen, selbst wenn Sie das nicht sehen. Das ist der Teil, den man eine Weile üben muss. Wird dies richtig gemacht, so führt die Nase des Pferdes kleine, kreisförmige Bewegungen aus. Stellen Sie sich vor, Sie würden einen Stift in sein Maul tun und einen Zeichenblock darunter halten. Das Pferd würde kleine Kreise auf den Block zeichnen: im Uhrzeigersinn auf der einen Seite und gegen den Uhrzeigersinn auf der anderen Seite. „Schleichen" Sie sich anfangs langsam mit kleinen Bewegungen an das Pferd heran. Geben Sie Ihrem Körper Zeit, sich daran zu gewöhnen und Ihrem Verstand Zeit, Ihnen nicht im Weg zu stehen.

3. Sanft die „Hilfshand" einsetzen

Während Sie den Rhythmus herstellen und spüren, wie sich das Pferd entspannt, können Sie die Bewegung ein wenig verstärken. Sie können dann auch vielleicht damit beginnen, Ihre Hilfshand auf der Hüfte ein wenig mithelfen zu lassen.

Entwickeln Sie den Rhythmus! Sie werden feststellen, dass jedes Pferd seinen eigenen individuellen Rhythmus hat. Dabei hilft es, sich eine Wasserwanne vorzustellen. Sie versuchen, das Wasser hin- und herzuschaukeln, um so eine Welle herzustellen, die vor- und zurückschwappt. Je nach Wannengröße und Wassermenge schaukeln Sie ein wenig schneller oder langsamer. Zur freundlichen Erinnerung: *Immer schön atmen und dann weiter im Takt!*

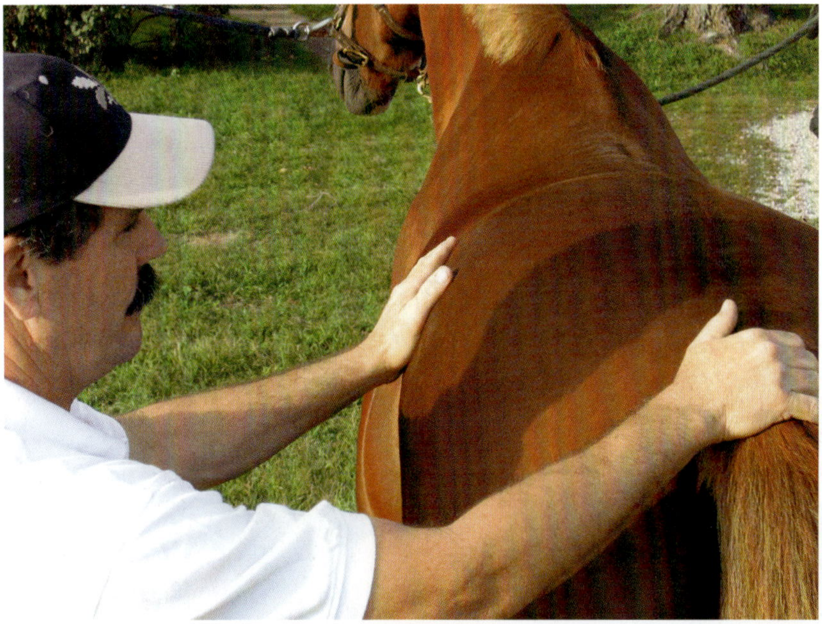

Die Hand auf dem Kreuzbein ist die „Schaukelhand" und die Hand auf der Hüfte ist die „Hilfshand".

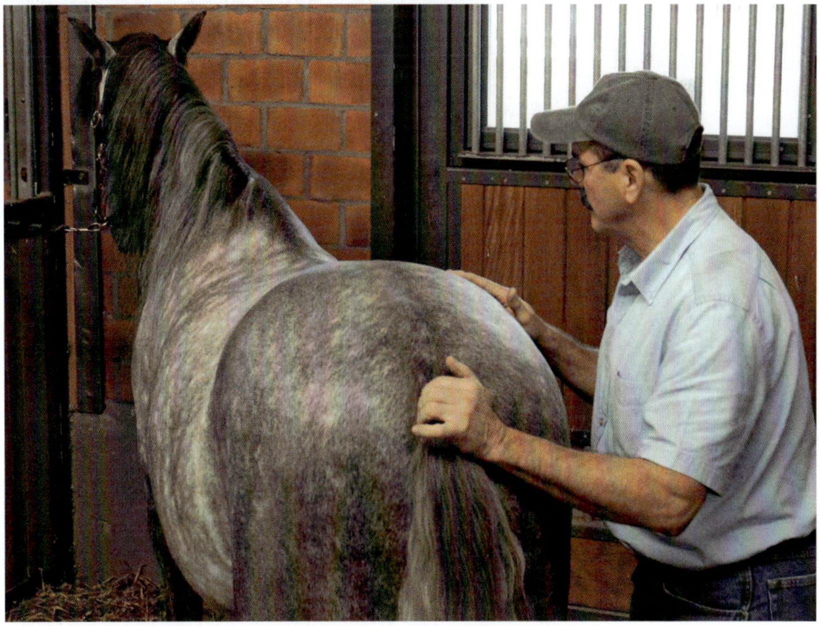

Finden Sie einen Rhythmus, der das Pferd in einem entspannten Zustand hält. Dabei schwingt das Pferd nach jeder Anschaukelbewegung zurück in Ihre Hand.

Schaukelt das Pferd erst einmal sanft hin und her, so können Sie mit der „Hilfshand" nach vorne an den Rippen entlangwandern.

4. Richten Sie die Bewegung gezielt auf bestimmte Bereiche des Rückens

Jetzt, wo Sie das Pferd sanft hin und her schaukeln, können Sie damit beginnen, die Bewegung mit der Hilfshand gezielt auf bestimmte Bereiche des Rückens zu richten. Jede Rippe ist mit einem entsprechenden Wirbel verbunden. Wackelt man sanft an einer Rippe, so lässt dies Mikro-Bewegungen im jeweiligen Wirbel entstehen. Hierdurch werden Verspannungen in den entsprechenden Muskeln und Bändern gelöst. Dies tun Sie, indem Sie Ihre Hilfshand mit jeder Schaukelbewegung nach vorne gleiten lassen und dabei an jeder Rippe weiterschaukeln. Ihre Hilfshand wird hierbei dazu benutzt, die Bewegung auf die Rippe zu richten, die einem bestimmten Bereich des Rückens entspricht, der vielleicht schmerzempfindlich oder steif ist. Sie können auf jeder Rippe mehrere „Schaukler" anwenden.

Bewegen Sie sich immer weiter nach vorne und achten Sie auf ein „Blinzeln", das Ihnen anzeigt, wenn es am jeweiligen Punkt etwas zu lösen gibt. Indem Sie die Reaktionen des Pferdes, insbesondere das Auge, beobachten, können Sie feststellen, wo es vielleicht Verspannungen oder blockierte Schmerzen gibt. Das Auge wird Ihnen auch Aufschluss darüber geben, wann das Pferd sich vielleicht anspannt, entspannt und wann es Verspannungen löst. Wenn Sie beobachten, dass die Augen des Pferdes sich weiten oder das Pferd sich anspannt, schaukeln Sie etwas leichter und geben ihm so Gelegenheit, sich zu entspannen und Verspannungen zu lösen.

Wenn sich etwas beim Pferd löst, so werden Sie spüren, wie das Pferd (und auch sein Auge) weicher wird. Oftmals kaut das Pferd dabei gleichzeitig ab. Wenn Sie in einem Bereich eine Entspannungsreaktion bekommen, dann können Sie weiterschaukeln und dabei Ihre Hand weiter an jeder Rippe entlangschieben, bis Sie die Rippen hinter dem Widerrist erreicht haben.

Was ist, wenn …?

- **Was ist, wenn das Pferd steif bleibt und sich seine Nase nicht im Kreis bewegt?**

Nicht alle Pferde können die Bewegung in der Hinterhand auf Anhieb durch die Wirbelbrücke in den Hals und Kopf umsetzen. Langfristige Verspannungen, Rückenschmerzen oder strukturelle Probleme können es dem Pferd anfangs schwer machen, sich zu entspannen. Es kann auch sein, dass es einfach allgemein nicht entspannt ist oder von anderen Pferden oder Stallaktivitäten, wie z. B. Füttern, abgelenkt ist. Außerdem schützt es vielleicht bestimmte empfindliche Bereiche, die Sie während dieser Übung berühren. In diesem Fall lassen Sie die Schaukelbewegung etwas weicher werden, fahren Sie jedoch damit mindestens eine halbe Minute lang fort.

Manche Pferde wollen sich einfach nicht entspannen, entweder weil sie einen schmerzempfindlichen Bereich schützen wollen oder ihnen dieses Schaukeln neu ist und sie sich dagegen wehren. Wenn Sie jedoch dabeibleiben und sanft genug und lange genug (das kommt uns bekannt vor!) weiterschaukeln, so wird das Pferd schließlich nachgeben und Sie werden vielleicht staunen, was für Entspannungsreaktionen Sie bekommen.

Hinweis: *Diese Übung wird leichter fallen, wenn Sie selbst entspannt sind. Arbeiten Sie nicht zu schwer mit den Armen und lassen Sie die Bewegung aus Ihrer Taille und Ihren Schultern kommen, wobei die Knie leicht gebeugt und elastisch bleiben.*

- **Was ist, wenn das Pferd die Ohren anlegt oder sich aufregt, wenn ich auf einer bestimmten Stelle bin?**

Dies kann ein Indiz für Schmerzen oder Unbehagen in diesem Bereich sein. Das bedeutet:

1. Sie müssen sich zurückhalten.
2. Sie müssen später noch einmal auf diesen Punkt zurückkommen, um dem Pferd zu helfen, die Schmerzen loszulassen.

Kehren Sie zu dem letzten Bereich zurück, an dem sich das Pferd wohlgefühlt hat und arbeiten Sie sich *sehr* vorsichtig auf den schmerzempfindlichen Bereich vor. Denken Sie daran, das ist genauso, wie wenn man eine Zwiebel häutet. Wenn Sie vorsichtig die oberste Haut abpellen können, dann ist es oft so, dass der Bereich Verbesserung zeigt, wenn Sie das nächste Mal darübergehen. Während Sie die Verspannungen des Pferdes „abpellen", werden Sie schließlich an den Punkt gelangen, an dem sich die Übung für das Pferd angenehm anfühlt. Falls nicht, so kann das ein Anzeichen dafür sein, dass man den Tierarzt hinzuziehen sollte.

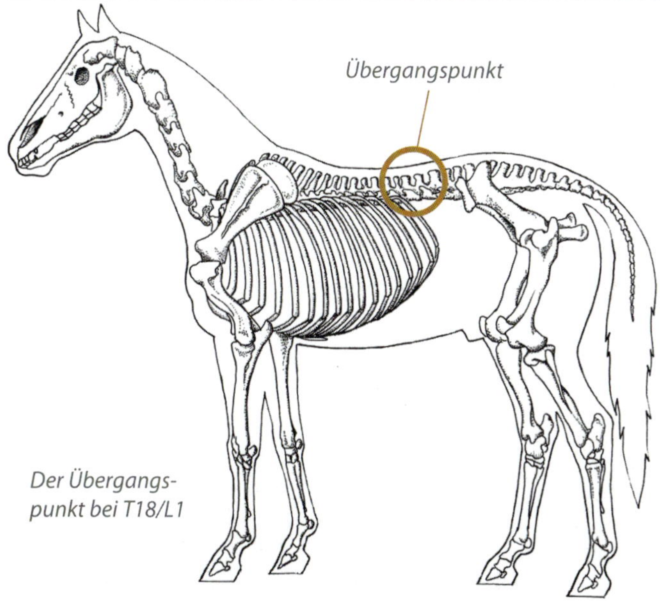

Der Übergangspunkt bei T18/L1

Übergangspunkte auf der Wirbelbrücke

Der Übergangspunkt, an dem die Brustwirbelsäule (mit den entsprechenden Rippen) endet und die Lendenwirbelsäule anfängt (T18/L1) ist ein Punkt, an dem sich oft Muskelkrämpfe entwickeln. Diese können aufgrund von schlecht passenden Sätteln oder falschem Reiten entstehen, aber auch als Resultat eines Ungleichgewichts in der Hinterhand, das von Sprunggelenk-, Knie- oder Fußproblemen hervorgerufen wurde, insbesondere, wenn diese nur auf einer Seite bestehen.

Im Allgemeinen gilt, dass sich in den Übergangspunkten zwischen den verschiedenen Wirbelbrückenbereichen oft Verspannungen ansammeln. Sie werden bemerkt haben, dass drei dieser anderen Übergangspunkte – zwischen *Genick und Atlas*, zwischen *C7 und T1* und im *Iliosakralgelenk* – die wichtigsten Übergänge sind, die die Leistungsfähigkeit des Pferdes am meisten beeinflussen.

Bevor Sie diese Technik ausführen, empfiehlt es sich, die Wirbelsäule von oben abzutasten, um Knoten oder Reaktionen festzustellen und dann beim Schaukeln der Rippen diese Knoten oder Reaktionen gezielt anzugehen.

■ **Wie lange soll ich diese Übung machen?**
Am besten lässt man sich von den Reaktionen des Pferdes leiten. Wenn Sie an einen Punkt kommen, an dem das Pferd entspannt ist – seinen Kopf senkt, mit Abkauen oder Gähnen fertig ist – dann ist das Pferd vielleicht mit der Übung fertig. Wenn es steif erscheint und seine Augen und Ohren angespannt erscheinen, werden Sie ein wenig weicher und schaukeln Sie weiter. Falls es zappelt, weggeht, mit dem Schweif wedelt und seine Ohren anlegt, siehe die Antwort zur vorherigen Frage.

Technik 2: RÜCKENWIRBELBOGEN

Bevor Sie beginnen

ZIEL: Eine Aufwärtsbewegung in der Brust- und Lendenwirbelsäule einzuleiten, die das Pferd dazu anhält, seinen Bauch einzuziehen und seinen Rücken nach oben aufzuwölben, um die Abstände zwischen den Dornfortsätzen dieser Wirbel zu erweitern.

RESULTAT: Diese aktive Dehnungsbewegung löst Schmerzen und Bewegungseinschränkungen im Rücken, bewirkt größere Flexibilität im Rücken- und Beckenbereich und verbessert die Fähigkeit des Pferdes, den Rücken rund zu machen und mit den Beinen unter den Körper zu treten.

WO SIE ARBEITEN – DIE ANATOMIE

Bei dieser Technik konzentriert man sich also auf den Rücken, und zwar vom Widerrist bis zum Schweif sowie auf die unterstützenden Muskeln, wie z. B. die Bauchmuskeln, die Zwischenrippenmuskeln und die Muskeln, die tief in der Beckenstruktur liegen, beispielsweise die *Lendenmuskeln*.

Die Lendenwirbelsäule dient als „Brücke" zwischen Vor- und Hinterhand des Pferdes. Die Lendenmuskeln sind wichtige Muskeln unter den Lendenwirbeln und dem Becken. Sie sind starke, kurze Muskeln, die dabei helfen, das Becken zu kippen und sind wichtige Stabilisatoren bei der Kraftübertragung von der Hinterhand auf den Körper. Da sie unter anderen Strukturen versteckt sind, nicht leicht gefunden werden können und man nicht direkt mit ihnen arbeitet, werden sie oft übersehen.

Die die Wirbel umgebenden Skelettmuskeln (Musculi multifidi) sind Mini-Stabilisatoren, die sich durch die Wirbel der Wirbelbrücke des Pferdes schlingen. Diese kleinen, miteinander verschlungenen Muskeln sind ebenfalls nicht zu sehen oder zu fühlen. Sie können sie jedoch mit der Hilfe des Pferdes durch eine aktive Dehnübung lösen.

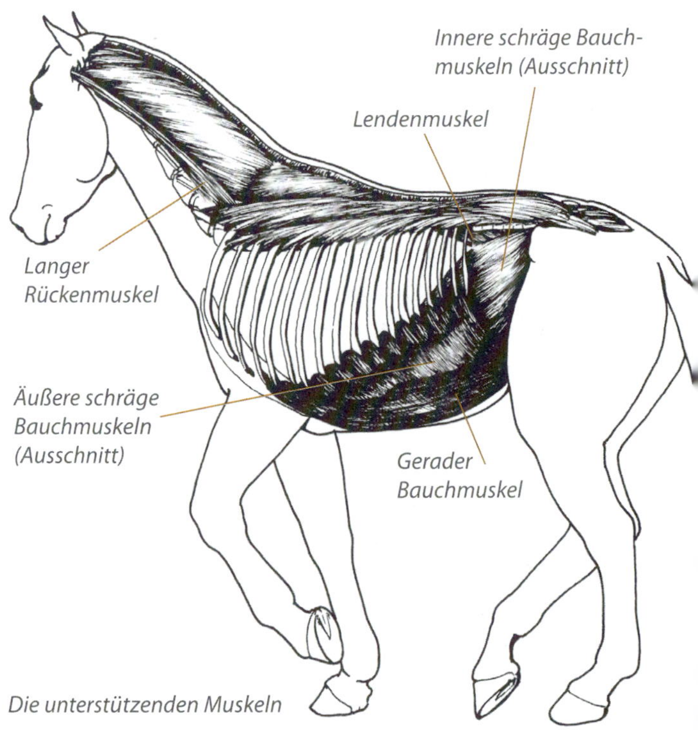

Die unterstützenden Muskeln

KURZÜBERSICHT: Schritt-für-Schritt-Anleitung

TECHNIK: RÜCKENWIRBELBOGEN

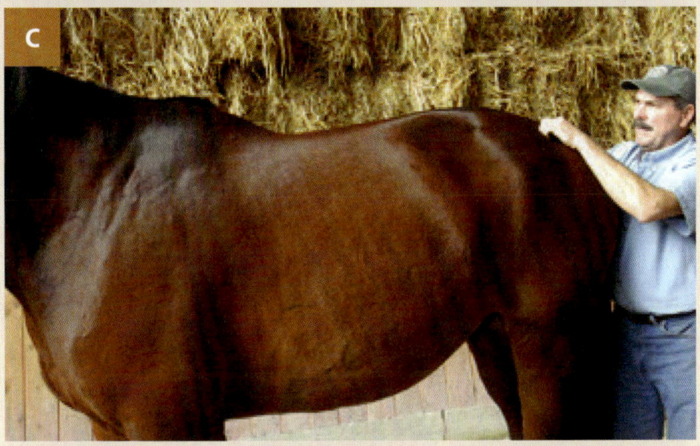

Schritt 1. Stellen Sie sich hinter die Hinterhand des Pferdes oder etwas seitlich daneben, Blick nach vorne (A).

Schritt 2. Drücken Sie Ihre Fingerspitzen zusammen oder verwenden Sie etwas Hartes und Glattes, wie zum Beispiel die Kunststoffkappe eines Stiftes, und drücken Sie auf beiden Seiten des Kreuzbeins, hinter dem höchsten Punkt der Kruppe, auf die Gesäßmuskeln (B).

Schritt 3. Üben Sie nun Druck aus, während Sie die Hände nach hinten in Richtung Rille zwischen Beinbeuger und Halbsehnenmuskel ziehen (C).

Schritt 4. Wenn das Pferd anfängt, seinen Rücken aufzuwölben, passen Sie den Druck entsprechend an, um zu kontrollieren, wie stark das Pferd den Rücken wölbt (D).

Schritt 5. Treten Sie einen Schritt zurück und warten Sie auf Entspannungsreaktionen.

Wenn das Pferd die Ohren anlegt: Aufhören!

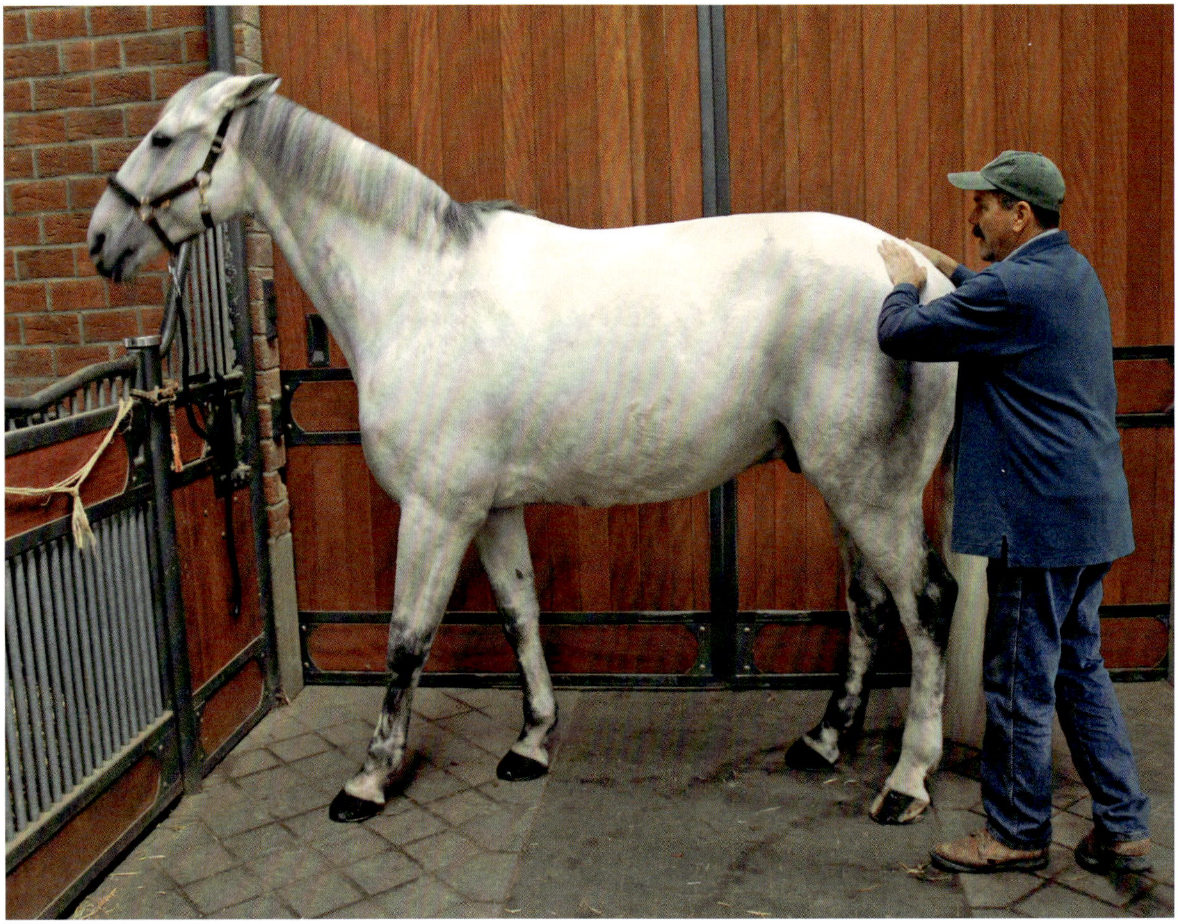

SPANNUNGEN LÖSEN: DIE AUSWIRKUNGEN

Sammeln sich hier mit der Zeit Verspannungen an, so kann dies zu einem steifen, „kalten" Rücken führen, der unbeweglich ist und die Fähigkeit des Pferdes beeinträchtigt, sich frei und effektiv zu bewegen. Ein „Öffnen" der Abstände zwischen den Wirbeln, indem man das Pferd dazu bringt, den Rücken nach oben aufzuwölben, dehnt die Rückenmuskeln und löst darin befindliche Verspannungen. Folglich können diese Muskeln sich dann wieder effektiv dehnen und zusammenziehen. Das ermöglicht dem Pferd, den Rücken schwingen zu lassen, ihn rund zu machen und unterzutreten.

Die Übung *Rückenwirbelbogen* bezieht auch aktiv die Bauchmuskeln und Lendenmuskeln ein, die die Rückenmuskeln von unten unterstützen. Sowohl die Lenden- als auch Bauchmuskeln werden benötigt, um das Becken zu kippen und dem Pferd so zu ermöglichen, unterzutreten. Und wie ich bereits erwähnte, sind die Lendenmuskeln die wichtigen Stabilisatoren bei der Kraftübertragung von der Hinterhand auf den Körper. Sie können Bewegungseinschränkungen erleiden und schließlich „zu viel stabilisieren" und „weniger unterstützen", oder können überbelastet werden, „einfrieren" und so funktionsunfähig werden. Die gute Nachricht dabei ist, dass Sie ja bereits durch Anwendung der Techniken zur Lösung der Hinterhand, sowohl von oben als auch von unten, diese wichtigen Muskeln bereits gelöst und aktiviert haben (siehe Kapitel 7). Wenn Sie dort nun um Bewegung bitten, so hilft das noch mehr.

Sobald der Rücken flexibel und beweglich ist, können diese Muskelgruppen, zusammen mit den Bauchmuskeln und langen Rückenmuskeln, ihre Aufgabe übernehmen, die beiden Enden des Pferdes ins Gleichgewicht zu bringen und es so dem Pferd zu ermöglichen, eine „positive" Selbsthaltung unter dem Reiter zu entwickeln.

***Sicherheitshinweis:** Da Sie ja bei dieser Technik direkt hinter dem Pferd stehen werden, müssen Sie währenddessen besonders aufmerksam auf die Ohren des Pferdes, sowie andere Anzeichen von Unbehagen achten. Falls das Pferd die Ohren anlegt: Aufhören! Die Reaktion des Pferdes auf Druck sollte eine Reflexreaktion sein und keine Schmerzreaktion. Diese Technik sollte nicht ausgeführt werden, falls sie dem Pferd Schmerzen bereitet.*

Bei der Arbeit mit einem unbekannten Pferd oder immer dann, wenn Sie vermuten, dass das Pferd noch schmerzempfindlich ist und die Möglichkeit besteht, dass es austreten könnte, türmen Sie zwei Heuballen zwischen sich und dem Pferd auf.

Technik 2 im Detail

Bei der Übung *Laterales Schaukeln* (S. 149) haben Sie Verspannungen in den Muskeln, die die Wirbelbrücke des Pferdes umgeben, durch Auslösen lateraler Bewegungen gelöst. Jetzt wollen Sie in der Wirbelbrücke eine Bewegung nach oben bewirken.

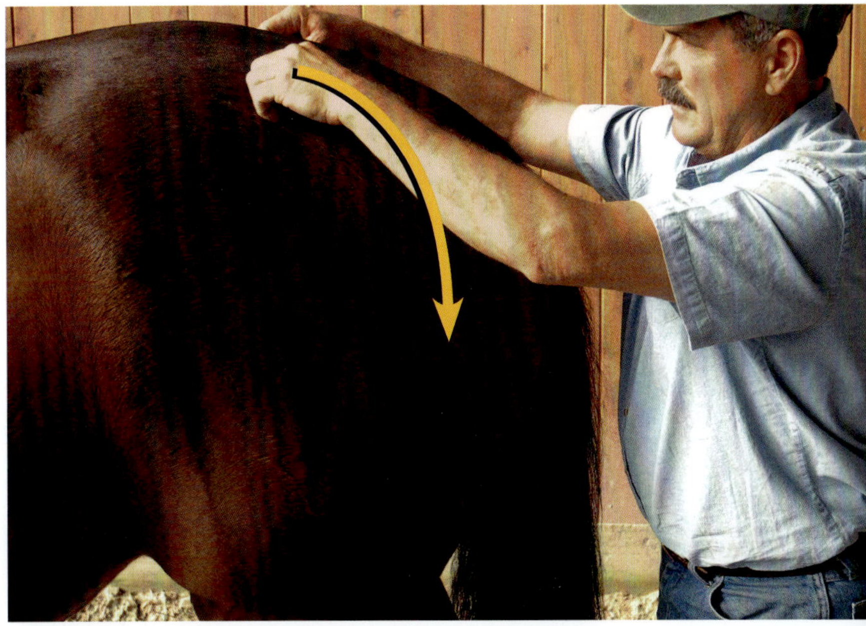

Herunterdrücken und ziehen

Diese sehr wirkungsvolle Technik ist die einzige, bei der sich das Pferd aktiv bewegen muss. Sie verwenden hierbei Reflexpunkte, um das Pferd anzuregen, die Bauchmuskeln anzuspannen und den Rücken aufzuwölben. Aus diesem Grund wird diese Übung auch oft „Pferde-Sit-up" genannt.

1. Bringen Sie sich selbst in die richtige Position

Stellen Sie sich hinter oder etwas seitlich von der Hinterhand des Pferdes auf. Pressen Sie die Fingerspitzen zusammen, um einen starken Kontaktpunkt herzustellen. Platzieren Sie sie auf den Gesäßmuskeln links und rechts neben dem Kreuzbein, *hinter* dem höchsten Punkt der Kruppe. Wenn Sie oben auf der Kruppe oder vor dem höchsten Punkt drücken, so wird das Pferd den Rücken *nach unten durchdrücken* – nicht das, was Sie hier wollen.

2. Ziehen Sie Ihre Hände nach unten

Drücken Sie mit Ihren Fingerspitzen nach unten und üben Sie dabei relativ starken Druck aus – *Zitrone*

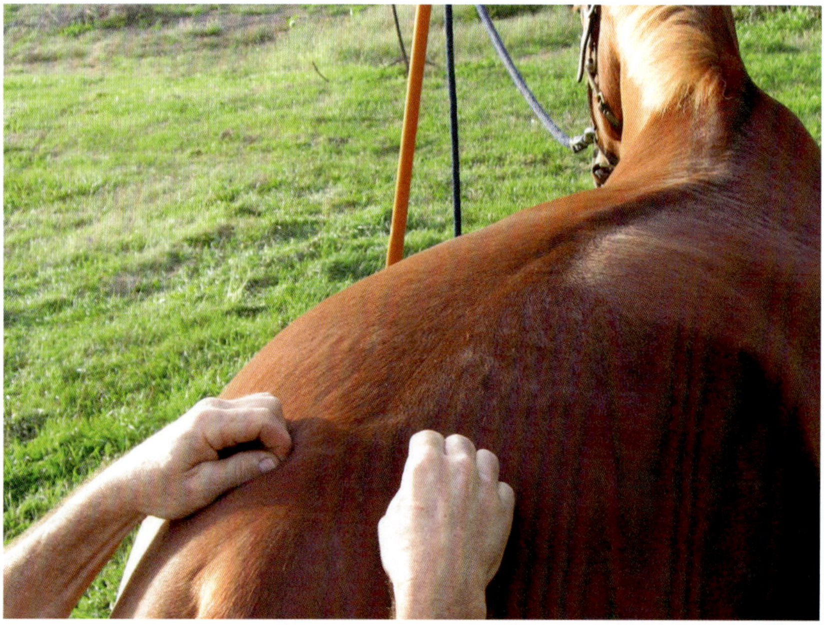

Beginnen Sie hinter der Kruppe und ziehen Sie Ihre Hände nach unten zu sich hin.

oder sogar *Limone* – und ziehen Sie die Fingerspitzen kräftig gerade nach hinten in Richtung Rille zwischen Beinbeuger und Halbsehnenmuskel, über die Muskeln hinweg, die sich links und rechts vom Kreuzbein befinden (Abb. S. 161). Während Sie Ihre Hände nach unten ziehen, achten Sie darauf, wie das Pferd anfängt, seinen Rücken ein wenig aufzuwölben (Foto links). Sobald dies geschieht, können Sie den Druck erhöhen oder vermindern. Üben Sie genau so viel Druck aus, wie nötig ist, damit das Pferd die Bauchmuskeln anspannt und den Rücken aufwölbt. So können Sie bestimmen, wie stark das Pferd den Rücken aufwölbt.

Rückenwirbelbogen

Eine „morgendliche Streckübung" für Pferde

Wird diese Technik korrekt ausgeführt, so scheint sie die gleiche Reaktion hervorzurufen, die wir haben, wenn wir als erstes morgens unseren Rücken strecken und drehen. Das ist keine sehr wissenschaftliche Beobachtung, aber das ist mein Eindruck.

Sicherheitshinweis: *Achten Sie auf die Ohren des Pferdes, während Sie die Finger über die Gesäßmuskeln ziehen. Falls es die Ohren anlegt: AUFHÖREN!*

Falls das Pferd die Ohren anlegt und sich bei dieser Übung unwohl fühlt, kann man davon ausgehen, dass es schmerzempfindliche oder sensible Gesäßmuskeln hat. In manchen Fällen kann das Pferd auch Rückenprobleme haben, die ein Aufwölben unangenehm machen. Meist wird diese Reaktion jedoch durch Empfindlichkeit der Gesäßmuskeln ausgelöst.

Zunächst denken Sie vielleicht, dass dies dem Pferd wehtut oder es stört. Dann jedoch, wenn Sie einen Schritt zurücktreten, um die Reaktionen des Pferdes zu beobachten, können Sie in den meisten Fällen feststellen, dass das Pferd erleichtert ist, die Verspannungen im Rücken zu lösen.

TIPPS

- Bei meiner Arbeit mit Schülern habe ich festgestellt, dass viele an diesem Punkt Schwierigkeiten haben, das Pferd dazu zu bringen, den Rücken aufzuwölben. Bis jetzt hatten sie sich nur auf die subtileren Aspekte der Interaktion konzentriert und hatten die Absicht, dem Pferd nicht weh zu tun. Egal, wie fest Sie auch drücken, Sie können das Pferd nicht dazu bringen, dem Druck zu weichen und den Rücken aufzuwölben. Es ist nicht so, dass Sie jetzt dem Pferd weh tun sollen. Es hilft jedoch, mental einen anderen „Gang einzulegen" und die *Intention* zu haben, das Pferd dazu zu bringen,

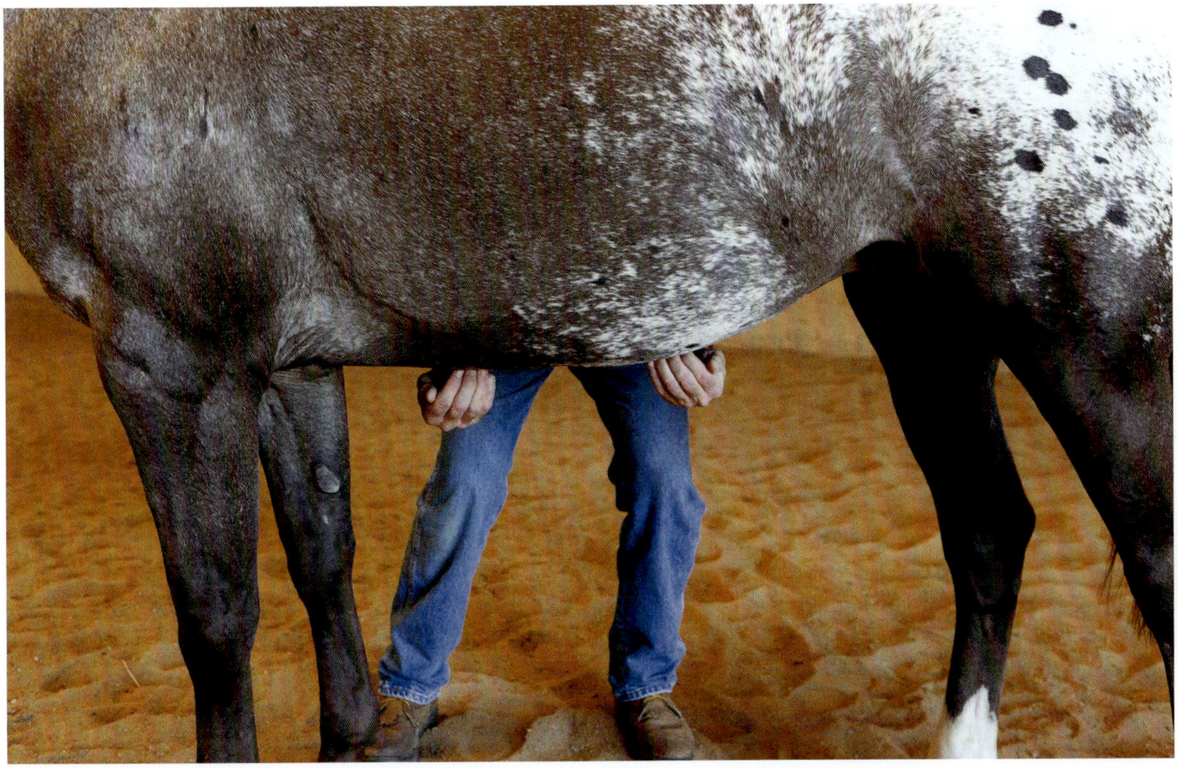

Verwenden Sie Ihre Fingerspitzen oder Fingernägel auf dem Bauch, um das Pferd zum Rückenheben anzuregen.

dem Druck, den Sie auf sein Hinterteil ausüben, zu weichen. Dieser Druck löst eine Reflexreaktion aus, die dem Pferd nicht wehtut, sondern ihm hilft – es sei denn, es legt die Ohren an.

- Um den Rücken noch mehr zu lösen, machen Sie nach dem *Rückenwirbelbogen* noch einmal ein wenig *Laterales Schaukeln*.
- Es ist besser, diese Übung nicht mehr als zwei- oder dreimal während einer Sitzung durchzuführen und allgemein nicht mehr als zweimal pro Woche. Muskeln, die inaktiv oder in ihrer Bewegung eingeschränkt waren, können dadurch empfindlich werden.
- Da der Erfolg dieser Übung zudem auf der Fähigkeit des Pferdes beruht, auf die Manipulation dieser Reflexzone zu reagieren, wollen Sie sicherstellen, dass es durch zu häufiges Durchführen dieser Übung nicht desensibilisiert und in seiner Reaktion abgestumpft wird.

„Kissing-Spine"-Syndrom

Falls der Tierarzt bei Ihrem Pferd das „Kissing-Spine"-Syndrom oder ein Einkneifen von Dornfortsätzen diagnostiziert hat, so ist es ratsam, sich vor Durchführen dieser Technik vom Tierarzt beraten zu lassen. Obwohl diese Technik dabei helfen kann, die Zwischenräume zwischen den Wirbeln zu öffnen oder zu erweitern, ist es doch wichtig sicherzustellen, dass hier nichts verschlimmert wird.

Was ist, wenn …?

- **Was ist, wenn das Pferd seinen Rücken nicht aufwölbt oder gar keine Reaktionen zeigt?**

Da Sie einen Reflexpunkt verwenden, um diese Reaktion auszulösen, gibt es keine Faustregel dafür, wie sehr jedes Pferd darauf reagieren wird. Manche Pferde sind sehr empfindlich, manche können auf die Manipulation fast abgestumpft wirken.

Stellen Sie sicher, dass Sie genug Druck ausüben. Es ist leicht, die je nach Pferd erforderliche Druckstärke zu unterschätzen. Verwenden Sie erforderlichenfalls etwas, das härter als Ihre Fingernägel ist. Eine Münze, die man in jeder Hand zwischen den Fingern hält, kann einem dabei helfen, die Druckstärke zu erreichen, die für eine Reaktion erforderlich ist. Falls gar nichts hilft, probieren Sie die auf dieser Seite beschriebene Übung „Bauchlift".

- **Was ist, wenn ich „Knackgeräusche" höre, während das Pferd den Rücken aufwölbt?**

Das ist ein gutes Zeichen. Wirbel, die steif sind oder sich bereits eine Weile nicht nach oben bewegt oder aufgewölbt haben, machen oft beim Aufwölben Knackgeräusche, so als wenn wir unsere Knöchel krachen lassen. Diese Krachgeräusche sind oft von großen Entspannungsreaktionen begleitet. Dazu stellt man dann bessere Beweglichkeit und Gelöstheit im Rücken fest.

- **Was ist, wenn das Pferd empfindlich reagiert, mit den Ohren zuckt oder sie anlegt, wenn ich herunterdrücke?**

Das Pferd kann aus verschiedenen Gründen, entweder von Natur aus oder aufgrund von Schmerzen, empfindlich sein. Werden Sie einfach leichter, lassen Sie Ihre Berührung sanfter werden oder finden Sie einen Startpunkt, der ein wenig weiter hinten in Richtung Rille zwischen Beinbeuger und Halbsehnenmuskel liegt.

- **Ich habe immer die „Bauchlift"-Übung verwendet, um mein Pferd dazu zu bringen, den Rücken aufzuwölben. Ist das falsch?**

Ich ziehe die Gesäßmuskelmethode vor, da das Pferd dazu angehalten wird, das Becken mehr zu kippen. Man kann jedoch auch den *Bauchlift* gut dazu verwenden, den Rücken aufzuwölben und steht dabei nicht direkt hinter dem Pferd. Diese Übung ist eine gute Alternative zum *Rückenwirbelbogen*, wenn das Pferd gar nicht auf die Manipulation der Reflexzonen in den Gesäßmuskeln reagiert.

Beim *Bauchlift* steht man neben dem Pferd, Blick aufs Pferd, wie wenn man über den Rücken des Pferdes hinwegschauen wollte. Dann drückt man mit den Fingerspitzen nach oben gegen die Mittellinie des Pferdebauches und regt das Pferd so dazu an, seinen Rücken zu heben (Foto S. 163). Es hilft, dabei mit den Fingerspitzen zu kraulen und quasi den Bauch nach oben zu „kitzeln".

Sicherheitshinweis: *Auch beim Bauchlift ist es wichtig, die Ohren des Pferdes zu beobachten, da es genauso gut und schnell nach vorne austreten kann wie nach hinten.*

TEIL DREI

Leistungsprobleme gezielt angehen

ALLGEMEINE PROBLEME, EINZELNE PFERDERASSEN UND KÖRPERARBEIT VOR TURNIEREN

9

KAPITEL 9

Leistungsprobleme

Primär- kontra Sekundärprobleme

Viele der Probleme, an denen Sie am Körper arbeiten, sind Sekundärprobleme, d.h. das Problem wurde von einem oder mehreren Primärproblemen verursacht. Dies kann z.B. ein schlecht passender Sattel sein oder ein Kompensieren eines körperlichen Problems, wie z.B. Schmerzen im Fuß.

Wenn ein Pferd Schmerzen kompensiert, die durch ein Primärproblem entstanden sind, so entstehen hierdurch Sekundärprobleme – Schmerzen, Verspannungen und Bewegungseinschränkungen, die die Leistung beeinträchtigen. Werden diese Schmerzen, Verspannungen und Bewegungseinschränkungen gelöst, so wird sich die Leistungsfähigkeit Ihres Pferdes verbessern. Jedoch nur, wenn Sie feststellen können, was das eigentliche Problem ist, werden Sie auch eine Wiederkehr dieser Sekundärprobleme verhindern können. In vielen Fällen können Sie auch verhindern, dass das Primärproblem zu einem schwerwiegenden körperlichen Problem wird oder zu einer Beschwerde, die tierärztliche Behandlung nötig macht.

Im Folgenden einige Beispiele für Primärprobleme:

Schmerzen in den Füßen und unteren Gliedmaßen

- Schmerzen in den unteren Gliedmaßen aufgrund von Entzündungen des Griffelbeins (der Griffelbeine), der Bänder, Sehnen, Karpalgelenke, Fesselgelenke, Knie und Sprunggelenke.
- Schmerzen im Fuß aufgrund von Strahlfäule, Hufrehe, Hufgelenksentzündungen, Hufrollensyndrom, allgemeiner Hufempfindlichkeit oder unsachgemäßem Beschlag.

Sattel, Zaumzeug und andere Ausrüstungsgegenstände

- Passform des Sattels: Baum, Polster, Kammerweite, respektive falsche Größe
- Sattelprobleme: gebrochener oder verdrehter Baum, ungleichmäßige Polsterung, Verschleiß oder Beschädigung
- Hilfsausrüstung: falsche Passform oder unsachgemäße Anwendung
- Gebisse: falsche Passform, falsche Einstellung oder unsachgemäße Anwendung

Zahnprobleme

- Zähne raspeln
- Ungleichmäßigkeiten im Gebiss

Reitweise

- Reiten im Ungleichgewicht kann eine Überbeanspruchung einiger Muskeln verursachen, während andere unterentwickelt bleiben.

Gebäudeprobleme

- Krumme Füße oder Beine
- Rücken lang oder kurz
- Allgemeiner Aufbau des Gebäudes

Es können sich im Pferdekörper auch Verspannungen als Folge der täglichen Arbeit entwickeln. Wiederholtes Anspannen lässt muskuläre Verspannungsmuster entstehen und wenn manche Muskeln letztendlich mehr arbeiten als andere, so entsteht ein Ungleichgewicht. (Daher ist es so wichtig, das Pferd so zu konditionieren und zu reiten, dass es auf natürliche und ausgewogene Weise Fitness entwickelt.)

Und schließlich – wie bereits erklärt (siehe „Wo man mit der Arbeit beginnt. Symmetrie und Asymmetrie beim Pferd", S. 28) – kann sich unilaterale Verspannung als Folge der natürlichen Asymmetrie des Pferdes entwickeln oder aus seiner Neigung, eine stärkere oder vorherrschende Seite zu haben. Dieses Ungleichgewicht kann sich zudem mit der Zeit und durch Arbeit verstärken und noch größere Missverhältnisse entstehen lassen, die wiederum zu körperlichen Problemen oder Lahmheiten beitragen.

Den „Übeltäter" finden

Denken Sie beim Identifizieren von möglichen Primärproblemen daran, dass das Pferd ein Herdentier ist, das sich instinktiv nach Kräften bemüht, nach außen keinerlei Zeichen von Schmerz oder Schwäche zu zeigen (daher ist es oft schwierig, Lahmheiten akkurat zu beurteilen). Folglich kann es vorkommen, dass Primärprobleme eine Ewigkeit lang nicht entdeckt werden und je länger dies der Fall ist, desto mehr Verspannungen sammeln sich an. Manchmal ist es fast, wie wenn man die Teile eines Puzzles zusammensetzt, wenn man feststellen will, ob ein Primärproblem besteht und was es wohl sein könnte.

Je mehr Daten oder Informationen Sie zusammentragen können, desto besser Ihre Chancen, herauszufinden, was den Schmerz und die Verspannungen eventuell verursacht und dann etwas dagegen tun zu können.

Diagonalen

Zur wertvollsten Information, die Sie durch die Arbeit am Körper Ihres Pferdes sammeln können, gehört die Antwort auf die Frage, welche Vorhand-Hinterhand-*Diagonale* die meisten Verspannungen enthält. Mit dieser Information wird klar, wie sich Ihr Pferd bewegt, auf welcher Hand es am liebsten galoppiert,

Zurückbleibende, muskuläre Spannungsmuster

Oft besteht das zugrunde liegende Problem nicht mehr oder wurde gelöst, das Pferd leidet jedoch immer noch unter den zurückbleibenden Auswirkungen der Kompensation. Oder, anders gesagt: Obwohl der Schmerz oder das Primärproblem, das die muskulären Verspannungsmuster im Körper verursacht hat, nicht mehr besteht, so können doch die Verspannungsmuster weiter bestehen, besonders dann, wenn das Pferde lange Zeit verspannt war. In diesem Fall können Sie oft durch Körperarbeit eine dauerhafte Verbesserung der Leistungsfähigkeit erzielen.

Ist das Primärproblem jedoch nicht gelöst, so werden die durch Kompensierung entstehenden Muskelverspannungen zurückkehren, selbst nachdem Sie dem Pferd geholfen haben, diese loszulassen. In diesem Fall ist es äußerst hilfreich, das Primärproblem zu eliminieren.

wo sich seine Verspannungen ansammeln, wo seine Primärprobleme liegen könnten und wo man in Zukunft auf eventuelle Probleme achten sollte.

Schmerz im Gegensatz zu Bewegungseinschränkung

Manche Leistungsprobleme haben mehr mit *Schmerz* oder *Unbehagen* zu tun, andere mehr mit *Steifheit* und *Bewegungseinschränkungen*. Im Allgemeinen ist Steifheit ein älteres Problem – oder eines, dass sich über lange Zeit hinweg entwickelt hat – und Schmerz bezieht sich auf etwas, dass das Pferd aktuell stört. Wenn Sie wissen, welche Art von Problem die Ursache für die Leistungsschwäche ist, kann Ihnen dies dabei helfen, das Primärproblem zu bestimmen (siehe die Tabellen S. 169).

Hinweis: *Diese Tabellen spiegeln ausschließlich meine eigenen Erfahrungen wider und man sollte sich nicht 100%ig darauf verlassen!*

Sonstige Aspekte

Während Sie mit dem Pferd arbeiten, nehmen Sie zur Kenntnis, wo es dem Pferd am schwersten fällt, Spannungen zu lösen. Wenn es zum Beispiel leicht ist, in der Hinterhand Spannungen zu lösen, das Pferd aber Schwierigkeiten hat, die Skapula oder den oberen Hals, das Genick oder den Atlas auf einer Seite zu lösen, so sollten Sie sich auf die *Vorhand* konzentrieren. Sind die Übungen mit der Vorhand leicht und Sie stellen fest, dass das Pferd Schwierigkeiten mit dem Lösen der Hinterhand auf einer Seite hat, dass ein Kniepunkt sehr empfindlich ist oder das Kreuzbein bei den *Unter-dem-Schweif-Punkten* „eingekniffen" wird, so sollten Sie sich auf die Hinterhand konzentrieren. Oftmals zeigt der Bereich, der am schwersten zu lösen ist, die Stelle an, an dem sich vielleicht das Primärproblem befindet. Dies wird Ihnen helfen, den Bereich näher zu bestimmen, wo sich der Übeltäter vielleicht versteckt.

Schauen Sie sich das ganze Pferd an und achten Sie auf die in diesem Buch herausgestellten Verbindungen zwischen Hinter- und Vorhand, darunter auch die Beziehung zwischen den Vorhand-Hinterhand-Diagonalen:

- Spannung im Atlas geht mit Spannung im Kreuzbeinbereich einher.
- Oftmals ist Spannung im Genick auf einer Seite mit einem Muskelkrampf im Gesäßmuskel am Hüftgelenk der *gegenüberliegenden* Hinterhanddiagonale zu finden.
- Verspannungen im Hals-Schulter-Widerrist-Übergang (unter der Skapula) sind mit Verspannungen im Lenden-, Becken- und Kreuzbeinbereich verbunden.
- Pferde mit Sprunggelenkproblemen haben oft übermäßige Schmerzen oder Spannung in den rückseitigen Oberschenkelmuskeln.
- Knieprobleme oder Schmerzen in den Knien gehen oft mit übermäßiger Schmerzempfindlichkeit oder Verspannung im Leisten- und Lendenbereich einher.

Es ist fast nie „nur eine Sache"!

Da die verschiedenen Teile des Pferdes miteinander verbunden sind, ist auch ein verspannter Bereich oder sogar eine Lahmheit mit einem anderen Bereich verbunden. Daher empfiehlt es sich, bei Evaluierung eines möglichen Hinterhandproblems auch die Vorhand mitzuberücksichtigen sowie auf Kreuzbein und Hinterhand zu schauen, wenn man mögliche Probleme in der Vorhand betrachtet.

Wird mein Pferdeproblem verursacht durch …

SCHMERZ ODER BEWEGUNGSEINSCHRÄNKUNG?

Leistungsproblem	Bew.-Einschr.	Schmerz
1. Probleme beim Galoppwechsel	x	**x**
2. Benutzt Rücken nicht	x	**x**
3. Geht gegen das Gebiss	x	**x**
4. Geht auf der Vorhand	**x**	x
5. Tritt nicht unter	**x**	x
6. Hält Kopf flach, schräg	**x**	x
7. Zeitweise auftretende Lahmheit	**x**	x
8. Unzureichender Raumgriff in Vordergliedmaßen	**x**	x
9. Kurze, hackende Tritte	**x**	x
10. Lässt sich nicht gern gurten		**x**
11. Kopfscheu	x	**x**
12. Hirschhals, Hohlrücken	**x**	x
13. Biegt sich nicht im Körper	**x**	x
14. Früher frisch, jetzt faul	**x**	x
15. Buckelt, eilt		**x**
16. Zieht Bein hoch oder lässt Zehe schleifen	x	**x**

EIN PRIMÄRES ODER SEKUNDÄRES PROBLEM?

Leistungsproblem	Mögl. Primärproblem	Mögl. Sekundärproblem
1. Probleme beim Galoppwechsel	**x**	x
2. Benutzt Rücken nicht	**x**	x
3. Geht gegen das Gebiss	**x**	x
4. Geht auf der Vorhand	x	**x**
5. Tritt nicht unter	x	**x**
6. Hält Kopf flach, schräg	x	**x**
7. Zeitweise auftretende Lahmheit	**x**	x
8. Unzureichender Raumgriff in Vordergliedmaßen	x	**x**
9. Kurze, hackende Tritte	x	**x**
10. Lässt sich nicht gern gurten	**x**	
11. Kopfscheu	**x**	x
12. Hirschhals, Hohlrücken	x	**x**
13. Biegt sich nicht im Körper	x	**x**
14. Früher frisch, jetzt faul	x	**x**
15. Buckelt, eilt	**x**	
16. Zieht Bein hoch oder lässt Zehe schleifen	**x**	x

Wenn beide Spalten mit einem X markiert sind, so können beide ein Problem sein. Ein fettes X bedeutet, dass hier das Problem wahrscheinlicher ist. Ein normales X bedeutet, es ist weniger wahrscheinlich. Diese Tabellen sollen keine tatsächlichen körperlichen Probleme diagnostizieren. Das ist die Aufgabe Ihres Tierarztes. Falls irgendein Zweifel darüber besteht, ob ein ernsthaftes körperliches Problem bestehen könnte, so ziehen Sie den Tierarzt hinzu.

Individuelle Leistungsprobleme

Es gibt eine Sache, die man auf jeden Fall tun sollte, wenn man Leistungsprobleme angeht, egal ob man sich auf den Rücken, die Hinterhand oder die Vorhand konzentriert und das ist: Verspannungen im Genick-Atlas-Bereich lösen. Das hilft, Verspannungen im ganzen Körper zu lösen, macht die restlichen Lösungsübungen leichter und ihre Wirkung hält länger an.

LEISTUNGSPROBLEME

Hier eine Liste der Probleme, die auf den folgenden Seiten behandelt werden sowie der vorgeschlagenen Techniken. Diese sind alphabetisch mit der entsprechenden Seitennummer aufgeführt.

Hinweis: *Wenn Sie die unten aufgeführten Leistungsprobleme angehen, denken Sie daran, dass Sie hierbei oft die Art angehen, mit der das Pferd für ein zugrunde liegendes Problem kompensiert.*

1. PROBLEME MIT RECHTS- ODER LINKSGALOPP

Das Pferd hat Schwierigkeiten, den Rechts- oder Linksgalopp aufzunehmen oder beizubehalten.

Mögliche Primärprobleme

Dies ist eines der häufigsten Leistungsprobleme, denen ich begegne. Wenn ein Pferd Schwierigkeiten hat, entweder im *Rechts-* oder *Linksgalopp* zu gehen, so ist es möglich, dass es sich in dieser Richtung nicht wohlfühlt, woraus man auf ein Primärproblem schließen kann: Ein Lahmheitsproblem zeigt sich normalerweise im Trab. In diesem Fall sollte man den Tierarzt hinzuziehen.

Ist ein Primärproblem nicht ernst genug, um Lahmheit zu erzeugen, so kann es doch das Pferd genug stören, um durch Bevorzugung des Rechts- oder Linksgalopps hierfür zu kompensieren. In den kompensierenden Muskeln entstehen Verspannungsmuster, die ein Ungleichgewicht im Bewegungsablauf des Pferdes verursachen.

Das Primärproblem kann entweder im Vorder- oder Hinterende des Pferdes bestehen. Oft, aber nicht immer, kann der Reiter das fühlen und so bietet sich ein erster Hinweis darauf, wo man mit der Suche nach dem Problem anfangen sollte.

Vorhand

Hier einige Beispiele für Probleme in der Vorhand: Schmerzen aufgrund von Hufgeschwür, Entzündung eines Griffelbeins oder Hufgelenks, die sich langsam entwickelt, aber noch nicht zu beobachtbarer Lahmheit geführt hat. Durch Kompensieren entwickelt das Pferd Verspannungen in Muskeln, die die betroffene Vordergliedmaße mit dem Hals, dem Atlas und dem Genick verbindet. Lang anhaltende Kontraktion dieser Muskeln, zum Beispiel des Arm-Kopf-Muskels (obere Zeichnung, S. 70) oder des Schulter-Wirbelquerfortsatzmuskels, verursacht Schmerzen und einseitige Bewegungseinschränkungen im Hals, Atlas und Genick.

Wenn außerdem einseitig auf Genick oder Atlas ausgeübte Spannung einseitige Verspannungen zur Folge hat, so beeinträchtigt dies nicht nur die Funktion der Vorhand, sondern auch die der Hinterhand. Besteht beispielsweise im Atlas eine Bewegungseinschränkung durch einseitige Kontraktion eines Muskels, so kann dies Muskelkrämpfe in den Gesäßmuskeln am Hüftgelenk des diagonal gelegenen Hinterbeins verursachen. Sobald die Verspannungen im Genick- und Atlasbereich beseitigt sind, verbessert sich der Muskelkrampf im Gesäßmuskel oder verschwindet oft vollständig.

Kompensiert das Pferd lange genug für Schmerzen im Vorderfuß oder Vorderbein, erscheint bald auch eine Bewegungseinschränkung im Hals-Rumpf-Übergang (C7/T1), da das Pferd mit jedem Schritt versucht, den Schmerz im betroffenen Bein zu vermeiden. Diese Einschränkung lässt dann Probleme mit dem Galoppwechsel entstehen, da die Muskeln, die die Vor- mit der Hinterhand verbinden – wie z. B der *lange Rückenmuskel* (siehe Zeichnung S. 116) – Verspannungsmuster entwickeln, die es für das Pferd noch unangenehmer machen, auf einer bestimmten Hand zu galoppieren.

Vorgehensweise

Techniken, die zur Lösung von Spannungen in der *Vorhand* angewendet werden:

Techniken (Vorhand)	Seite
Lösen des Genick-Atlas-Bereiches (mit aufgestütztem Kopf, mit hängendem Kopf)	*S. 51 und 57*
Laterales Biegen des Halses	*S. 39*
Lösung des Skapulabereiches	*S. 68 und 86*
Lösung des Übergangs C7-T1	*S. 98*

Hinterhand

Häufig auftretende Primärprobleme in der Hinterhand haben oft mit den Sprunggelenken oder Knien zu tun. Zu den Muskeln, die das Pferd zur Kompensierung für Schmerzen in den Sprunggelenken oder Knie verwendet, gehören die Leistenmuskeln, rückseitigen Oberschenkelmuskeln sowie die Lenden- und Gesäßmuskeln. Üben diese Muskeln ausreichend Spannung auf das Kreuzbein aus, besonders wenn dies einseitig geschieht, führt dies zu einer Verdrehung des Iliosakralgelenks. Meiner Erfahrung nach beeinträchtigt ein „verdrehtes" Iliosakralgelenk die Muskeln der Hinterhand, was Auswirkungen auf den Galoppwechsel haben kann.

***Hinweis:** Auch Arbeit oder Training kann dazu führen, dass das Iliosakralgelenk unter Spannung gesetzt oder verdreht wird (siehe Primär- oder Sekundärprobleme, S. 166).*

Wenn Sie Spannungen im Kreuzbeinbereich lösen, dann lösen Sie auch Spannungen in den Muskeln der Hinterhand. Sie können weiterhin Spannungen in den Muskeln lösen, die möglicherweise zum Problem mit dem Rechts- oder Linksgalopp beigetragen haben, indem Sie die Hintergliedmaßen in entspanntem Zustand wie beschrieben durch ein Bewegungsspektrum bewegen.

Vorgehensweise

Techniken zur Lösung von Verspannungen in der *Hinterhand*:

Techniken (Hinterhand)	Seite
Lösen des Genick-Atlas-Bereiches	*S. 51und 57*
Arbeiten mit der Hinterhand – Lösungspunkte	*S. 116*
Arbeiten mit der Hinterhand – von unten	*S. 131*

2. SCHMERZEMPFINDLICHER ODER STEIFER RÜCKEN

Mögliche Primärprobleme

Ein schmerzempfindlicher Rücken ist eines dieser „Ganzkörperprobleme". Das Pferd muss seinen Rücken voll funktionsfähig einsetzen können, damit Hinterhand und Vorhand zusammenarbeiten können – in allen Gangarten. Manchmal besteht das Primärproblem im Rücken selbst und manchmal gibt es hierfür einen anderen Grund – in der Vor- oder Hinterhand. Wie dem auch sei: Funktioniert der Rücken nicht mehr auf natürliche Weise, hat dies eine Auswirkung auf die Funktion des gesamten Körpers.

Es ist wichtig, das Primärproblem zu bestimmen. Ansonsten kommt die Schmerzempfindlichkeit wieder, egal wie viel Körperarbeit Sie mit dem Rücken machen.

Häufige Primärprobleme:

- alte Verletzung
- schlechte Sattelpassform
- Kompensieren für Fuß- oder Beinprobleme – hinten und vorne
- unsachgemäßes Reiten und Konditionieren
- Zahnprobleme

Je länger die Schmerzempfindlichkeit des Rückens besteht, desto steifer wird der Rücken, da die Durchblutung gestört wird und die Muskeln sich daher zurückbilden. Oft besteht auch gar keine Schmerzempfindlichkeit mehr, da die Rückenmuskeln vollständig „zugemacht" haben und Nervenschäden davongetragen haben.

In manchen Fällen ist das Primärproblem bereits beseitigt und bereitet keine Probleme mehr, der Rücken jedoch hat „zugemacht" und bleibt als Folge des ehemaligen Problems weiter steif. Wenn Sie jedoch erst einmal die Arbeit zur Lösung des Rückens durchgeführt haben, so kann er relativ locker werden und bis zu einem bestimmten Grad wieder natürlich funktionieren.

Hinweis: *Der Rücken ist nicht nur etwas, „auf dem Sie sitzen", sondern eine grundlegende Komponente des Bewegungsapparates des Pferdes. Verspannungen und Bewegungseinschränkungen im Rücken verhindern korrekte Bewegung und natürliche Gangarten. Lahmheiten können ihren Grund auch im Rücken haben.*

Vorgehensweise

Wir verwenden folgende Techniken:

Techniken	Seite
Lösen des Genick-Atlas-Bereiches (mit aufgestütztem Kopf, mit hängendem Kopf)	*S. 51 und 57*
Lösen des Skapulabereiches	*S. 68 und 86*
Arbeiten mit der Hinterhand, Lösungspunkte	*S. 116 und 131*
Lösen des Übergangs C7/T1	*S. 98*
Laterales Schaukeln	*S. 149*
Rückenwirbelbogen	*S. 158*

Oft reicht es, einfach etwas *Laterales Schaukeln* und dann den *Rückenwirbelbogen* durchzuführen, um den Rücken aufzulockern und eine Verbesserung beobachten zu können. Für tiefere und lang anhaltendere Rückenprobleme jedoch müssen Sie zuerst gründlich die Vor- und Hinterhand lösen und erst dann in Richtung Mitte mithilfe der Rückentechniken arbeiten. Beide Enden des Pferdes müssen gelöst sein, damit das Pferd Spannungen im Rücken loslassen kann.

Denken Sie daran, dass ein schmerzempfindlicher Rücken vielleicht bedeuten kann, dass hier ein Primärproblem besteht, das beseitigt werden muss. Finden Sie das Primärproblem, lösen Sie den Rücken regelmäßig und lockern Sie ihn.

3. GEHT GEGEN DAS GEBISS

Mögliche Primärprobleme

Ein Pferd geht oft gegen das Gebiss, um Schmerzen oder Unbehagen im oberen Hals, im Atlas, Genick oder TMG (Temporomandibulargelenk) zu vermeiden. Ein Pferd wird zum Beispiel gegen das Gebiss ziehen, wenn man es um Beugung im Genick- und Oberhalsbereich bittet, um dort Schmerzen zu vermeiden. Ich habe bereits erwähnt, wie Probleme in der Vordergliedmaße Schmerzen im Genick verursachen können. Das Primärproblem in der Vordergliedmaße ist vielleicht nicht ernst genug, um das Pferd lahm zu machen. Durch Kompensieren für die entsprechenden Schmerzen jedoch wird mit der Zeit Verspannung im Genick-, oberen Hals- und möglicherweise TMG-Bereich entstehen. Dies wiederum lässt das Pferd gegen das Gebiss gehen.

Das Pferd wird ebenfalls gegen das Gebiss gehen, wenn das TMG aufgrund von Zahnproblemen schmerzempfindlich wird.

Geht das Pferd gegen das Gebiss, wenn man es bittet unterzutreten, so bedeutet dies möglicherweise ein Hinterhandproblem und das Pferd vermeidet es, die Hinterhand einzusetzen. Es möchte auf der Vorhand bleiben und lehnt sich so aufs Gebiss. Dies wird weiter im Abschnitt „Geht auf der Vorhand" besprochen.

Vorgehensweise

Wir verwenden die folgenden Techniken:

Techniken	Seite
Lösen des Genick- und Atlasbereiches (mit aufgestütztem Kopf, mit hängendem Kopf)	*S. 51 und 57*
Lösen des Skapulabereiches	*S. 68 und 86*

4. GEHT AUF DER VORHAND

Mögliche Primärprobleme

Das Pferd wird oft die Vorhand belasten, wenn es irgendwo in den Hintergliedmaßen oder Muskeln der Hinterhand Schmerzen und Unwohlsein verspürt, da es in diesem Fall versucht, die Hinterhand zu entlasten. Geht das Pferd gegen das Gebiss, wenn man es beim Reiten bittet, sich zu versammeln und seine Hinterhand zu benutzen, so ist das ein mögliches Anzeichen. Löst man Verspannungen in der Hinterhand, wird es dem Pferd möglich, effizienter zu arbeiten und das erspart dem Pferd oft die Notwendigkeit, die Vorhand verstärkt zu belasten. Besteht in der Hinterhand jedoch ein ernsthaftes Primärproblem oder ein solch grundlegendes Problem, das tierärztliche Betreuung und Behandlung erfordert, so kann es sein, dass das Pferd weiterhin auf der Vorhand geht. Die Techniken werden dann nur kurzzeitig helfen. Falls dieses Leistungsproblem kontinuierlich besteht, ist es ratsam, einen Veterinär hinzuzuziehen.

Vorgehensweise

Wir verwenden die folgenden Techniken:

Techniken	Seite
Arbeiten mit der Hinterhand – Lösungspunkte	*S. 116*
Arbeiten mit der Hinterhand – von unten	*S. 131*

Geht das Pferd schwer auf der Vorhand, schaue ich mir erst die Hinterhand an, um das Problem zu lösen.

Zusätzlich zu den *Lösungspunkten für die Hinterhand* und *Arbeiten mit der Hinterhand – von unten* lockern Sie den Rücken mithilfe der Techniken *Laterales Schaukeln* und *Rückenwirbelbogen*, um es dem Pferd leichter zu machen, seine Hinterhand richtig einzusetzen, wenn sie erst einmal besser arbeitet. Lösen Sie auch Verspannungen im Übergang C7/T1, um Spannungen im *langen Rückenmuskel* zu lösen.

5. TRITT NICHT UNTER

Ebenfalls: verwendet die Hinterhand nicht; mangelnder Schwung; wölbt den Rücken nicht.

Mögliche Primärprobleme

Wenn Sie es mit der Unfähigkeit, unterzutreten oder den Rücken „rund" zu machen, zu tun haben, haben Sie ein Pferd, dessen Oberlinie *zusammengezogen* ist.

Damit das Pferd seine Hinterhand effektiv einsetzen kann, muss es in der Lage sein, den gesamten Körper zu verwenden. Es muss fähig sein, seinen Rücken aufzuwölben, mit den Hinterfüßen unter seinen Körper zu treten und seine Hinterhand einzusetzen. Ist das Pferd dazu nicht in der Lage, dann ist dies oft ein Resultat der Überarbeitung der Hinterhand und ist oft damit verbunden, dass das Pferd in der Vorderhand zu sehr versammelt wird.

Andere Primärprobleme können schlechte Passform des Sattels, Probleme mit Weich- oder Gelenkgeweben oder Gelenkprobleme in Vor- oder Hinterhand sein. Was es auch ist, wenn das Pferd nicht in der Lage ist, mit den Hinterbeinen unter seinen Körper zu treten und nach vorne zu schieben, dann sind Spannung und Verdrehung des *Kreuzbeins* dabei immer ein Schlüsselfaktor.

Vorgehensweise

Wir verwenden die folgenden Techniken:

Techniken	Seite
Lösen des Genick- Atlas-Bereiches (mit aufgestütztem Kopf, mit hängendem Kopf)	*S. 51 und 57*
Arbeiten mit der Hinterhand – Lösungspunkte	*S. 116*
Arbeiten mit der Hinterhand – von unten	*S. 131*
Laterales Schaukeln	*S. 149*
Rückenwirbelbogen	*S. 158*

Ihre Strategie besteht darin, Verspannungen im Rücken *und* in beiden Enden des Pferdes zu lösen: Die leichteste Art besteht darin, Verspannungen im Genick- und Atlasbereich zu lösen. Sobald die Oberlinie gelöst ist, kann der Rücken wieder arbeiten und der gesamte Körper wird wieder als eine Einheit arbeiten können. Dadurch wird es dem Pferd möglich, die Hinterhand effektiv einzusetzen.

Beginnen Sie im Atlasbereich, es sei denn, dieser Bereich ist zu empfindlich. Das Lösen von Spannungen im Atlasbereich startet den Prozess des Lösens im Kreuzbein- und Hinterhandbereich. Wenn Sie bei der Hinterhand ankommen, beginnen Sie zunächst mit den *Lösungspunkten*.

Achten Sie darauf, ob die rückseitige Oberschenkelmuskulatur Verspannungen oder Verdrehungen im Kreuzbein auslöst. Oft stehen eine überarbeitete Hinterhand und Probleme im Sprunggelenk mit übermäßiger Kontraktion der rückseitigen Oberschenkelmuskulatur in Verbindung.

Sobald Sie das Pferd durch Anwendung der *Lösungspunkte* gelöst haben, machen Sie mit dem *Lösen der Gliedmaßen von unten* weiter. Achten Sie darauf, wo es die meisten Bewegungseinschränkungen, Schmerzen oder die größten Entspannungsreaktionen zeigt. Das sind die Stellen, auf die Sie sich beim Lösen von Spannungen konzentrieren. Achten Sie auch aufmerksam auf den Lendenwirbelbereich.

Oft zeigt das Pferd keine Anzeichen von Schmerz oder Sensibilität, ist aber möglicherweise steif und unbeweglich. Bewegungseinschränkungen im Lendenbereich blockieren die Bewegungskette von der Hinterhand durch den Rücken und beeinträchtigen die Fähigkeit des Pferdes, den ganzen Körper einzusetzen.

Nach dem *Lösen der Gliedmaßen von unten* verbringen Sie mehr Zeit als Sie vielleicht erwarten mit dem *Lateralen Schaukeln*. Es dauert vielleicht eine Weile, bis das Pferd aufhört, seinen unteren Rücken zu beschützen. Wenn es das jedoch schließlich tut, werden die Entspannungsreaktionen enorm sein. Machen Sie danach mit dem *Rückenwirbelbogen* weiter.

6. HÄLT DEN KOPF FLACH, SCHIEF ODER ZUR SEITE GENEIGT

Ebenfalls: geht einseitig gegen das Gebiss; biegt den Hals besser in eine Richtung als in die andere.

Mögliche Primärprobleme

Übermäßige unilaterale Spannung in Muskeln und Bändern des Genick- und Halsbereiches kann zu Problemen beim Biegen und zu einseitigen Widerstandsproblemen führen. Ein Muskel, der kontinuierlich auf einer Seite kontrahiert ist (zum Beispiel Arm-Kopf-Muskel), kann Schiefe im Hals verursachen.

Wie bereits erklärt, kann diese Kontraktion von Vorderfuß- oder Beinschmerzen herrühren, normalerweise auf der gleichen Seite, an der das Pferd sich nicht biegt oder der Seite, auf der es sich aufs Gebiss legt.

Außerdem sind Pferde wie Menschen, und zwar in der Hinsicht, dass sie normalerweise eine stärkere und vorherrschende Seite haben. Daher können sich mit der Zeit unilaterale Verspannungsmuster entwickeln, die sich in dieser Art von Leistungsproblemen manifestieren. Regelmäßiges Lösen dieser Verspannungsmuster hilft dem Pferd, gleichmäßig zu bleiben.

Achten Sie während der Technik *Laterales Beugen* des Halses darauf, an welchen Stellen sich Bewegungseinschränkung oder mangelnde Flexibilität feststellen lässt, besonders auf einer Seite im Unterschied zur anderen. An diesen Stellen wollen Sie das Pferd auffordern, Spannungen zu lösen. Denken Sie daran, zunächst die Verspannungen auf der leichteren (gegenüberliegenden) Seite zu lösen und an beiden Seiten des Halses zu arbeiten.

Vorgehensweise

Wir verwenden die folgenden Techniken:

Techniken	Seite
Lösen des Genick-Atlas-Bereiches (mit aufgestütztem Kopf, mit hängendem Kopf)	*S. 51 und 57*
Laterales Biegen des Halses	*S. 39*
Lösen des Skapulabereiches	*S. 68 und 86*
Lösen des Übergangs C7/T1	*S. 98*

Dadurch, dass Sie sich auf das Genick und den Atlas sowie die Skapula am Übergang C7/T1 konzentrieren, arbeiten Sie an den Ansatzpunkten beider Enden zweier wichtiger Muskeln, die hier eine Rolle spielen: dem *Arm-Kopf-Muskel* und dem *Schulter-Wirbelquerfortsatzmuskel*. Das macht es einfacher, wenn Sie an den Bereich gelangen, an dem eine Bewegungseinschränkung besteht – nämlich dem oberen Hals. Hier werden Sie sich auf das Lösen von Spannungen mithilfe sehr leichter Berührungsstärke konzentrieren.

Laterale Bewegungen in der entspannten Position mit aufgestütztem Kopf helfen bei diesem Problem ebenfalls.

Hinweis: *Denken Sie daran, dass Sie jedes Mal, wenn Sie bei der Arbeit in einem bestimmten Bereich Probleme haben oder es dem Pferd unangenehm ist, wenn Sie an einer bestimmten Stelle arbeiten, zur gegenüberliegenden Seite gehen und zunächst dort Spannungen lösen. Sie werden feststellen, dass das Pferd einen Großteil der Verspannungen auf der schwierigen Seite losgelassen hat, wenn Sie zuerst auf der leichteren Seite arbeiten. Nehmen Sie nicht gleich den Problembereich in Angriff. Fangen Sie dort an, wo es leichter ist.*

Die meisten Leistungsprobleme sind mit Verspannungen im Genick-Atlasbereich verbunden. Werden diese Verspannungen gelöst, so macht das das Lösen von Spannungen in anderen Körperbereichen leichter und lässt diese auch länger anhalten.

7. PERIODISCHE „LAHMHEIT" IN DER VORHAND

Mögliche Primärprobleme

Meiner Erfahrung nach passiert dies oft, nachdem das Pferd über längere Zeit irgendeine Lahmheit im Vorderbein hatte. Nachdem es dann behandelt wurde oder geheilt ist, ist das Pferd oft weiterhin periodisch lahm, dann wieder gesund. Dies kann sich in manchen Fällen monatelang hinziehen. Je länger das Pferd auf dem entsprechenden Bein lahm war, desto länger dauert diese darauffolgende, periodische Lahmheit.

Das Pferd hat über einen längeren Zeitraum für die Lahmheit kompensiert. Dies hat Muskelverspannungsmuster entstehen lassen, die einseitig Spannung oder Verdrehung im Übergang C7/T1 verursachten. Ist die ursprüngliche, primäre Lahmheit beseitigt, so bleibt die Verdrehung trotzdem bestehen und zeigt sich als periodische Lahmheit, bis sie gelöst ist. Es mag sein, dass sie sich nach längerer Zeit entspannt und löst, falls man den Dingen seinen Lauf lässt. Es macht jedoch Sinn, den Versuch zu unternehmen, dem Pferd beim Lösen dieser Verspannungen mit den Techniken der Körperarbeit früher zu helfen.

Vorgehensweise

Ich habe festgestellt, dass es oft Erleichterung verschafft oder das Problem gar ganz beseitigt, wenn man Verspannungen im Übergang C7/T1 löst, dort wo der letzte Halswirbel auf den ersten Brustwirbel trifft.

Nachdem der Genick- und Atlasbereich sowie die Halswirbel gelöst wurden, ist es wichtig, so viel Verspannungen wie möglich im Hals-Widerrist/C7/T1-Übergang zu lösen. Hierzu verwenden wir die Techniken zum Lösen des Skapulabereichs: Beim Lösen nach vorne-unten können Sie dem Pferd dabei helfen, indem Sie es bitten, das Bein vorne, über der Mittellinie hinweg, überkreuz zu entspannen. Falls im C7-T1-Übergang Verdrehung besteht, so ist diese Übung dem Pferd unangenehm. Hier kann man Abhilfe schaffen, indem man beim Abstützen des Beins weniger verlangt und dem Pferd ermöglicht, sich in einer Position zu entspannen, die dieser am nächsten kommt, aber trotzdem für das Pferd noch

bequem ist. Warten Sie auf die Entspannungsreaktionen und achten Sie auf die Zeichen, dass das Pferd sich entspannt.
Machen Sie nach dieser Übung mit dem Lösen des C7/T1-Übergangs weiter. Gehen Sie langsam vor und erlauben Sie dem Pferd, sich dabei zu entspannen. Sobald Sie glauben, hier etwas gelöst zu haben, prüfen Sie, ob sich etwas gebessert hat, indem Sie das Bein wieder über die Mittellinie bringen. Falls dies nun besser klappt, so haben Sie das periodische Lahmheitsproblem etwas verbessert.

Wir verwenden die folgenden Techniken:

Techniken	Seite
Lösen des Genick-Atlas-Bereiches (mit aufgestütztem Kopf, mit hängendem Kopf)	*S. 51 und 57*
Lösen des Skapulabereiches	*S. 68 und 86*
Lösen des Übergangs C7/T1	*S. 98*

Hinweis: *Nach einer großen Entspannungsreaktion ist Bewegung am besten für das Pferd: Weidegang, ein leichter Spaziergang, ein Geländeritt am losen Zügel oder Führen. Schauen Sie dann am nächsten Tag, ob sich etwas verbessert hat.*

8. KEIN RAUMGRIFF MIT DEN VORDERBEINEN

Ebenfalls: Bewegungseinschränkungen in der Schulter; kurze Schritte mit der Vorhand.

Mögliche Primärprobleme

Bewegungseinschränkungen in der Vorhand können möglicherweise:

- sich mit der Zeit einfach durch Arbeit entwickeln,
- das Resultat davon sein, dass das Pferd mit Fußschmerzen arbeitet,
- das Resultat davon sein, dass das Pferd versucht, die Hinterhand zu entlasten.

Die beiden ersten Beispiele sind meiner Erfahrung nach das häufigste Szenario. Trotzdem ist es natürlich so, dass jegliche Arbeit, die Sie mit der Hinterhand machen, es dem Pferd leichter macht, die Vorhand zu entlasten.

Dadurch bleibt diese lockerer. Ich vergleiche den Effekt, den Bewegungseinschränkung in der Vorhand auf die Leistungsfähigkeit des Pferdes hat, gern mit einem Schwimmer, von dem man verlangt, mit einem steifen Hals oder einem Knoten zwischen den Schulterblättern eine Meile zu schwimmen.

Fallstudie

Ich erinnere mich daran, als ich zum ersten Mal feststellte, wie wirkungsvoll diese Vorhandtechniken die Leistung verbessern. Nachdem ich mit dem Turnierpferd einer jungen Dame in Wellington, Florida, gearbeitet hatte, ging sie mit dem Pferd ins Gelände. Während der Sitzung mit dem Pferd hatte ich keine außergewöhnlichen Probleme feststellen können – lediglich die normalen Verspannungen, die sich durch normale Arbeit ansammeln. Ich war jedoch freudig überrascht, als sie mit einem großen Lächeln auf dem Gesicht zurückkehrte: „Super! Das war das erste Mal, dass ich seine Vorderfüße beim Traben sehen konnte!" Manchmal ist uns gar nicht klar, wie viel Verspannung sich im Pferd angestaut hat, bis wir sie gelöst haben.

Alle Komponenten der Vorhand – der Hals und Kopf, der Widerrist, die Schultern und Beine – müssen zusammenarbeiten, um die Vorhand locker und voll funktionsfähig zu halten.

Der Kopf und Hals des Pferdes sind wichtig für die Bewegungen der Vorderbeine und halten das Pferd in der Bewegung im Gleichgewicht. Das Weichgewebe, das die Skapula mit dem Körper des Pferdes verbindet, muss locker und flexibel sein. Der Widerrist und der Rumpf stellen den Anker für diese Stützen dar und für die Vorwärtsbewegung des Pferdes.

Vorgehensweise

Wir verwenden die folgenden Techniken:

Techniken	Seite
Lösen des Genick-Atlas-Bereiches (mit aufgestütztem Kopf, mit hängendem Kopf)	*S. 51 und 57*
Lösen des Skapulabereiches	*S. 68 und 86*
Lösen des Übergangs C7/T1	*S. 98*
Widerrist-Wackeln	*S. 116*
Laterales Biegen des Halses	*S. 39*

Alle *Vorhand-Techniken* helfen dabei, eine freie Beweglichkeit dieser grundlegenden Komponenten zu erhalten. Arbeit im Genick- und Atlasbereich löst Verspannungen in den großen Muskeln, die am anderen Ende am Unterarm und am Widerrist ansetzen. *Lösen des Skapulabereiches* hilft, den Raumgriff und die „Federung" (Stoßdämpferfunktion) zu verbessern. Lösen des C7/T1-Übergangs ist der Schlüssel zu einem frei beweglichen *Hals-Schulter-Widerrist-Übergang*.

Beim Lösen all dieser Bereiche werden auch Spannungen in den Beinen gelöst. All dies ermöglicht einen besseren Raumgriff der Vorderbeine und eine bessere Zusammenarbeit aller Komponenten dieses Übergangs.

9. „ABGEHACKTER" GANG; MANGELNDER RAUMGRIFF; LÄSST SICH IM TRAB SCHWER SITZEN

Mögliche Primärprobleme

Manche Pferde haben von Natur aus aufgrund ihres Gebäudes oder Körpertyps kurze, abgehackte Tritte und sind im Trab schwer zu sitzen. Diesen Pferden kann man bis zu einem gewissen Grad durch Anwendung der in diesem Buch beschriebenen Techniken helfen.

Wenn es sich nicht um ein Gebäudeproblem, sondern um ein Leistungsproblem handelt, so hat dies höchstwahrscheinlich mit einem lang anhaltenden Primärproblem zu tun. Durch lang anhaltendes Kompensieren für eines der oben genannten Primärprobleme – ob in der Vor- oder Hinterhand – wird das Pferd über kurz oder lang seine Fähigkeit zum Abfedern verlieren.

Vorgehensweise

Das ist praktisch das gleiche Prinzip wie auf S. 176 für die *Vorhand* beschrieben, mit dem Unterschied, dass Sie Verspannungen in *beiden* Übergängen lösen, nämlich dort, wo die Hintergliedmaßen bzw. die Vordergliedmaßen mit dem Körper verbunden sind. Dann verbinden Sie die beiden Enden, indem Sie Verspannungen im Rücken lösen.

Das Lösen von Spannungen in den zwei Übergängen, wo sich die Gliedmaßen mit dem Körper verbinden, wird dem Pferd helfen, sich während der Bewegung zu entspannen sowie Abfedern und ein entspanntes Schwingen der Gliedmaßen und des Rückens zu ermöglichen.

Wir verwenden die folgenden Techniken:

Techniken	Seite
Lösen des Skapulabereiches	*S. 68 und 86*
Lösen des Übergangs C7/T1	*S. 98*
Lösen der Hintergliedmaßen	*S. 131*
Laterales Schaukeln	*S. 149*
Rückenwirbelbogen	*S. 158*

Techniken	Seite
Lösen des Genick-Atlas-Bereiches (mit aufgestütztem Kopf, mit hängendem Kopf)	*S. 51 und 57*
Lösen des Skapulabereichs	*S. 68 und 86*
Lösen des Übergangs C7/T1	*S. 98*
Laterales Schaukeln	*S. 149*

10. LÄSST SICH NICHT GERN GURTEN

Mögliche Primärprobleme

Eine negative Reaktion beim Gurten entsteht manchmal durch Schmerzen in den Brustmuskeln im Gurtbereich. Dies kann vom übermäßigen Anziehen des Gurtes kommen oder von Arbeit oder Training, was einen exzessiven Einsatz dieser Muskeln notwendig macht.

Es besteht auch ein erkennbarer Zusammenhang zwischen Schmerzen in diesem Bereich und Fußschmerzen. Oft sind Pferde hier schmerzempfindlich, wenn sie unter einem Hufgeschwür, Schmerzen an den Griffelbeinen, Hufgelenksschmerzen oder chronischem Hufrollensyndrom leiden. Meiner Erfahrung nach ist eine negative Reaktion beim Gurten ein Indikator dafür, dass zur Zeit irgendein Problem im unteren Vorderbein besteht. Sie können durch Abtasten feststellen, auf welcher Seite die Reaktion stärker und somit das Problem größer ist.

Wie bereits erwähnt, kann diese Reaktion in den Brustmuskeln ein Anzeichen für aktuelle Schmerzempfindlichkeit im Fuß oder Bein sein – im Gegensatz zu Verspannungen oder Steifheit im Genick- oder oberen Halsbereich, die auch dann weiter bestehen, nachdem das Fußproblem bereits beseitigt wurde.

Vorgehensweise

Wir verwenden die folgenden Techniken:

Während Sie das Bein bei der Technik *Lösen des Skapulabereiches – nach hinten/unten* hochhalten, nehmen Sie sich die Zeit, die Brustmuskeln unter dem Bein von hinter dem Brustbein bis zum Bauch leicht zu massieren (*Effleurage*). Sie können dies auch tun, während das Bein in der nach hinten oder nach vorne gestellten Position ruht. Nehmen Sie sich Zeit und widmen Sie sich ganz dem Pferd!

Nachdem Sie das Lösen des Beins nach vorne durchgeführt haben, bitten Sie das Pferd vorsichtig, das Bein etwas zur Seite hin (lateral) zu entspannen. Dies hilft, die Brustmuskeln in einem entspannten Zustand zu dehnen. Dann machen Sie mit dem Lösen des C7/T1-Übergangs unter der Skapula weiter. Hier am Brustbein setzen einige dieser wichtigen Muskeln an.

Als zusätzlicher Bonus hilft das *laterale Schaukeln* der Rippen, um am anderen Ende der Brustmuskeln den Bauch zu entspannen. Die negative Reaktion auf das Gurten oder die Schmerzen in den Brustmuskeln werden jedoch wiederkehren, bis das Fuß- oder Beinproblem gelöst ist. Es ist also in Ihrem Interesse (und dem Ihres Pferdes), das Primärproblem zu finden und zu behandeln.

11. KOPFSCHEU

Ebenfalls: reagiert empfindlich auf Berührungen von Genick und Ohren.

Mögliche Primärprobleme

Meiner Erfahrung nach sind 95 Prozent aller betroffenen Pferde kopfscheu, weil sie Schmerzen oder Verspannungen im Genick- und Atlasbereich haben.

Es gibt viele Dinge, die Schmerzen oder Verspannungen im Genick-/Atlasbereich verursachen können. Zu den häufigsten Ursachen gehören schmerzende Vorderfüße und Zahnprobleme. Ein schmerzempfindlicher Rücken kann Verspannungen direkt hinter dem Genick und oben auf dem Atlas verursachen und ich glaube, dass auch mentaler Stress und Anspannung beim Pferd zu „Kopfschmerzen" führen können. Manche Pferde und Rassen, die nervöser sind als andere, haben Schwierigkeiten, in diesem Bereich angesammelte Verspannungen loszulassen. Ist ein Pferd kopfscheu, so kann man mit 99%iger Sicherheit davon ausgehen, dass es Körperarbeit benötigt. Es lohnt sich also hier wirklich, wenn Sie dem Pferd helfen, hier Spannungen zu lösen.

Vorgehensweise

Wir verwenden die folgenden Techniken:

Technik	Seite
Lösen des Genick-Atlas-Bereiches (mit aufgestütztem Kopf, mit hängendem Kopf)	*S. 51 und 57*
Lösen des Skapulabereiches, auch unter der Skapula	*S. 68, 86 und 98*
Lösungspunkte an der Hinterhand	*S. 110*

Die Techniken zum Lösen des *Genick- und Atlasbereiches* sind der Schlüssel, um hier Verspannungen und Schmerzen zu erleichtern, sie lassen sich mit einem kopfscheuen Pferd jedoch nicht immer leicht ausführen. Der Schlüssel hier ist das Pferd entspannt zu halten und anfangs so leicht wie möglich zu bleiben. Sie können sogar mit *Berührung mit Zwischenraum* anfangen oder *erweitertem Zwischenraum* von bis zu 10 bis 12 cm. Sobald dem Pferd klar wird, dass man es zu nichts zwingt und dass es sich gut anfühlt, kann man leichter mit ihm arbeiten.

Eine andere gute Alternative ist, den Skapulabereich zuerst zu lösen. Das ist für das Pferd in dieser Situation im Allgemeinen leichter und selbst die kleinste Entspannung wird oft das Eis brechen und genug Endorphine in Gang setzen, um die nächsten Schritte ein wenig einfacher zu machen. Falls Sie das Pferd dazu bringen können, sich kurz während dem *lateralen Biegen des Halses* im Genickbereich zu entspannen, so wird sich das Pferd für Sie stückchenweise immer mehr entspannen. Bleiben Sie geduldig, dann gelingt es Ihnen vielleicht, von da aus langsam den Hals hoch zum Genick hin zu arbeiten.

12. HIRSCHHALS; HOHLRÜCKEN

Mögliche Primärprobleme

Dies zeigt deutlich auf, wie der gesamte Körper *in der Lage* sein muss, zusammenzuarbeiten. Eine hirschhalsige Haltung entwickelt sich mit der Zeit daraus, dass das Pferd die Muskeln des Rückens und der Hinterhand nicht richtig benutzt. Überentwickelte Muskeln im Unterhals, unzureichende Muskelentwicklung im Rücken und geschwächte Hinterhandmuskulatur sind das Resultat. Mangelndes Untertreten, ein Hohlrücken und oftmals mangelnder Raumgriff runden das Bild ab. Die Rückenmuskeln werden steif und bilden sich zurück, die Tritte des Pferdes werden kürzer, da Vor- und Hinterhand unabhängig voneinander arbeiten. Rückenschmerzen zum Beispiel, veranlassen das Pferd dann möglicherweise dazu, seinen Kopf hoch zu tragen und die Hinterhand nicht korrekt einzusetzen.

Löst man die Muskeln des Halses, des Unterhalses und des Übergangs zwischen Kreuzbein und Lendenwirbeln, so wird es dem Pferd möglich, seinen ganzen Körper wieder als Einheit zu benutzen, vorausgesetzt, die Körperarbeit ist von richtigem Konditionstraining und Reiten begleitet. Regelmäßige Körperarbeit sowie ordnungsgemäßes Konditionstraining und Reiten hilft dem Pferd, mit der Zeit schließlich eine ausgeglichenere Selbsthaltung zu bekommen.

Es kann sein, dass das Pferd aufgrund seines Gebäudes sich nicht als Top-Dressurpferdkandidat eignet oder als Reining-Pferd, das einen perfekten Sliding Stop ausführen kann. Aber je lockerer und flexibler Sie das Pferd halten können, desto leichter wird es für das Pferd, die Dinge zu tun, die ihm vielleicht von Natur aus ein wenig schwerfallen.

Vorgehensweise

Wir verwenden die folgenden Techniken:

Technik	Seite
Lösen des Genick- Atlas-Bereiches (mit aufgestütztem Kopf, mit hängendem Kopf)	*S. 51 und 57*
Lösen des Übergangs C7/T1	*S. 98*
Lösen der Hintergliedmaßen	*S. 131*
Rückenwirbelbogen	*S. 158*

Genau wie bei Pferden mit steifem Rücken oder schmerzempfindlichen Pferden, so ist es auch beim Pferd mit Hirschhals oder Hohlrücken am besten, zuerst das Genick und die Vorhand zu lösen, dann die Hinterhand, die Mitte oder den Rücken. Der ganze Körper spielt hier mit. Es kann sein, dass Sie sich besonders auf das Genick und den Hals konzentrieren müssen. Da sich dieser Zustand höchstwahrscheinlich über einen längeren Zeitraum hin entwickelt hat, wird es auch eine Zeit brauchen, bis die Verspannungen gelöst sind, sodass es dem Pferd möglich wird, eine natürlichere Selbsthaltung anzunehmen.

Sie werden jedoch wahrscheinlich nach Anwendung dieser Techniken schon relativ schnell einige Verbesserungen feststellen.

13. BIEGT SICH NICHT IM KÖRPER

Mögliche Primärprobleme

Dies ist ein weiteres Ganzkörperproblem, das sich aus einer Reihe von Primärproblemen entwickeln kann. Dadurch, dass Sie den ganzen Körper entlanggehen, werden Sie bereits Verspannungen im Genick-/Atlas-, im C7/T1- und im Iliosakralübergang gelöst haben sowie im Rücken und im Rumpf. Während dieser Körperarbeit sollte es Ihnen möglich gewesen sein, durch die Entspannungsreaktionen des Pferdes festzustellen, wo sich in seinem Körper Verspannungen befinden, die zur Unfähigkeit, sich zu biegen, beitragen. Da das Pferd oft beim Biegen auf einer bestimmten Seite eingeschränkter ist als auf der anderen, ist es wichtig, die beiden Seiten zu vergleichen, wenn man das Primärproblem bestimmen will. Hierbei achtet man darauf, wo das Pferd größere Bewegungseinschränkungen zeigt, wo es schmerzempfindlicher war oder wo es mehr Entspannungsreaktionen gezeigt hat.

Hier einige Möglichkeiten:

- *Bewegungseinschränkung der Schultern*: Die Brustwirbelsäule des Pferdes ist von Natur aus nicht sehr biegsam. Löst man Verspannungen in den Schultern und dem Widerrist, so kann dies dem Pferd oft dabei helfen, sich in der Vorderhand mehr biegen zu können.
- *Bewegungseinschränkungen im Lendenwirbelbereich*: Der Lendenbereich ist der flexibelste Bereich des Pferderückens. Bewegungseinschränkungen in diesem Bereich können die Biegefähigkeit beeinträchtigen.

- *Sattelpassform*: Es ist ebenfalls wichtig, sicherzustellen, dass der Sattel dem Pferd passt, und zwar genauso gut oder sogar noch besser als dem Reiter. Ein schlecht passender Sattel kann Auswirkungen auf die Bewegung der Schulter, auf den Widerrist, auf den Lendenwirbelbereich und den Rücken haben.

Vorgehensweise

Wir verwenden die folgenden Techniken:

Techniken	Seite
Alle Techniken für die Vor- und Hinterhand	*S. 39-148*
Alle Rückentechniken	*S. 149-164*

14. BUCKELN, EILEN UND ANDERE VERHALTENSPROBLEME

Mögliche Primärprobleme

Oft haben Buckeln oder Eilen mehr mit Schmerzen zu tun als mit Training, besonders wenn diese Probleme bei Sportpferden auftauchen oder Pferden, die bereits genug geschult sind, um solche Verhaltensweisen nicht zu zeigen.

Hier einige Beispiele für Probleme:

- Schmerzender Rücken, zum Beispiel durch schlechte Passform des Sattels, die erhebliche Schmerzen oder kumulative, chronische Beschwerden verursacht.
- Körperliche Probleme, wie z. B. Kissing Spines oder Arthritis,
- Schmerzen in anderen Körperteilen,
- Schmerzen oder Probleme in den Füßen oder Beinen,
- Schmerzen allgemein oder vorweggenommene Schmerzen.

Buckeln wird oft mit einem schmerzenden Rücken in Verbindung gebracht, kann aber auch eine Reaktion auf Schmerzen in anderen Körperteilen sein. Dies ist ein Grund dafür, dass es gut ist, bei einem solchen Verhalten über den ganzen Körper zu gehen.

Um festzustellen, wo sich der Schmerz befindet, können Sie damit beginnen zu beobachten, *was* Sie zu *dem Zeitpunkt,* an dem es buckelt oder eilt, vom Pferd verlangen und dann eine Verbindung herstellen. Buckelt das Pferd beispielsweise nachdem es nach einem Sprung landet, so kann das Problem darin bestehen, dass etwas beim Landen wehtut. Vielleicht schmerzen die Vorderfüße, der Widerrist oder der Rücken.

Das Pferd *eilt* möglicherweise, *während* es Schmerzen oder Unbehagen fühlt oder wenn es Schmerzen *erwartet*. Es kann zum Beispiel sein, dass ein Pferd in Erwartung des Galopps eilt, wenn sein Knie dazu neigt, sich im Galopp festzuhaken oder wenn es ihm wehtut und ihm dies während des Galopps unangenehm ist.

Es wird auch leichter, festzustellen, wo das Problem liegt, wenn man sich während der Körperarbeit Notizen macht, *wo* im Körper Schmerzen oder Bewegungseinschränkungen bestehen. Indem man Daten über das *Was*, *Wann* und *Wo* sammelt und dann die Puzzlestücke zusammensetzt, kann man möglicherweise Anhaltspunkte für die Ursache des Verhaltens gewinnen.

Wenn Sie es mit einem ernsten Buckel- oder Eilproblem zu tun haben, ist es wahrscheinlich besser, den Tierarzt hinzuziehen, um die Möglichkeit eines ernsthaften Gesundheitsproblems zu eliminieren, bevor man das Problem durch Training zu beheben versucht.

Vorgehensweise

Siehe Tabellen der Techniken für Probleme 1, 3, 5, 8, 10 und 12.

Buckeln: Konzentrieren Sie sich zunächst auf die Skapula, den Widerrist und den Rücken. Notieren Sie alles, was mit dem Buckeln zu tun haben könnte. Falls Sie während der Körperarbeit feststellen, dass ein Primärproblem vorliegen könnte, dann haben Sie etwas, was Sie angehen können.

Eilen: Das Problem könnte in der Vorhand, der Hinterhand oder dazwischen liegen. Wenn es Ihnen beim Reiten gelingt, festzustellen, was dem Eilen vorausgeht, so können Sie Anhaltspunkte dafür gewinnen, worauf Sie sich konzentrieren sollten. Achten Sie genau wie beim Buckeln darauf, was sich während der Körperarbeit zeigt.

Fallstudie

Ich habe ein Fahrpferd, eine Stute, die früher immer eilte, bevor wir uns dem Fuß eines Hügels näherten. Ich wusste, dass sie durch das Fahren in der Hinterhand Muskelschmerzen bekommen würde, da ich nicht regelmäßig genug mit ihr arbeitete und sie nicht fit genug war. Da sie bereits die Muskelschmerzen voraussah, die sie bekommen würde, wenn sie den Wagen den Hügel hinaufziehen würde, fing sie an zu eilen, bevor die Steigung begann. Anstatt daraus eine Auseinandersetzung zu suchen, ließ ich ihr das zu. Als sie fitter wurde, eilte sie immer weniger. (Ich hoffe, dieser Trend setzt sich nicht fort, sonst bin *ich* hinterher derjenige, der *sie* den Hügel hochzieht!)

15. RUCKARTIGE VORWÄRTSBEWEGUNG MIT DEM HINTERBEIN; HINTERBEIN LÄSST DIE ZEHE SCHLEIFEN

Mögliche Primärprobleme

Eine chronische ruckartige Vorwärtsbewegung kann das Resultat angesammelter muskulärer Verspannungen in der Hinterhand sein, die ein strukturelles Ungleichgewicht oder eine „Schiefe" entstehen lassen. Diese Verspannungen verursachen Bewegungseinschränkungen auf einer Seite oder machen effektiv ein Bein funktional kürzer als das andere, wodurch das Pferd eine ruckartige Bewegung macht. Oft wird der Gang dadurch verbessert, dass Verspannungen im Iliosakral-Übergang und dem Lendenbereich gelöst werden. Wie viel Verbesserung erreicht wird, hängt oft davon ab, wie tief der Zustand bereits verwurzelt ist.

Manchmal werden diese ruckartigen Bewegungen durch ein altes Trauma oder alte Verletzungen verursacht. Die Verletzung und die Muskeln, die dafür kompensieren mussten, sind nun ständig kontrahiert und fest geworden. Regelmäßige Körperarbeit kann oft dabei helfen, die Dinge wieder bis zu einem gewissen Maß ins Gleichgewicht zu bringen. Das hängt jedoch davon ab, wie schwer die Verletzung war und wie lange das daraus resultierende Ungleichgewicht bereits besteht. Verletzungen im Leistenbereich benötigen eine lange Heilungszeit. Wird das Pferd zu schnell wieder gearbeitet, so können die betroffenen Muskeln stark kontrahiert werden. Hat die ruckartige Bewegung erst vor Kurzem angefangen, so empfiehlt es sich, den Tierarzt hinzuziehen, um ein behandlungsbedürftiges Problem auszuschließen. Nach dem akuten Stadium einer Verletzung hilft das Lösen muskulärer Verspannungen dabei, den Heilungsprozess der Muskeln zu unterstützen und sie flexibel zu halten. Ist die ruckartige Bewegung neu und wurde durch entstehende einseitige Spannung verursacht, so wird das Problem durch Lösen der Verspannungen möglicherweise sofort beseitigt.

Vorgehensweise

Wir verwenden die folgenden Techniken:

Techniken	Seite
Alle Techniken zum Lösen der Vorder- und Hinterhand	*S. 139-148*
Alle Rückentechniken	*S. 149-164*

Es hilft immer, den Genick-Atlas-Bereich zu lösen, bevor man mit der Hinterhand arbeitet. Abgesehen davon, dass dies allgemein Verspannungen in dem Bereich löst, geht man auch die Möglichkeit an, dass sich so viele Verspannungen im Genick-/Atlasbereich angesammelt haben, dass dadurch ein Muskelkrampf in den Oberschenkelmuskeln entstanden ist, der nun zum Problem beiträgt.

Laterales Schaukeln und *Rückenwirbelbogen* können dabei helfen, Ungleichgewicht oder Bewegungseinschränkungen im Lendenbereich und Lenden-Kreuzbein-Übergang zu lösen, die ebenfalls zum Problem beitragen.

Wenn man es mit langwierigen Hinterhandproblemen zu tun hat, habe ich auch guten Erfolg mit den *Hinterhand-Lösungspunkten*. Es scheint, als ob ältere, tiefer verwurzelte Probleme besser auf subtilere Berührung ansprechen. Der Körper des Pferdes hat einen Bereich so lange und so erfolgreich geschützt, dass die Signale an das Nervensystem, Bewegung zu erzeugen oder Verspannung loszulassen (*Lösungspunkte*) besser funktionieren, als wenn man einen Bereich durch körperliche Anstrengung bewegt, um ihn zu lösen.

16. WENIGER AGIL UND FLEXIBEL; „FAULER" UND UNWILLIGER

Mögliche Primärprobleme

Steife, schmerzempfindliche und in ihrer Bewegung eingeschränkte Bereiche lassen ein Pferd bewegungsunwillig werden. Dies wird oft als Faulheit interpretiert.

So gehen wir das an

Wir verwenden die folgenden Techniken:

Techniken	Seite
Alles – das volle Programm!	*S. 30 – 164*

In älteren, arthritischen Pferden können Sie sowohl Flexibilität als auch Wohlbefinden verbessern, indem Sie einfach um kleine Steigerungen des Bewegungsspektrums bitten und nichts erzwingen. Sie wollen ja nur eine Verbesserung erreichen. Besonders bei steifen und älteren Pferden ist es wichtig, daran zu denken, *anzuhalten und weicher zu werden*, wenn man Widerstand begegnet. So kann man Wunder bewirken.

Ich kann Ihnen gar nicht sagen, wie viele Pferdebesitzer mir nach sanfter, leichter Körperarbeit gesagt haben, dass ihr altes Pferd am nächsten Tag wie ein Jungtier auf der Weide herumhüpfte.

Gehen Sie langsam vor, haben Sie Geduld mit seinen Einschränkungen und geben Sie ihm die volle Behandlung, von Kopf bis Fuß. Das hat es sich wirklich verdient!

KAPITEL 10

Körperarbeit

für Turniere, bestimmte Rassen und verschiedene Reitsportarten

Verschiedene Reitsportarten und Aktivitäten in Kombination mit den Eigenschaften verschiedener Pferderassen machen es nötig, bei dieser Arbeit verschiedene Aspekte zu berücksichtigen. Im Folgenden einige Richtlinien – worauf im Allgemeinen zu achten ist, in welchen Bereichen sich tendenziell mehr Verspannungen ansammeln, und „turniervorbereitende" Lösungsübungen. Sie werden Probleme finden, die sich aus Gründen des Gebäudes und Temperaments auf bestimmte Rassen beziehen, sowie auf die verschiedenartigen Anforderungen der unterschiedlichen Reitsportarten.

In Bezug auf Leistungs- und Körperprobleme gelten diese Beobachtungen nur als Faustregeln. Jedes der Probleme kann auf jedes Pferd und jede Sportart zutreffen.

Vor dem Turnier

Wenn Sie vor dem Turnier oder der Veranstaltung an einem Pferd arbeiten, denken Sie daran, dass Sie das Pferd nur allgemein etwas lockern wollen. Wir alle neigen dazu, „Probleme anzupacken" und sie zu beheben; direkt vor einem Wettkampf ist jedoch hierfür nicht der richtige Zeitpunkt.

War ein Muskel über einen längeren Zeitraum hinweg extrem fest oder in seiner Bewegung eingeschränkt, dann ist es oft so, dass er empfindlich oder schmerzempfindlich wird, wenn man die Verspannungen löst. Daher ist das direkt vor dem Wettkampf am besten zu vermeiden. Wenn Sie vor einem Turnier übermäßigen Widerstand, Schmerzen oder Bewegungseinschränkungen feststellen, gehen Sie nur leicht darüber. Sie können sich damit später wieder befassen. Denken Sie daran, dass Sie mit den Techniken Spannungen tiefer lösen, als Sie vielleicht denken. Jedes Pferd ist anders und manche brauchen einfach ein bisschen mehr Zeit, um sich wieder „zu fassen". Also nehmen Sie sich hierfür genug Zeit vor dem Turnier.

Bei manchen Reitsportarten will man die Pferde nicht zu sehr lockern. Dressur- und Reining-Pferde zum Beispiel, müssen ein gewisses Maß an funktionaler Muskelspannung bewahren, um bestimmte Bewegungen durchzuführen und den Körper in bestimmten Positionen zu halten.

Allgemein reagiert jedes Pferd auch anders auf Körperarbeit. Die meisten werden anschließend flexibler sein und mehr Energie haben. Manche jedoch werden durch das Lösen zunächst ein wenig faul und das Pferd muss dann mehr als gewöhnlich vorangetrieben werden.

Aus allen oben genannten Gründen empfiehlt es sich, das Pferd, seine Probleme und seine Reaktionen auf Körperarbeit kennenzulernen, bevor Sie mit einem Pferd vor einem Wettkampf arbeiten. Und wenn Sie jemand anderem vor einem Wettkampf mit seinem Pferd helfen, denken Sie daran, dass man eventuell von Ihnen erwartet, für die schlechte Leistung des Pferdes Mitverantwortung zu tragen, falls es nicht so gut abschneidet. Das nur so als Tipp.

NORMALE TURNIERVORBEREITENDE ARBEIT

Dies sind Richtlinien. Denken Sie daran, dass die Reaktionen des Pferdes bei der Arbeit eine wichtige Rolle spielen.

1. Gehen Sie leicht über das Genick, den Hals und unteren Hals mit *Lateralem Biegen* (S. 39). Es ist besser, sich mit dieser Technik auf den Genick-/Atlasbereich zu konzentrieren, als die Techniken mit *aufgestütztem oder hängendem Kopf* anzuwenden; es sei denn, Sie wissen, wie das Pferd nach diesen Übungen geht.
2. *Lösen des Skapulabereiches*: Falls das Pferd sich in diesen Positionen entspannen kann, lassen Sie das zu (S. 68).
3. *Lösungspunkte der Hinterhand*: Nicht mehr als zwei oder drei Minuten pro Seite, es sei denn, das Pferd scheucht ihre Hand mit dem Schweif schon eher weg (S. 117).
4. *Arbeiten mit der Hinterhand*: Wenn möglich, lassen Sie die Hinterbeine in dieser Position entspannen (S. 131).
5. *Laterales Schaukeln*: Nehmen Sie sich Zeit, damit sich das Pferd in der Bewegung entspannen kann (S. 149).

> ## Fallstudie
>
> Eine zertifizierte Praktikerin und Lehrerin der Masterson Methode erzählte mir, wie sie direkt vor einem Wettkampf ein wenig zu viel mit einem Pferd der Jugend-Hunter-Klasse gearbeitet hatte. Es war das erste Mal, dass sie mit diesem Pferd gearbeitet hatte, und es hatte viel zu lösen, wie es während der Arbeit durch wiederholtes Gähnen demonstrierte.
>
> Das Pferd ging sehr gut im Wettbewerb und hätte vielleicht noch mehr Punkte erzielt, wenn es nicht auch über den Sprüngen kontinuierlich gegähnt hätte!

TIPPS

Führen Sie die Techniken vorsichtig durch und denken Sie daran, dass Sie nur Verbesserungen erreichen möchten und nichts „reparieren" wollen.

- Falls Sie übermäßige Schmerzempfindlichkeit oder Bewegungseinschränkungen feststellen, gehen Sie nur leicht darüber.
- Arbeiten Sie direkt vor einem Wettkampf nicht länger als eine Stunde mit dem Pferd.
- Verbringen Sie weniger Zeit damit, das Pferd zu *Bewegungen* aufzufordern und warten Sie stattdessen darauf, dass sich das *Pferd in die Positionen hinein entspannt*.
- Sie können mehr Zeit mit den leichteren Techniken verbringen, wie zum Beispiel der *Blasenmeridian-Technik* und den *Lösungspunkten* (S. 30 und 117).
- Machen Sie nicht zu schnell. Das Pferd merkt es, wenn Sie sich beeilen.

Pferderassen und Reitsportarten

SPRINGPFERDE

Vor dem Turnier

Normale turniervorbereitende Arbeit.

Allgemein

Heutzutage sind die meisten Pferde in diesen Reitsportarten große Warmblutpferde. Sie tragen den Großteil ihres Gewichts auf der *Vorhand*. Sie landen auf der Vorhand, deshalb kommen ständig Probleme in Füßen und Beinen vor. Folglich sammelt sich im Genick-/Atlasbereich sowie im unteren Hals und der Schulter viel Spannung an. Zudem verbringen die meisten Springpferde viel Zeit in der Box. Das gehört zu ihrem Job, ist aber nicht notwendigerweise gesund für die Füße oder Durchblutung des Pferdes. Gewicht hat eine große Auswirkung auf die Füße und es liegt in der Natur dieser Sportart, dass Springpferde noch mehr Gewicht auf den Vorderfüßen tragen. Schmerzende Füße gehen mit schmerzempfindlichem Hals und Genick einher.

Bei Springpferden ist die Hinterhand – Sprunggelenke und Knie – auch ein übliches Problem. Im Allgemeinen stelle ich fest, dass hier die Verspannungen leichter zu lösen sind als bei anderen Sportarten, wie z.B. Dressur, aber es werden Ihnen viele Pferde mit Hinterhandproblemen begegnen. Hier ist es wichtig, den Lendenbereich locker zu halten.

Sie werden den mittleren Rücken lockern müssen, obwohl Sie in Vergleich zu anderen Reitsportarten eventuell nicht so viel Rückenprobleme feststellen werden, wie Sie vielleicht denken. Das kann daher kommen, dass der Reiter größtenteils nicht im Sattel einsitzt und das Pferd sich so in einem natürlicheren Rahmen bewegen kann.

DISTANZPFERDE

Vor dem Wettkampf

Normale turniervorbereitende Arbeit. Dazu kann ein wenig *Massage mit aufgestütztem Kopf* und *Massage mit hängendem Kopf* eingearbeitet werden, wenn Sie feststellen, dass das Pferd hier verspannt ist (S. 51 und 57). Während des Rittes haben Distanzpferde nämlich wenig Zeit, sich erforderlichenfalls auf die Körperarbeit einzustellen. Verbringen Sie etwas Zeit mit den *Lösungspunkten* (S. 117). Stellen Sie sicher, dass Hinterhand und Rücken locker sind.

Allgemein

Distanzpferde verbringen viel Zeit mit Training und arbeiten hart. Araber (in dieser Sportart sehr beliebt) können auch sehr aufgeweckt und „geistig rege" sein und halten so viel Verspannung im Genick-Atlas-Bereich fest. Sie sind leichter, deshalb ist es einfacher, mit den Füßen und Beinen zu arbeiten. Da sie sie jedoch viel benutzen, können sie fast überall schmerzempfindlich sein. Straffe rückseitige Oberschenkelmuskeln, die Spannung auf das Kreuzbein ausüben, kommen häufig vor und die Rücken- und Lendenmuskulatur arbeitet ständig schwer.

Glücklicherweise lässt sich mit Arabern aufgrund ihrer Größe leicht arbeiten. Sie müssen nur mit ihren Reaktionen ein wenig Geduld haben, da sie von Natur aus ein wenig misstrauisch sein können. (Das ist nur eine Verallgemeinerung, ich kenne viele Besitzer von Arabern, die die Rasse „verschmust" finden. Das Pferd mit nur einem Besitzer kann jedoch beim ersten Mal einen anderen Eindruck von einem Fremden haben, der in seinen Stall kommt.)

Beim Distanzreiten kann es tatsächlich von Nutzen sein, wenn man zur Verfügung steht, um das Pferd *während* des Wettkampfes locker zu halten. Ich halte es für eine gute Idee, den Hals in Ruhe zu lassen. Sanfte Lösungsübungen mit Vorder- und Hintergliedmaßen jedoch sind hilfreich; nicht nur, um das Pferd locker zu halten, sondern auch um zu erspüren, wenn ein Bereich sich festzieht. Selbst wenn man dem Pferd nur ermöglicht, sich einen Moment in der *Schmiedposition* zu entspannen, kann sich dadurch eine Menge Verspannung im Kreuzbein- und Lendenbereich sowie in den tieferen Muskeln der Leiste und den Lendenmuskeln lösen.

Man kann zur Vermeidung der Entstehung von tieferen Verspannungen im Rücken und der Hinterhand auch die *Blasenmeridian-Technik* ausführen – und zwar mit *Berührung mit Zwischenraum* oder *Eigelb* – besonders im Rücken- und Lendenbereich. Verwenden Sie die *Unter-dem-Schweif-Punkte*, um Verspannungen im Kreuzbeinbereich zu lösen.

Überall dort, wo das Pferd „blinzelt", wenn Sie an der Hinterhand arbeiten, sitzen Verspannungen. Es lohnt sich, dort ein wenig Zeit zu verbringen. Beobachten Sie seine Augen.

DRESSURPFERDE

Vor dem Turnier

Es ist besser, wenn die normale turniervorbereitende Arbeit mindestens drei bis vier Tage vor dem Turnier durchgeführt wird, insbesondere dann, wenn es ein wichtiges Turnier ist. Ausnahme ist, wenn Sie das Pferd gut kennen und wissen, wie es sich nach der Körperarbeit verhält.

Allgemein

Dressur ist ein anspruchsvoller Sport und selbst das trainierteste Dressurpferd kann von regelmäßiger Körperarbeit profitieren, da mit wachsendem Ausbildungsstand neue Bereiche „auftauchen", die besonderer Aufmerksamkeit bedürfen. Körperarbeit ist wichtig, wenn Sie das Pferd ausgeglichen, weich und bewegungswillig halten wollen.

Genick-Atlas-Bereich

Man sollte sich besonders darauf konzentrieren, Lockerheit und Flexibilität zwischen Hinterhaupt und Atlas im Genickbereich zu bewahren. Arbeitet das Pferd nicht im Gleichgewicht, so kann sich hier übermäßige Verspannung aufbauen, die die Bewegung des gesamten Körpers beeinträchtigt.

Schultern und Widerrist

Während der Hals, die Schultern und der Widerrist immer stärker werden, ist es wichtig, Lösungsübungen für die *Skapula* und den Übergang C7/T1 durchzuführen, damit in diesem Bereich Fortschritte gemacht werden können.

Hinterhand

Wenn das Pferd langsam in der Hinterhand stärker wird, muss die Beweglichkeit des Beckens und des Lendenbereichs bewahrt werden und, wenn die Leiste stärker wird, auch die laterale Bewegung. *Laterales Schaukeln*, das sich vom Becken entlang der Rippen bis in die Hinterseite des Widerrists fortsetzt, ist hierbei, genau wie der *Rückenwirbelbogen*, besonders hilfreich. Lösen des Kreuzbeinbereichs mithilfe der *Unter-dem-Schweif-Punkte* und anderen *Lösungspunkten* hilft dem Pferd dabei, verstärkte Verspannungen, die sich aus der Entwicklung der Gesäßmuskeln und rückseitigen Oberschenkelmuskeln ergeben, zu lösen. Es ist wichtig, die Beckenstruktur und alle ihre Verbindungen locker zu halten, damit das Pferd durchlässig bleiben kann.

Training und Konditionstraining

Das Pferd wird oft schneller im Training vorangetrieben als seine Kondition erlaubt. Wenn das passiert, entwickelt sich übermäßige Verspannung in den rückseitigen Oberschenkelmuskeln, dem Kreuzbeinbereich und schließlich in den Muskeln des Lendenbereichs. Das Dressurpferd kann im Genickbereich, im Kehlbereich und Hals extrem verspannt werden, wenn es übermäßig über die Vorhand geritten wird und die Hinterhand auf sich allein gestellt ist. Wird es dem Pferd nicht erlaubt, eine natürliche, ausgeglichene Selbsthaltung zu entwickeln, so müssen die Vorhand und die Hinterhand voneinander unabhängig arbeiten.

Es ist offensichtlich, dass dies der Pferdegesundheit nicht zuträglich ist. Der Rücken spielt nach einiger Zeit nicht länger mit. Es hilft dem Pferd, in der Muskulatur ausgewogen zu bleiben, wenn man sich auf die drei wichtigsten Körperstellen konzentriert – *Genick-Atlas-Übergang, Hals-Schulter-Widerrist-Übergang* und *Iliosakral-Übergang*. In der Vorhand kann die Technik mit aufgestütztem Kopf besonders wirkungsvoll sein. Der Hinterhand nutzen die Techniken, die Verspannungen im Iliosakralbereich lösen, nämlich *Lösungspunkte* und *Arbeiten mit der Hinterhand (von unten/oben)*.

VIELSEITIGKEITSPFERDE

Vor dem Turnier

Normale turniervorbereitende Arbeit.

Allgemein

Definitionsgemäß besteht das Ziel der Vielseitigkeit darin, ein vielseitig geschultes Sportpferd zu entwickeln. Man kann das gleiche Problemspektrum in Springpferden, Dressurpferden und Rennpferden finden.

Allgemein scheinen die Vielseitigkeitspferde, mit denen ich gearbeitet habe, die gleichen Probleme zu haben, die bei den Springpferden beschrieben wurden. Ich habe auch festgestellt, dass sie in der Hinterhand ähnliche Probleme entwickeln wie Dressurpferde, wenn sie in ihrem Schulungsniveau fortschreiten.

Viele der bei Rennpferden festgestellten Probleme stellen sich nicht unbedingt bei den Vielseitigkeitspferden ein. Das kommt möglicherweise daher, dass Vielseitigkeitspferde älter sind, wenn sie trainiert und auf Turnieren geritten werden und möglicherweise auch durch das ihnen ermöglichte, vielseitigere Konditionstraining in den drei verschiedenen Disziplinen der Vielseitigkeit.

GALOPPRENNPFERDE (VOLLBLÜTER)

Galopprennen ist ein anspruchsvoller, professioneller Sport. Vollblüter durchlaufen ein anstrengendes Konditionstraining. Sie beginnen jung, entwickeln schnell Probleme und haben oft nur unzureichende Bodenarbeit gemacht, wenn sie Ihnen in die Hände kommen.

Für Rennpferde habe ich in der Masterson Methode zertifizierte Praktiker um Beiträge gebeten, die in den Bereichen Körperarbeit und Rehabilitation für Rennpferde arbeiten. Ich hoffe, dass deren Perspektiven Ihnen gute Anhaltspunkte dafür liefern, was zu erwarten ist.

Cyndi Hill praktiziert Sportmassage für Pferde und ist zertifizierte Masterson-Method-Praktikerin. Sie arbeitet mit Vollblütern auf der Rennbahn.

Vor dem Rennen

„Die Arbeit, die ich vor dem Rennen mache, hat viel mit der Interaktion mit dem jeweiligen Pferd an dem bestimmten Tag zu tun. Bei der Arbeit mit den Vollblütern geht es im gleichen Maß um die Herstellung eines Vertrauensverhältnisses – dem Pferd versichern, dass ich ihm nicht weh tun werde und sein einzigartiges Körpersprachenvokabular lernen, da es ja hier darum geht, Problemzonen zu identifizieren. Ich stelle fest, dass ich ein vollständigeres Bild der Bedürfnisse des Pferdes bekommen kann, wenn ich seinem Reaktionsspektrum folge, unter seinem „Radarschirm" bleibe und so jegliche Abwehr durch die Erwartung von Schmerzen vermeide."

Allgemein

„Fast immer finde ich Bewegungseinschränkungen tief in der Schulter, die sich meist bis in die Basis des Halses (*Trapezmuskel am Hals, Rautenmuskel*) ziehen, bis in die Brustmuskeln hinunter, durch die Brust (die sehr empfindlich sein kann) bis in den Bizeps hinein. Dabei spielt keine Rolle, wo das „Primärproblem" liegt. Es läuft immer darauf hinaus, dass die Schultern betroffen sind, da die Pferde den Schwungverlust kompensieren, indem sie immer stärker mit der Vorhand arbeiten. Ich stelle auch fest, dass viele Rennpferde aufgrund der ständigen körperlichen Anforderungen von Training und Rennen ihr Körperbewusstsein „blockieren" und so gut wie sie können einfach weitermachen. Folglich werden sie leicht überfordert, wenn sie anfangen, Spannungen zu lösen und ihren Körper tatsächlich *spüren* können. Selbst wenn man unter ihrem „Radarschirm" bleibt, um Spannungen zu lösen, wird ihre Aufmerksamkeit doch durch den Vorgang des Lösens auf ihren Körper gelenkt. Manche entwickeln Hypersensibilität, manche „verarbeiten" eine sehr lange Zeit lang und wollen dann gar nicht berührt werden. Manche schalten von ruhig und kooperativ auf defensiv/aggressiv um. Es ist so wichtig, wirklich auf das Pferd zu hören und zu erkennen, ob es überwältigt ist; dann positiv abschließen und lieber mehrere kurze Sitzungen mit dem Pferd machen als eine lange Sitzung. Darüber hinaus durchlaufen Rennpferde das gesamte Problemspektrum. Es scheint jedoch, dass diese intensiviert sind, da sie ständig arbeiten."

Sicherheitshinweis: *Ich finde, Sicherheit im Umgang mit Pferden gehört zum gesunden Menschenverstand. Im Gegensatz zur Populärmeinung denke ich, dass die meisten Rennpferde nicht hyperaktiv oder aggressiv sind. Viele sind jung und manche haben in Bezug auf „Diskretionsabstand" wenig Erfahrung. Manche haben als Reaktion auf Schmerzen oder antizipierte Schmerzen wenig hilfreiche Bewältigungsmechanismen entwickelt. Das Wichtigste ist, achtsam zu sein. Rennpferde können zufrieden, aufgeregt, müde, gestresst, frustriert, genervt oder gelangweilt sein, Schmerz erwarten oder sich sehr bemühen, keine Schmerzen zu fühlen. Ihr Gebaren und ihr Ausdruck kann Bände sprechen. Hören Sie, was das Pferd Ihnen sagt und glauben Sie ihm.*

Im Folgenden ein Beitrag von Geoffrey Pfeifer, Ph. D., N. P., ein Profi im Bereich Pferdegesundheit und ein zertifizierter Masterson-Methode-Praktiker, der mit Rennpferden auf der Rennbahn und darüber hinaus arbeitet.

Vor dem Rennen

„Ein Vollblüter braucht ein paar Tage, um sich darauf einzustellen, dass er Körperarbeit hatte. Lockern Sie ein paar Muskeln, bringen Sie das Pferd dazu, körperliche und mentale Spannungen zu lösen, und das Pferd ändert seine gesamte Art zu gehen: seinen Tritt und seine Atmung. Wenn Sie jedoch zu viel tun und das Pferd keine Zeit für „festigende" Arbeit hatte oder um sich an die neue Art zu gehen zu gewöhnen, so wird es furchtbar laufen. Die beste Art, ein Pferd für ein Rennen vorzubereiten, ist dafür zu sorgen, dass ihm nichts weh tut, wenn das Rennen beginnt. Um dies zu erreichen, müssen Sie jedes Mal, nachdem das Pferd stark gearbeitet hat, Körperarbeit mit ihm machen, und zwar mindestens vier bis sechs Wochen vor dem Rennen. Manchmal braucht man zwei oder drei Sitzungen, um nach einem Rennen die Schmerzempfindlichkeit zu beseitigen, sodass sich die Muskelschmerzen nicht kumulativ aufbauen und das Pferd dann sauer wird. Ich habe gesehen, wie Rennpferde so sauer wurden, dass sie mitten im Rennen stehen blieben und ohne ersichtlichen Grund aufhörten. Indem Sie proaktiv bleiben, können Sie verhindern, dass sich Muskelschmerzen aufstauen und diese von einem Bereich zum anderen übertragen."

Allgemein

„Wenn man sich Bewegungseinschränkungen beim Rennpferd anschaut, so hat man es im Grunde mit der Schnittmenge des Gebäudes und verschiedenen Faktoren zu tun: ein progressives Konditionstraining (das, was der Trainer vom Pferd verlangt); das Geläuf, auf dem trainiert wird (synthetisch, Sand, Rasen); der Jockey; Ernährung und ein Körpererholungsprogramm (falls zutreffend).

Hat der Hilfsjockey ein schlechtes Gleichgewicht, so wird er die Probleme in den Schultern und im Widerrist des Pferdes noch (beim Training) verschlimmern.

In den USA wird das typische Vollblut im Training nie rechtsherum laufen, noch nicht einmal in der Führanlage. Daraus entstehen häufig vorkommende Verspannungsmuster, die schließlich eine Lahmheit verursachen, die man „Rennpferd-Lahmheit" nennt: ein Verspannungsmuster vom linken oberen Hals bis zum unteren Hals, das sich in das linke Bein fortsetzt. Bei einem Rennpferd auf der Bahn ist typischerweise die linke Seite des Halses schlimmer als die rechte, was wiederum die rechte Hinterhand schlimmer macht als die linke. Schmerzempfindlichkeit im unteren Rücken kommt häufig vor, je nachdem, wie kurz die Lende des Pferdes ist.

Das typische *Sandbahnprofil* ist Verspannung, die im oberen Hals anfängt und sich nach unten fortsetzt. Während das Pferd mit diesem Spannungsmuster weiterläuft, setzt sich die Verspannung in den Schultern und dem Widerrist fort, dann geht sie in die Hinterhand und den unteren Rücken. Im Hals staut sich Spannung auf, das Pferd verliert an Raumgriff und kann die Füße nicht mehr so gut kontrollieren. Das Pferd steuert auf einen Zusammenbruch zu. Das *Synthetik-Bahn-Profil* zeichnet sich im Vergleich zur Sandbahn schon früh im Trainingsverlauf durch mehr Probleme im unteren Rücken und in der Hinterhand aus."

Sicherheitshinweis: *In Bezug auf Sicherheit passe ich meine Position immer an die Frage an: „Wo sollte ich sein, wenn …?" Denken Sie nie, dass Sie sich in Sicherheit befinden oder dass ein Pferd Sie „von da aus" nicht treten kann. Wenn Sie mit jungen, wenig ausgebildeten, zweijährigen Vollblut-Rennpferden zu tun haben, müssen Sie achtsam und vorsichtig sein. Wenn das Pferd sich unsicher fühlt, wird es Sie vielleicht gegen die Boxenwand drücken (der zweite Überlebensinstinkt des Pferdes ist „Gegendrücken" oder Widerstand leisten). Die Bewegung, die für das Pferd am meisten Gefügigkeit bedeutet, ist das Zurücktretenlassen. Wenn Sie also Schwierigkeiten haben, das Pferd zum Mitmachen zu bewegen, hören Sie auf und lassen Sie es zurücktreten, dann wieder nach vorne und dann noch einmal zurück. Wenn Sie dies bei der Arbeit alle fünf oder zehn Minuten tun, ändert das völlig Ihre Beziehung zum Pferd. Das Pferd wird anfangen abzukauen, zu „schmatzen" und anfangen, mit Ihnen zusammenzuarbeiten. Es kann jetzt damit beginnen, Verspannungen zu lösen, anstatt zu versuchen, seine Dominanz unter Beweis zu stellen. Wenn Sie es zulassen, dass das Pferd seine Dominanz beweist, während Sie in der Box sind, kann das gefährlich werden. Achten Sie auf die Signale und falls Sie spüren, dass es besser ist, aufzuhören und etwas Bodenarbeit zu machen, dann tun Sie das.*

„Wenn Sie mit dem Pferd ordnungsgemäß umgehen, wird der Trainer oft bemerken, dass sich das Verhalten des Pferdes geändert hat und man nun leichter mit ihm arbeiten kann. Die meisten Rennställe haben nicht genug Pferdepfleger, ausgebildete Reiter und Hilfstrainer, um Rennpferde ausreichend zu schulen und zu trainieren. Es kann sich also lohnen, wenn Sie das selbst übernehmen. Sie tun sich selbst damit einen Gefallen. Passen Sie in der Box gut auf sich auf und viel Glück beim Rennen!"

TRABER

Vor dem Rennen

Normale rennvorbereitende Arbeit kann bei Trabern kürzer vor dem Wettkampf durchgeführt werden als zum Beispiel bei Galopprennpferden. Traber sind für Ausdauer und Schnelligkeit gezüchtet und werden vor einem Rennen gründlich aufgewärmt.

Allgemein

Traber gehören zu den Schwerarbeitern im wettbewerbsmäßigen Reitsport. Sie werden hart auf Ausdauer und Schnelligkeit trainiert und ihre Laufbahn kann viel länger dauern, als die von Vollblut-Rennpferden. Regelmäßige Körperarbeit kann die Auswirkungen der Erschütterung auf Füße und Beine vermindern. Der Stress, der beim Hochgeschwindigkeitstraben auf Füße und Beine ausgeübt wird, kann erheblich sein. Folglich kann es zu schwerwiegenden Verspannungen im Genick-/Atlasbereich und im Hals kommen, oftmals mehr auf einer als auf der anderen Seite, da das Pferd zum einen von Natur aus eine Seite vorzieht und zum anderen durch das Laufen auf der Rennbahn.

Glücklicherweise können Traber auf der Rennbahn in beiden Richtungen trainiert werden. Entwickelt sich einseitige Verspannung in Genick und Hals, so kann es problematisch werden, den Sulky während des Rennens zu steuern. Das kann während der „Hauptverkehrszeit" heikel werden. Achten Sie besonders auf diese Bereiche, arbeiten Sie jedoch kurz vor dem Rennen nicht zu viel mit dem Genick. Wie auch beim Vollblutrennen ist eine regelmäßige Körperarbeitsroutine eine sehr gute Strategie zur Rennvorbereitung.

Sie können auch den Kreuzbeinbereich, die rückseitigen Oberschenkelmuskeln und den Lenden-/Kreuzbeinübergang und die Muskeln des Lendenbereichs locker halten. Das wird helfen, die Verspannungen zu beheben, die sich aufgrund der Zäumung mit hochgehaltenem Kopf an der Oberlinie entlang entwickeln können, wodurch auch Spannung im Rücken entstehen kann.

Bestimmte Teile der Hilfsausrüstung, wie zum Beispiel Kopfstangen, sind dazu geschaffen, den Traber in einer bestimmten gewünschten Position zu halten (seinen Hals/Kopf davon abzuhalten, nach links/rechts zu gehen). Werden Kopfstangen verwendet, so besteht wahrscheinlich ein Lenkproblem und Sie werden erhebliche Steifheit im Hals, entweder auf beiden oder nur einer Seite, Spannung im TMG und besonders im Genickbereich feststellen. Werden Verspannungen und Bewegungseinschränkungen im Genickbereich gelöst, so kann die Notwendigkeit, Kopfstangen zu verwenden, hierdurch verringert werden.

Man muss zwischen Trabern und dem Amerikanischen Standardbred Pacer (Passgängern) unterscheiden. Pacer sind einzigartig, da sie eines von nur drei vierbeinigen Säugetieren sind (die anderen beiden sind Kamel und Giraffe), die beide Beine auf der gleichen Seite zur gleichen Zeit bewegen. Pacer tragen etwas mehr Gewicht auf ihrer Vorderhand als andere Pferde. Ihr Rennerfolg hängt insbesondere von der Flexibilität ihrer Schultern ab. Einseitige Probleme sind nicht so vorherrschend, wie Sie vielleicht denken. Allgemein lässt sich sagen, dass es sicherlich im Bereich Traber/Pacer genug Probleme gibt, um Ihnen viel zu tun zu geben.

QUARTER HORSES – WESTERN-REITSPORT

Vor dem Wettkampf

Führen Sie vor dem Wettkampf *an der Hinterhand keine Arbeit durch*, da diese Pferde etwas Spannung in ihrer Hinterhand benötigen, um die tiefen Stopps zu „halten“ . Ausnahme ist, wenn Sie das Pferd bereits kennen und wissen, wie es nach Lösen von Spannungen in der Hinterhand geht.

Allgemein

Quarter Horses können sehr muskulär und kompakt sein und in Bezug auf Körperarbeit auch manchmal etwas stoisch. Sie bestehen strukturell aus einer Menge kurzer Knochen, die in solider Muskulatur eingebettet sind. Es hilft, Geduld zu haben, wenn man auf Reaktionen wartet und keine großen, flüssigen Bewegungsspektren erwartet, während Sie die Techniken durchführen. Das bedeutet nicht, dass Sie keine Verspannungen lösen. Was Sie während der Körperarbeit nicht sehen, wird sich in verbesserter Leistung zeigen.

Als Resultat moderner Zuchtpräferenzen können zudem die Hufe einiger Quarter Horses im Verhältnis zu ihren stämmigen Körpern ein wenig klein sein. Empfindliche Füße bedeuten Verspannungen im Genick und Hals. Lassen Sie sich also nicht von ihrem Gleichmut täuschen, wenn Sie an das Genick, den Hals und die Schultern gelangen. Natürlich ist in der Hinterhand des Quarter Horses auch viel los, ich stelle jedoch fest, dass sie auf all die *Hinterhandtechniken* sehr gut reagieren.

Die folgenden Einsichten bezüglich Reining und Cutting (arbeiten mit Rindern) sind ein Beitrag von Tamara Yates. Tamara ist eine zertifizierte Masterson-Method-Praktikerin und Lehrerin und nimmt an Wettkämpfen in diesen Disziplinen teil.

„Bei Reining-Pferden ist es wichtig, dass sie flexibel im Lenden- und Iliosakralbereich sowie im Becken und den Hüftgelenken bleiben, während Sie für die Sliding Stops in der Hinterhand gekräftigt werden. Das *Arbeiten mit der Hinterhand* ist wesentlich, insbesondere die Position, in der das Bein nach hinten gestellt auf der Zehe ruht. Hier wird das Pferd veranlasst, seine Hüfte fallen zu lassen und löst so die Lendenmuskeln. Regelmäßiges Lösen der gesamten *Hinterhand* ist für die Gesunderhaltung von unermesslichem Wert.

Noch wichtiger und vielleicht weniger offensichtlich ist die Notwendigkeit, die Schultern und den Widerrist eines Reining-Pferdes locker zu halten. Reiner bewegen sich oft mit niedrig gehaltenem Kopf und Hals. Ihre Schultern jedoch müssen „oben“ sein, um die geforderten Manöver ausführen zu können. Lockere Schultern sind ein wichtiger Teil eines gut ausgeführten Sliding Stop sowie eines flüssigen und schnellen Turnarounds (schnelle Wendung). Das Lösen von Spannungen im Skapula- und C7/T1-Bereich hilft enorm dabei, Leistungen zu verbessern.“

„Die Knie und Sprunggelenke von Cutting-Pferden werden mehr als in anderen Disziplinen beansprucht. Dort werden fast ständig Bewegungen durchgeführt, bei denen das Pferd die Sprunggelenke verdreht und mit den Knien laterale Bewegungen ausführt. Zwischen den Wettkämpfen ist es vorrangig wichtig, diese Pferde im ganzen Beckenbereich, insbesondere im Kreuzbeinbereich und dem Hüftgelenk sowie den Gesäßmuskeln zu lösen.

Beim *Lösen der Hinterhand nach unten/hinten* die Hüfte verstärkt senken, das Sprunggelenk hin und her wackeln, wobei die Zehe auf dem Boden ruht, hilft dabei, Knie und Sprunggelenke gesund zu halten. Durch Beibehalten der Flexibilität im Lendenwirbelbereich wird ebenfalls auf Knie und Sprunggelenke wirkender Stress abgebaut. Diese Pferde brauchen auch lockere Schultern und Freiheit im C7/T1-Übergang, um die streichenden Bewegungen machen zu können, die zum Halten einer Kuh nötig sind. Hält man den Hals mithilfe von *lateralem Biegen des Halses* in der Bewegung flüssig, so kann man für Cutting-Pferde zusätzliche Punkte für „gutes Aussehen“ gewinnen. Genau wie bei den Reining-Pferden jedoch müssen Sie auch hier vorsichtig sein, wie kurz vor dem Wettbewerb Sie eine vollständige Körperarbeitssitzung durchführen. Halten Sie sich vor Augen, dass in der Hinterhand ein gewisses Maß an Spannung nötig ist, um sich bei der Arbeit mit Rindern zu behaupten."

Hinweis: *Führen Sie am Tag des Wettkampfs oder sogar am Tag davor KEINE vollständige Lösung der Leistengegend und der Gesäßmuskeln durch, da die Pferde in der Hinterhand ein gewisses Maß an Spannung brauchen, um die tiefen Stopps zu „halten". Diese Lösungsübungen sind zwischen Shows und während des normalen Trainings und Konditionstrainings wichtig. Jedes Pferd ist anders, aber oft ist es so, dass zu entspannte Adduktoren und Abduktoren es dem Pferd schwerer machen, die Stopps zu halten, wenn es in die Show-Arena geht.*

DAS SCHWIERIGE, NERVÖSE ODER SENSIBLE PFERD

Der Schlüssel zur Handhabung liegt in:

- der Weichheit Ihrer Hand,
- der Festigkeit Ihrer Hand,
- Ihrem Timing.

Weichheit

Wenn Sie Ihre Hand auf das Pferd legen und das Pferd denkt, Sie packen es, so wird es sich zurückziehen. Ist Ihre Hand weich (und Sie reagieren auf seine erste Reaktion nicht durch Zupacken), so wird es sich ein wenig entspannen. Tatsächlich wird es wahrscheinlich überrascht sein, dass Sie auf seine erste Reaktion nicht mit Zupacken reagiert haben.

Gelingt es Ihnen, Ihre Hand weich zu halten, so wird das Pferd Ihnen in den meisten Fällen soweit vertrauen, dass es so entspannt bleibt, wie es nur kann. Das bringt uns wieder zu dem Prinzip, dass das Pferd keinen Widerstand leistet, wenn man ihm nichts gibt, wogegen es Widerstand leisten kann. Wenn Sie spüren, dass sich das Pferd auch nur ein wenig fest macht, lassen Sie Ihre Hand weicher werden und geben Sie ein wenig nach.

Jetzt werden Sie vielleicht fragen: „Wie kriege ich jemals etwas getan, wenn ich jedes Mal nachgebe, wenn das Pferd sich fest macht oder sich bewegt?"

Festigkeit

Hier kommt die Festigkeit zum Zug. Sie müssen dem Pferd durch Ihre Handlungsweise zu verstehen geben, dass es die Möglichkeit hat, in dem von Ihnen zur Verfügung gestellten Raum nachzugeben. Sie stellen mit Ihrer Hand eine Grenze her, innerhalb der es entspannt bleiben kann (das Pferd „in der Nähe halten"). Diese Grenze ist das kleine Bisschen, das Sie ihm gaben, als Sie als Reaktion auf seinen anfänglichen Widerstand weicher wurden und nachgaben.

Jetzt fragen Sie sich vielleicht: „Wie lasse ich das Pferd wissen, dass es die Möglichkeit hat, nachzugeben, wenn es diese Grenze erreicht?"

Timing

Timing ist der entscheidende Faktor. Sie können dem Pferd gegenüber fest bleiben, wenn Sie dazu bereit sind, sofort nachzugeben, wenn es das tut, was Sie verlangen. Wenn ich etwas zum Thema Festbleiben gelernt habe, dann dies: Wenn ich Widerstand leiste, fest bleibe oder fest zugreife, dann nie länger als eine *halbe* Sekunde. Und damit meine ich tatsächlich eine *halbe* Sekunde!

Falls Sie diesen Trick anwenden, werden Sie feststellen, dass die meisten Ihrer Probleme mit Widerstand gelöst sind. Um ein gutes Gefühl dafür zu entwickeln, üben Sie die Übung auf S. 82.

Es ist jedoch wichtig, dass Sie beim Nachgeben oder immer dann, wenn das Pferd den Kopf herumwirft, Ihre Hand nicht vom Pferd herunternehmen. Das gilt für jedes Mal, wenn das Pferd zeigt, dass es das, was Sie tun, als unangenehm empfindet.

Service

A

ANHANG 1

Häufig gestellte allgemeine Fragen

- **Wie lange dauert es, bis ich mein Pferd nach der Körperarbeit reiten kann?**
- **Was ist das Beste, das ich für mein Pferd nach einer Körperarbeit tun kann?**

Nach einer Sitzung ist es für das Pferd am besten, sich bequem bewegen zu können. Führen, entspanntes Reiten am langen Zügel oder Weidegang sind gute Möglichkeiten. Falls möglich, ist Weidegang ideal. Der Gedanke ist, dem Pferdekörper Gelegenheit zu geben, sich zu bewegen und zu spüren, was sich gelöst hat. Befindet sich Ihr Pferd jedoch in einem Gymnastizierungs- oder Trainingsplan und muss am gleichen Tag geritten werden, so empfiehlt es sich, so leicht wie möglich zu reiten. Wenn Sie zu früh nach der Sitzung Arbeit verlangen, wird die Verspannung wiederkehren, bevor der Pferdekörper Gelegenheit hatte, das Lösen der Verspannungen zu verarbeiten oder zu integrieren.

Normalerweise ist ein Tag genug. Wenn Sie jedoch aufsitzen und spüren, dass sich das Pferd nicht wohl fühlt, braucht es noch ein wenig mehr Zeit. Das kann der Fall sein, wenn es viel Verspannung im Körper hatte und Sie lange mit ihm gearbeitet haben.

Um die besten Ergebnisse zu erzielen, widerstehen Sie der Versuchung, sich gleich nach der Körperarbeit aufs Pferd zu schwingen, um zu schauen „wie es geht".

- **Sollte ich an meinem Pferd vor dem Reiten arbeiten oder danach?**

Meiner Erfahrung nach ist es bei dieser Körperarbeitsmethode leichter für das Pferd Verspannungen zu lösen, wenn die Muskeln sich *nicht* in einem aktiven Zustand befinden. Das bedeutet, es ist besser, mit dem Pferd zu arbeiten, wenn es „kalt" ist oder *bevor* es geritten wird. In dieser Hinsicht unterscheidet sich das von Dehnübungen, bei denen das Pferd warm sein sollte.

- **Was ist die beste Tageszeit, um mit dem Pferd zu arbeiten?**

Zu jeder Zeit, wenn es im Stall ruhig und friedlich ist. Sie werden jedoch überrascht sein, wie entspannt und ruhig ein Pferd werden kann, auch wenn viel um es herum los ist, besonders wenn Sie nicht auf den Lärm reagieren. Ich mag die Zeit am Abend, nach der Fütterung, wenn alle ihr Tagewerk getan haben. Aber ich bin ein Nachtmensch.

- **Wie lange sollte ich an meinem Pferd arbeiten?**

Wenn Sie sich Zeit nehmen und nicht zu viel auf einmal tun, dann sind zwei Stunden nicht zu lang. Wenn Sie viel tun, sollten Sie die Sitzung ein wenig kürzer halten. Bei diesen Lösungsübungen geht viel im Nervensystem des Pferdes vor. Wenn Sie also riesige

Entspannungsreaktionen bekommen, seien Sie sich darüber im Klaren, dass das Pferd vielleicht eine Pause braucht. Manchmal teilt das Pferd Ihnen auch einfach mit, dass es genug hat. Sie müssen das von der Reaktion eines Pferdes unterscheiden lernen, das sich mit der ganzen Idee der Entspannungsreaktion noch nicht wohlfühlt oder das einfach einen Moment Zeit braucht, um sie zu verarbeiten. Sie werden wissen, dass Sie zu lange weitergemacht haben, wenn das Pferd einfach aufhört, Reaktionen zu zeigen.

▪ Wie oft sollte ich an meinem Pferd arbeiten? Wie viel ist zu viel?

Das hängt von verschiedenen Faktoren ab, zum Beispiel wie viel Sie mit dem Pferd in einer Sitzung machen oder wie viel Verspannungen das Pferd zwischen den Sitzungen entwickelt. Als allgemeine Richtlinie gilt, zweimal pro Woche ist in Ordnung, wenn das Pferd im Wettkampf steht oder hart trainiert. Wird das Pferd nicht hart gearbeitet, hat jedoch Probleme aus der Vergangenheit, die Sie ihm lösen helfen möchten, so können Sie während der ersten Woche mehrere Male mit ihm arbeiten, dann einmal pro Woche, bis Sie merken, dass es ihm besser geht, danach einmal pro Monat.

Sie werden nicht lange brauchen, bis Sie in der Lage sind festzustellen, was der Körper des Pferdes Ihnen mitteilt. Sie werden es spüren können, wenn sich die Verspannungen gelöst haben und wenn es nichts mehr zu lösen gibt. Wenn das Pferd aufhört, Ihnen Reaktionen zu zeigen, dann braucht entweder sein Nervensystem eine Pause oder es gibt nichts mehr zu lösen.

Wenn Sie mit der Arbeit mit Ihrem Pferd beginnen, werden Sie oft das Gefühl haben, dass es mehr zu tun gibt. Es ist gut, dem Pferd zwischen den Sitzungen mindestens zwei bis drei Tage Zeit zu geben. Danach ist es besser, wie gesagt, nicht mehr als zweimal pro Woche mit dem Pferd zu arbeiten. Dafür entwickeln Sie ein Gefühl, wenn Sie diese Körperarbeit erst einmal ein wenig ausgeführt haben.

▪ Muss ich immer die gesamte Übungsreihenfolge ausführen?

Nein. Tun Sie das, was für Sie und Ihr Pferd angenehm ist oder konzentrieren Sie sich auf die Leistungsbereiche, die Sie verbessern möchten.

▪ Ich bin klein und mein Pferd ist groß. Wie kann ich diese Techniken erfolgreich ausführen?

Die einzigen Techniken, die für Sie vielleicht schwierig werden könnten, sind die, bei denen der Kopf bewegt wird. Der Schlüssel hier besteht darin, dass Sie das Pferd dazu einladen, Ihnen den Kopf entgegenzusenken. Wenn es versucht, sich außer Reichweite zu halten, tut es das wahrscheinlich, um sich gegen Ihre Berührung hier zu schützen. Das bedeutet, dass es in diesem Bereich Beschwerden hat. Wenn das passiert, machen Sie mit einer anderen Stelle weiter.

Beim Kopf würden Sie entweder mit dem *Lösen der Beine* oder mit *sanftem lateralen Biegen* des unteren Halses beginnen und sich *sehr* langsam nach oben vorarbeiten. Macht sich das Pferd fest, so geben Sie nach und werden weicher, um sicherzustellen, dass es sich mit der Übung wohlfühlt, nehmen Sie jedoch *nicht* die Hand von der Nase. Wenn Sie noch nicht einmal in die Nähe seines Kopfes kommen können, machen Sie mit anderen Übungen weiter. Es wird der Zeitpunkt kommen, dass sich das Pferd dabei entspannt.

Es ist wichtig, sich nicht beeilen zu wollen. Das Pferd merkt das und wird dann unruhig.

Es ist keine gute Idee, sich auf etwas draufzustellen, es sei denn, Ihr Pferd fühlt sich dabei so wohl, dass es vollständig still steht. Wenn es sich jedoch so wohlfühlt, fahren Sie besser damit es zu bitten, den Kopf zu Ihnen hinunter zu senken.

▪ Was ist, wenn mein Pferd knabbert oder mich oder den Helfer ständig beißt?

Wenn Sie allein mit einem Pferd arbeiten, das immer knabbern oder ein wenig beißen will, binden Sie es fest, und zwar so, dass es sich so viel wie möglich biegen und drehen kann, ohne bis zu Ihnen zu gelangen. Je mehr Sie im hinteren Bereich arbeiten, desto länger können Sie den Strick lassen und ihn wieder kürzen, wenn Sie sich wieder näher an seinem Vorderende befinden. Achten Sie darauf, dass das Pferd gefahrlos angebunden ist. Arbeiten Sie in einer Box, so verwenden Sie ein dünnes Stück Schnur (vom Heuballen) als Sollbruchstelle, das reißt, wenn das Pferd zu sehr nach hinten zieht. Sie wollen ja nicht, dass es etwas in der Box zerbricht und dann nach hinten fällt, und Sie wollen wirklich nicht mit einem Pferd in einer Box sein, das ständig versucht, loszukommen. Und schließlich ist ein heftiges Zurückziehen auch oft die Ursache für Probleme im Genickbereich.

Falls das Pferd die Person stört, die es festhält, dann weisen Sie den Helfer an, den Strick um etwas herumzuwinden und das Ende festzuhalten, während er dort steht, wo das Pferd ihn nicht erreichen kann.

▪ Was ist, wenn das Pferd ständig koppt oder die ganze Zeit am Führstrick kaut?

Es ist sehr schwierig, jedoch nicht unmöglich, die Reaktionen eines Koppers zu deuten. Arbeiten Sie einfach weiter, beobachten Sie und warten Sie ab, was passiert. Manchmal tritt eine Veränderung in dem Moment ein, in dem das Pferd aufhört zu kauen, zu koppen oder zu zappeln. Oder das Pferd fängt auf einmal an zu gähnen, abzukauen oder zu schnauben. Wenn Sie einfach mit dem, was Sie tun, weitermachen, werden Sie bald das zappelige Verhalten durchschauen. Haben Sie einfach mehr Geduld als das Pferd.

▪ Was ist, wenn das Pferd nicht still hält?

Falls das Pferd bereits angebunden ist und immer noch nicht still hält oder von einer Seite zur anderen tritt, machen Sie einfach mit dem, was Sie tun weiter und halten Ihre Hand auf dem Pferd. Gehen Sie einfach von einer Seite zur anderen mit oder gehen Sie ein paar Schritte mit ihm. Sobald dem Pferd klar wird, dass Ihre Hand nicht weggeht, wenn es einen Schritt tut, wird das Pferd normalerweise damit aufhören. Falls nicht, können Sie dem Pferd gegenüber ein wenig fester werden, solange Sie sich sofort entspannen, wenn es Ihrer Aufforderung nachgibt. Oftmals ist es auch so, dass das Pferd aufhört zu zappeln oder sich zu bewegen, wenn Sie in dem, was Sie gerade tun, einfach weicher werden. Lassen Sie sich nicht von einem zappeligen Pferd frustrieren. Zappeln bedeutet, dass es funktioniert und wenn Sie mit dem Pferd mitgehen, wird meist eine Entspannungsreaktion folgen.

Ist das Pferd nicht angebunden und will nicht still halten, dann binden Sie es an, wenn es Ihnen hilft, mit der Arbeit voranzukommen.

▪ Ich habe eine andere Art Massage oder Körperarbeit gelernt. Wird die Masterson Methode darauf eine störende Auswirkung haben oder umgekehrt? Sollte ich damit aufhören?

Nicht unbedingt. Diese Methode, die Reaktionen des Pferdes zu deuten, kann in jede Technik integriert werden oder gleichzeitig verwendet werden.

▪ Kann ich mit einer trächtigen Stute arbeiten?

Dies ist ein Thema, das Sie mit Ihrem Tierarzt besprechen sollten. Im Allgemeinen empfiehlt es sich nicht, eine trächtige Stute, egal mit welcher Methode, zu massieren, bevor man den Herzschlag des Fötus hört (im ersten Monat) oder während des letzten Monats, besonders mit den von uns verwendeten *Lösungspunkten für die Hinterhand*.

Brauche ich immer noch einen Chiropraktiker, wenn ich die Masterson Methode verwende?

Wenn Sie sich nicht selbst beim Handhaben der Füße und Beine in die richtige Position bringen können, brauchen Sie vielleicht einen Chiropraktiker!

Was das Pferd angeht, sollten Sie in der Lage sein, dies selbst festzustellen, nachdem Sie diese Methode einige Zeit angewendet haben. Verschiedene Pferde reagieren verschieden auf den diversen „Input". Es gibt genauso verschiedene Arten von Chiropraktik. Manche Pferde reagieren besser auf sanfte Methoden, und für manche ist ein gutes Einrenken genau das, was sie brauchen. Falls Sie den Eindruck haben, dass Ihr Pferd positiv auf Chiropraktik reagiert, so sollten Sie damit weitermachen. Die Masterson Methode kann in fast jede Modalität integriert werden. Manche Pferdeleute sind daran interessiert, alternative Methoden zu erlernen, die bei der Gesunderhaltung ihres Pferdes helfen können. Diese Methode ist vielleicht für Sie und das Pferd die richtige.

Ich verstehe die Techniken und habe sie mit meinem Pferd ausprobiert, denke aber, dass ich mehr Anleitung brauche. Kann man diese Methode irgendwo im praktischen Unterricht lernen?

Wahrscheinlich machen Sie es besser, als Sie glauben. Falls Sie trotzdem denken, dass Sie praktische Anleitung wollen, kontaktieren Sie uns auf www.mastersonmethod.com für weitere Informationen bezüglich unserer Trainingsprogramme.

Kann ich diese Art von Körperarbeit an anderen pferdeartigen Tieren, wie z B. Minis, Eseln oder Maultieren ausführen?

Ja! Diese Techniken lassen sich gefahrlos und wirkungsvoll mit jeder Art von pferdeähnlichem Tier ausführen. (Wenn man mit wilden Mustangs und Zebras arbeitet, empfehlen sich Laufschuhe.)

Wie kurz nach dem Fohlen kann ich mit meiner Stute arbeiten?

Wenden Sie sich mit dieser Frage Tierarzt, der die Stute während der Trächtigkeit betreute.

Wenn ich mit meinem Pferd arbeite, fängt seine Nase an zu laufen. Was bedeutet das?

Gewöhnen Sie sich daran. Das wird oft passieren, manchmal sofort, wenn sich Verspannungen im Genick und dem Atlasbereich lösen und die Nebenhöhlen beginnen, sich zu entspannen. Das ist ein gutes Zeichen, dass sich Verspannungen lösen. Ich habe nur vergessen, dies unter den *Entspannungsreaktionen* aufzuführen, auf die man achten soll!

Nach der Körperarbeit hat sich mein Pferd hingelegt und mehrere Stunden geschlafen. Sollte ich mir deshalb Sorgen machen?

Nein, außer Sie planen, das Pferd dann zu reiten. Das ist eine weitere Sache, die mit Pferden passieren kann, die in ihrem Körper viele Verspannungen festgehalten haben. Es scheint häufiger bei jungen Pferden vorzukommen.

Bei einem Seminar arbeiteten die Schüler viel im Genickbereich eines zweijährigen Pferdes, das dort viel Verspannungen angesammelt hatte. Das Pferd legte sich in der Box nieder und schlief zwei Stunden lang tief. Ich begann mich zu fragen, ob alles in Ordnung sei. Zur Fütterungszeit stand es jedoch sofort auf.

Bei einem anderen Seminar legte sich ein junges Pferd mitten im Paddock, indem wir arbeiteten, hin und ignorierte völlig das Treiben der Menschen, das um es herum vorging. Das lehrte mich, wie viel Verspannung ein junges Pferd, das noch nicht unter dem Sattel ist, durch verschiedene Faktoren, wie z.B. Gebäude oder etwas, das ihm vielleicht einmal auf der Weide oder während der Geburt passiert ist, ansammeln kann.

- **Ist es in Ordnung, direkt nach der Kraftfutterfütterung mit dem Pferd zu arbeiten?**

Ich habe keine negativen Auswirkungen beobachtet, wenn man mit dem Pferd direkt nach dem Füttern arbeitet. Falls Sie beobachten, dass irgendetwas nicht ganz richtig ist, warten Sie sicherheitshalber ein wenig ab.

- **Darf das Pferd fressen, während ich mit ihm arbeite?**

Nein. Futter ist eine Sache, die Ihre Fähigkeit, die Reaktionen des Pferdes zu deuten, beeinträchtigen wird, sowie die Fähigkeit des Pferdes, Spannungen zu lösen. Falls das Pferd essen will, nehmen Sie das Futter aus der Box heraus. Falls das Pferd vorgibt, zu verhungern und jedes bisschen Heu in der Box aufräumen will, dann binden Sie es an.

- **Gibt es eine Technik, mit dem ich einem Pferd bei einer Kolik helfen kann?**

Die Unter-dem-Schweif-Punkte oder jeder der Lösungspunkte für die Hinterhand, die das Pferd nicht offensichtlich stören, können dem Pferd helfen, sich zu entspannen. Manche Pferde, die zu Koliken neigen, reagieren besser als andere. Diese Techniken funktionieren gut, wenn man sie bei den ersten Anzeichen einer Kolik anwendet, werden aber weniger wirkungsvoll bei stärker werdenden Beschwerden. Wenn Sie der Meinung sind, dass das Pferd einen Tierarzt benötigt, verwenden Sie diese Techniken auf keinen Fall als Ersatz für tierärztliche Behandlung.

ANHANG 2

AKTIVE DEHNÜBUNGEN

Zusätzlich zu den in diesem Buch beschriebenen Körperarbeitsübungen sind aktive Dehnübungen eine sehr nutzbringende Ergänzung, die sich leicht in Ihre tägliche Routine einbauen lassen.

Im Internet findet man eine Reihe von nützlichen Anleitungen für sogenanntes „Stretchen mit Leckerli". Es empfiehlt sich auch das Buch mit Video „Activate Your Horse's Core" (Stretching für Pferde) von Hillary Clayton (Sporthorse Publications, 2008).

Hier einige unserer beliebtesten Stretching-Übungen:

- zur Außenseite des Vorderhufs,
- zur Schulter/zum Ellenbogen,
- sich um den Menschen herum zum Hüftgelenk biegen,
- zur Gurtlinie,
- zum Karpalgelenk,
- nach hinten/unten,
- nach vorne/unten.

Denken Sie daran, dass das Pferd den Genick-/Atlasbereich und den oberen Hals biegt, wenn Sie die Nase des Pferdes in die Nähe des Buggelenks oder der Brust bringen. Wenn Sie den Kopf weiter herum bringen, in Richtung Flanke, Hüfte oder Beine, so biegen Sie den unteren Halsbereich.

Sie werden auch bemerken, dass das Pferd seinen Kopf manchmal flach hält oder ihn zur Seite dreht (wie ein Korkenzieher), wenn es seinen Kopf herumbringt. Wie bereits im Kapitel *Laterales Biegen des Halses* (S. 39) beschrieben, passiert das, wenn die oberen Halswirbel steif werden. Anstatt den Hals lateral – d. h. zur Seite – zu biegen, macht das Pferd seinen Hals flach und biegt ihn von oben nach unten, jedoch auf der Horizontalen. Sie können ihm helfen, den Hals ein wenig mehr zur Seite zu biegen, indem Sie seine Nase mehr nach außen und herum führen. Dazu können Sie den Kopf leicht an der Nase oder dem Nasenstück des Halfters nach oben ziehen.

ANHANG 3

Kontraindikationen

Diese Techniken sind dazu gedacht, die Leistungen eines gesunden Pferdes zu verbessern. Diese Körperarbeit soll nicht zur Behandlung von Krankheiten verwendet werden oder als Ersatz für tierärztliche Untersuchung und Behandlung. Falls Sie Fragen bezüglich der körperlichen Gesundheit Ihres Pferdes haben, wenden Sie sich bitte an Ihren Tierarzt, das gilt insbesondere für die folgenden Fälle:

PFERDE MIT ARTHRITIS

Leichte Körperarbeit kann einem Pferd mit Arthritis Erleichterung verschaffen. Falls Ihr Pferd von einem Tierarzt auf Arthritis behandelt wird, so besprechen Sie mit ihm/ihr, ob das Pferd Körperarbeit haben kann.

TRÄCHTIGE STUTEN

Machen Sie keine Körperarbeit mit trächtigen Stuten während des ersten Monats oder des letzten Trimesters. Wenden Sie sich mit Fragen an den behandelnden Tierarzt.

AKUTE VERLETZUNGEN

Körperarbeit soll nicht an Pferden mit Verletzungen im akuten Stadium durchgeführt werden. Hitze und Schwellung sind Zeichen von akuter Verletzung.

ANSTECKENDE KRANKHEITEN (LYME, EPM)

Bei Pferden mit Lyme oder EPM kann Körperarbeit möglicherweise während des Behandlungsverlaufs den Heilungsprozess unterstützen. Besprechen Sie das mit Ihrem Tierarzt.

NESSELSUCHT

Pferde, die an Allergien oder Nesselsucht leiden, können besonders empfindlich auf Berührung reagieren. Experimentieren Sie mit den Berührungsstärken und falls Sie feststellen, dass sich der Zustand Ihres Pferdes durch Körperarbeit verschlimmert – ziehen Sie Ihren Tierarzt hinzu.

PFERDE IN BOXENRUHE

Wenden Sie sich an Ihren Tierarzt, bevor Sie mit einem Pferd in Boxenruhe Körperarbeit durchführen. Je nach Beschwerden kann Körperarbeit eine gute Methode sein, um das Pferd locker, flexibel und gut gelaunt zu halten und zugleich seine Durchblutung zu fördern. Aber achten Sie darauf, ob das Pferd sich während der *Lösungsübungen mit den Beinen* auf drei Beinen abstützen kann, falls der Grund für die Boxenruhe ein Fuß- oder Beinproblem ist.

Hinweis: *Die vorstehende Liste ist auf keinen Fall vollständig. Wie gesagt, falls irgendwelche Zweifel bezüglich des Gesundheitszustandes Ihres Pferdes bestehen, wenden Sie sich an Ihren Tierarzt.*

Danksagung

All diejenigen, die darüber nachdenken, sich der Herausforderung zu stellen und das Wissen, welcher Art auch immer, das er oder sie haben mag, zusammenzustellen und daraus ein Buch zu machen, möchte ich darauf aufmerksam machen, dass es sich hierbei keinesfalls um eine Aufgabe für eine Einzelperson handelt; weder in Bezug auf die Ansammlung des Wissens noch in Bezug auf die Aufgabe des Bücherschreibens.

Ich möchte denjenigen danken, die bewusst oder unbewusst bei der Ansammlung von Wissen, die dieses Buch repräsentiert, geholfen haben.

Als junger Pferdetrainer gab mir Val Lowe die Gelegenheit, mich arbeitsmäßig mit Pferden zu befassen (mit anderen Worten, er gab mir einen „Job"). Zwei talentierte Pferdemassagetherapeuten aus Texas führten mich bei einer Show in Estes Park in das Konzept ein, meine Hände auf das Pferd zu legen. Während ich sie beobachtete, begann ich die subtilen Anzeichen auf Seiten des Pferdes zu bemerken, sodass ich verstand, dass etwas Gutes im Pferdekörper vor sich ging.

Als starke Inspiration diente mir auch ein Pferde-Chiropraktiker der alten Schule aus Neuseeland, der sein Handwerk bereits seit 40 Jahren ausübte. Er hatte es von einem anderen alten Chiropraktiker gelernt, der sein Handwerk ebenfalls 40 Jahre lang ausgeübt hatte. Die Zeit, die ich mit ihm verbrachte und ihn bei der Arbeit beobachtete, war ein wenig kürzer – nur ungefähr 10 Tage. Während dieser Zeit jedoch lernte ich ein oder zwei Schlüsselelemente, die einen großen Unterschied machten und sah Dinge, die mich dazu anregten, mehr zu lernen.

Ich möchte auch meinem Freund und Geschäftspartner Bill Stanton (Bill Stanton Integrated Equine Bodywork) danken. Bill und ich wurden beide vom gleichen, hier nicht namentlich genannten, Chiropraktiker inspiriert. Indem er mich in seine erfolgreiche Praxis miteinbezog, hat Bill mir die Gelegenheit gegeben, im Laufe der Jahre mithilfe von Tausenden von Pferden weiterzulernen. Vielen Dank, Bill.

Im Jahr 2006 bat Valerie Kanavy mich, das US-National-Endurance-Team zu den Weltreiterspielen nach Aachen, Deutschland, zu begleiten. Ich danke ihr für diese Gelegenheit und für ihre Unterstützung danach.

Zweifelsohne kam meine größte Inspiration natürlich von den Pferden – sie haben mir alles beigebracht, was es über die Masterson Methode zu wissen gibt… jedenfalls bis jetzt. Ich bin sicher, sie halten noch etwas zurück, was sie dann später preisgeben werden.

Für Ihre Hilfe bei der Überwindung der Herausforderung, ein Buch zusammenzustellen, danke ich:

Stefanie Reinhold, meiner Mitautorin, für ihr Organisationsgeschick und umfassendes Wissen zum Thema. Tamara Yates, Geoffrey Pfeifer und Cyndi Hill für ihre Beiträge in Bezug auf die Arbeit mit Pferden aus verschiedenen Reitsportdisziplinen. Und Joe Stanski und Geoff Northridge für ihre Bereitschaft, kurzfristig entscheidende Fotografien beizutragen.

Marcus Brauer in Deutschland für den Großteil der hervorragenden Fotos. Auch in Deutschland, meine Freunde Daniela Wallraf-Pflug und Renate Frantzen, die freundlicherweise geholfen haben, den Fototermin vor Ort zu organisieren und uns mit ihrer großzügigen Gastfreundschaft gut verpflegten und bei guter Laune hielten. Danke an die freundlichen, einladenden Eigentümer von Gut Neuhaus in Aachen (www.gut-neuhaus.de) sowie den hilfsbereiten Pferdebesitzern dort, die mir mit viel Geduld ihre Zeit und attraktive Pferde zur Verfügung stellten: Michael Scholz, Manuela Mirgartz, Therese Scheins und Martina Fischer. Und in den USA möchte ich auch Melissa Worthington für die Verwendung ihres Pferdes Chase danken.

Dank an mein Stammlokal zu Hause und Annabelle, die mich treu und sicher hin und zurück fuhr, wann immer die Notwendigkeit bestand.

Und schließlich an meine Partnerin und Ehefrau Conley, ohne deren moralische Unterstützung und Inspiration ich heute auf einer Heckklappe am Straßenrand sitzen und ein Pappschild mit der Aufschrift „Arbeite an Pferden für eine Mahlzeit“ hochhalten würde.

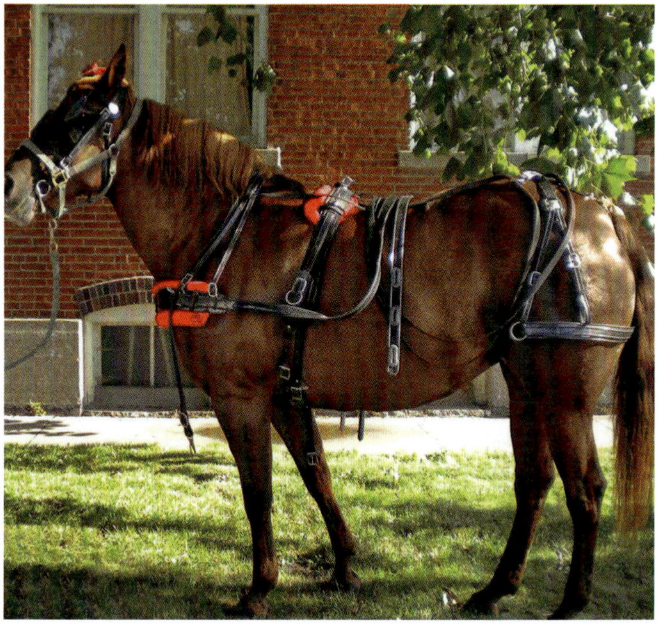

Meine verlässliche Annabelle

Register

Aus dem Amerikanischen übersetzt von Stefanie Reinhold.
Titel der Originalausgabe: Beyond Horse Massage
erschienen bei Trafalgar Square unter ISBN 978-1-57076-472-1.

Bildnachweis

Mit Farbfotos von Dr. Gerd Heuschmann (S. 151), Geof Northridge (S. 20, 21, 34, 35, 65, 82, 93 u., 95, 96 li., 121, 128, 134 re., 163), Lory McIntosh Photography (S. 165), Leona Reinhold (S. 145), Stefanie Reinhold (S. 11, 30, 39, 68, 110, 149), Joseph Stanski (S. 14, 15, 16, 46, 47 o., 53 u., 62, 88 u., 92, 105, 137, 155 o., 156, 162), Horst Streitferdt/Kosmos (S. 195) und Tamara Yates (S. 10, 55).

Alle anderen Fotos von Marcus Brauer (www.pferdehessen.de). Mit 20 Illustrationen von Sarah Wyche und 2 Illustrationen von Kaja Möbius (S. 41 und 70).

Impressum

Umschlaggestaltung von Designatelier Christine Orterer, www.christine-orterer.de,
unter Verwendung von 2 Farbfotos von Marcus Brauer (www.pferdehessen.de).
Mit 204 Farbfotos und 22 Farbzeichnungen.

Gedruckt auf chlorfrei gebleichtem Papier

Für die deutschsprachige Ausgabe:
2. Auflage

Pfizerstraße 5–7, 70184 Stuttgart
kosmos.de/servicecenter

ISBN 978-3-440-16205-7
Redaktion: Katja Pauls
Gestaltung und Satz: Grafik + Design, Heide Wülfert, München
Produktion: Hanna Schindehütte
Printed in Germany/ Imprimé en Allemagne

FSC
www.fsc.org
MIX
Papier | Fördert gute Waldnutzung
FSC® C004592